JN316211

線型代数学周遊

応用をめざして

松谷茂樹

現代数学社

まえがき

　線型代数といえば大学1, 2年時に何の役に立つのか判らないまま授業を受け，なんだか判らないまま終ってしまった思い出を持つ人も多いかもしれません．本書の目的は，線型代数とはそもそも何なのか？ どんなところで役に立つのか？ 線型空間とはどんな空間のことなのか？ という問いに基礎から応用までを概観しながら，答えを示すことです．

　線型代数は色々なところに顔を出します．群や環の表現論，代数幾何，微分幾何，関数解析，微分方程式論，特殊関数論，作用素環論，量子力学，電磁気学，弾性体論，流体力学，振動論，回路理論，熱解析，非線型可積分系，暗号・符号理論，画像処理，制御理論，数値解析（有限要素法，差分方程式）など幾らでもあります．純粋数学，大学での応用数学から企業の現場での産業数学まで，線型代数はそれらの基礎をなしています．

　実際，代数幾何，整数論等に代表される現代数学の抽象化とは広い意味の線型代数化の道であるとも言えます．また，本書の1章で述べるように関数の空間の多くは線型空間です．従って，解析学の多くはある種の抽象化された線型空間の研究となります．広い意味ではありますが，線型代数は極限的に高度化した現代数学の入り口と捉えることができます．

　他方，アインシュタイン，プランクから始まる量子力学では物理量は線型空間上での作用素として現われますし，フォン・ノイマンの数学的定式化や，それらをベースとした作用素環論も，やはり関数空間に対する線型代数の高度化と見る事ができます．

　また，構造力学をはじめとして，変形等の物理量，構造体そのものを関数で表現し，そのなんらかの最適形状を求める問題も，結局関数空間上の作用素に関する数学となります．

　更には，画像処理，信号処理，制御理論などの多くの工学の分野も，信号や画像を関数として扱う学問であることから結局，線型代数に帰着します．また，ネットワークや暗号などの情報科学も離散幾何上のある種の関数

と捉えられ，線型代数の問題と結びつきます．もちろん，3D画像などで取り扱う我々の時空間も，射影空間などの線型代数により表現することが可能です．

現代数学の顕著な特徴のひとつを標語的に述べると「局所的に定義された関数等の線型空間の基底の集まりを考え，それらの大局的な性質を論じること」であります．この概念は，純粋数学に限らず，応用数学，理論物理，産業数学の中でも，それぞれの研究の要請の下にほぼ独立にかつ同時発生的に形成されているようです．それらは線型代数によって記述されます．

つまり，定量科学を行う上で線型代数から逃れられることはないというのが，19世紀を経て20世紀に確立されてきた経験的事実です．ところが，そのような歴史的背景や，様々な異分野からの結実としての線型代数の重要性についての説明を受けることなく「必修課目だから，頑張るように」と線型代数を学ぶと，心に大きな壁を感じるかもしれません．

多くの場面で，線型代数をきっちり理解するという事はなまじの博学的な知識より遥かに重要です．しかし，「線型代数が本質だったのだ」と気づいてもそれを復習する機会はなかなかないようにも思います．そういういった状況にも対応し，線型空間の基本的な事項，重要性そして奥深さを，企業の現場での応用例等も含めて，更には線型代数という枠に捕らわれることなく，紹介しようというのが本書の狙いです．

筆者の若い同僚達に企業の数値解析技術者のミニマムとして教えてきたものをベースに「理系への数学」に連載したものを，本書では誤記やわかりにくい部分を訂正し，構成を少し変更しました．

基礎的なところは，できるだけ平易に書くことを目指しました．が，近年の流行りである問題に応じて解法の対処の仕方を体で覚えるというようなものではなく，できるだけ定義に立ち返り，基本から始めることを心がけました．問題に応じた対処の会得は間近に迫った試験の対策としては効果的ですし，対処する課題と執筆者の専門がピッタリ一致すると極めて有効です．しかし一般的には，少しでもその専門を外れるとたちまち機能を失いますし，ある視点のみからの解釈が却ってその思考の邪魔をするという弊害さえありえます．学術的なトレンドとは異なる視点で問題に立ち向かう幾つかの場面

では原点に立ち返った理解が必要となり，基本への回帰が重要です．偏った視点からの理解が間違った道に導くという幾つかの場面に遭遇した筆者の苦い経験の下に，本書では厳密かつ基本に戻ることを目指しました．

他方，応用に関する部分は，内容自身の平易さよりも概観し結論までを示すことを優先させ，幾分難しいところも良しとしました．それらは，まずは流し読んで，線型代数の使われ方を眺めてほしいと思っています．応用という視点は，例えば「リーマン予想の解決への応用」から「建築学への応用」「数値計算への応用」と様々な意味があります．数学には広がりがあります．近年，大学では研究分野が狭いことが専門性が高いとしてよいとされるのが一般的ですので，応用を目指すと銘打ちながら結局のところ各執筆者の専門分野に繋がる視点で書かれた書籍を多く見かけます．本書の幾つかの箇所で示すように企業での数学の利用現場では，浅く広く，かつ場合によっては例えば線型性の本質のようなより根源的な視点からでなければ解決できないようなものも解決するに足りる数学の理解が必要となります．著者の非力を省みずできるだけ広範囲な応用の視点を含むことを努めました．

従って，本書は，線型代数という切符を使って旅行する旅行記です．線型代数に関わる応用の分野を俯瞰し，その地図を提供することを目指しました．俯瞰することを目的とした箇所，特に6章以降は，数理の旅行記を読むつもりで，本書を楽しんで頂ければ嬉しく思います．章末につけた問題では，広い意味の線型代数という立場で難解ではあるけれど重要となる問題も採用しました．問題に付けてある☆はやや難易度の高いもの，★はかなり難易度の高いものです．必要に応じて，解答も参考にして下さい．つまり，広く見渡すという立場で，そういう問題があるという事実を一風景として立ち止まって眺めてほしいと思っています．もちろん，旅行記ですから，足早に過ぎ去る部分や，たどり着けない場所もあります．大事な部分は熟読にも耐えるように努力しましたが，説明が十分でない部分もあるかもしれません．それらに関しては参考文献を参考にして下さい．

2013年9月

著者

目 次

まえがき ……………………………………………………………… i

第 1 章　線型空間とはなにか ……………………………………… 1
1.1　実ベクトル空間とは ……………………………………… 1
1.2　線型代数とは ………………………………………………… 3
1.3　加法群 …………………………………………………………… 4
1.4　線型空間における定数倍について ……………………… 6
1.5　K ベクトル空間 ……………………………………………… 7
1.6　線型空間における原点の意味 …………………………… 7
1.7　ベクトル空間の例, そうでない例 ……………………… 9
　　　問題 ……………………………………………………………… 15
　　　コラム：幅広い数学の世界 …………………………………… 16

第 2 章　一次独立について ……………………………………… 18
2.1　一次独立とは ………………………………………………… 18
2.2　一次独立の例 ………………………………………………… 19
2.2.1　有理数ベクトル空間の場合 ………………………… 19
2.2.2　3 次元実ベクトル空間の場合 ……………………… 21
2.2.3　関数空間の場合 ………………………………………… 22
2.3　基底と次元 ……………………………………………………… 22
2.3.1　次元と基底の例 ………………………………………… 23
2.3.2　基底の注意 ……………………………………………… 23
2.4　線型基底と形式和 …………………………………………… 24
2.5　和と直和 ………………………………………………………… 25
2.6　ホモロジー代数のさわり …………………………………… 25
　　　問題 ……………………………………………………………… 30
　　　コラム：初等整数論のすすめ ……………………………… 32

v

第3章　線型写像と双対空間のはなし　34

- 3.1　写像の復習　34
- 3.2　線型写像とは　36
- 3.3　線型写像と行列　37
- 3.4　線型写像の例，そうでない例　39
- 3.5　双対空間とペアリング　40
  - 3.5.1　双対空間の例：逆格子空間　41
- 3.6　双対空間と定積分，超関数　43
  - 3.6.1　定積分：双対空間の元として　43
  - 3.6.2　ディラックのδ関数　44
- 3.7　双対性のその他の例　44
  - 3.7.1　双対空間と量子力学の状態　45
  - 問題　48
  - コラム：多面性を映す鏡，数学　50

第4章　テンソル積をめぐって　52

- 4.1　テンソル積　53
- 4.2　クロネッカーによるテンソル積の表現について　54
- 4.3　行列のテンソル積表現について　55
- 4.4　関数のテンソル積　55
- 4.5　テンソル代数　56
- 4.6　圏論の初歩とプログラミング　57
  - 4.6.1　圏論　58
  - 4.6.2　圏の例　59
  - 4.6.3　関手　60
  - 4.6.4　ポリモルフィズム／隠蔽化／継承　61
  - 4.6.5　忘却関手：物理，置換表現　62
- 4.7　テンソル積のより抽象的な定義　64
- 4.8　圏論的なテンソル積の定義　65
  - 問題　67
  - コラム：森羅万象を表す言葉，数学　68

第 5 章　行列式と跡のはなし ·· 70
5.1　アミダくじと置換群 ··· 70
5.2　準備：行列の表現方法 ·· 73
5.3　行列式の定義 ·· 74
5.4　行列式の性質 ·· 74
5.5　余因子 ··· 77
5.6　逆行列 ··· 78
5.7　外積 ·· 78
5.8　ヤコビ行列式 ·· 79
5.9　跡(トレース：せき) ··· 80
5.10　行列式と跡との関係 ·· 81
5.11　行列式と跡の応用について ··· 82
　　　問題 ··· 86
　　　コラム：言葉としての数学 ··· 88

第 6 章　内積のはなし ·· 90
6.1　内積 ·· 91
6.1.1　計量と広義の内積 ··· 91
6.1.2　正定値内積とエルミート内積 ·································· 92
6.2　内積空間と直交性 ··· 94
6.2.1　グラム・シュミットの直交化 ·································· 94
6.2.2　ユークリッド内積 ··· 95
6.3　有限要素法 ··· 95
6.3.1　有限要素法の最も単純な例 ····································· 95
6.4　直交多項式 ··· 97
6.4.1　直交多項式の例 ·· 99
6.5　多重ガウス積分 ·· 100
　　　問題 ··· 103
　　　コラム：有限要素法と最小原理を巡るはなし ························· 106

第7章　線型変換群のはなし ································· 109

7.1　準備 ·· 109
7.1.1　群 ··· 109
7.1.2　線型変換群 ·· 110
7.2　リー群の例 ··· 111
7.3　SO(3)のオイラー表現とSU(2)の表現 ···················· 112
7.4　リー群の指数関数表示とリー環 ···························· 114
7.4.1　指数関数表示 ······································ 114
7.4.2　SU(2)とSU(3)の関係 ···························· 115
7.4.3　リー括弧の満たす関係式 ··························· 115
7.4.4　リー環の話 ·· 115
7.5　ガウス光学とSL(2, $\mathbb{R}$) ··································· 116
問題 ·· 122
コラム：数学の源流としての光学 ··························· 124

第8章　離散フーリエ変換と群の表現 ························· 126

8.1　離散フーリエ変換(DFT) ·································· 127
8.2　巡回群 ·· 127
8.3　群環と加群 ·· 128
8.3.1　群環 ·· 128
8.3.2　加群 ·· 130
8.4　有限群Gの表現と$\mathbb{C}(G)$加群 ······························· 130
8.5　$\mathbb{C}[\mathfrak{C}_n]$加群／$\mathbb{R}[\mathfrak{C}_n]$加群と離散フーリエ変換 ················· 132
8.5.1　$\mathbb{R}[\mathfrak{C}_3]$加群 ·· 135
8.6　$\mathbb{C}[\mathfrak{C}_{mn}]$加群と高速フーリエ変換 ························· 135
8.6.1　$\mathbb{C}[\mathfrak{C}_{mn}]$加群と誘導表現 ··························· 135
8.6.2　$\mathbb{C}[\mathfrak{C}_{nm}]$加群，高速フーリエ変換の原理 ·············· 136
8.7　ガウスの和 ·· 137
8.8　差分方程式と安定性 ······································· 138
問題 ·· 141
コラム：ガウスの世界 ···································· 142

第 9 章　線型代数に関わる空間たち ・・・・・・・・・・・・・・・・・・・・・ 144

9.1　ユークリッド空間と変換群 ・・・・・・・・・・・・・・・・・・・・・・・・・ 144
9.2　K アフィン空間と K 射影空間 ・・・・・・・・・・・・・・・・・・・・・・ 146
9.2.1　K アフィン空間 ・・・・・・・・・・・・・・・・・・・・・・・・・・・・ 146
9.2.2　K 射影空間 PK^n ・・・・・・・・・・・・・・・・・・・・・・・・・・ 147
9.2.3　K 射影空間 PK^1 ・・・・・・・・・・・・・・・・・・・・・・・・・・ 147
9.2.4　射影空間とアフィン空間の関係 ・・・・・・・・・・・・・・・・・・・ 148
9.2.5　アフィン A_K^n 空間と $\mathrm{GL}(n+1, K)$ ・・・・・・・・・・・・・・・ 148
9.3　遠近法と射影幾何 ・・・・・・・・・・・・・・・・・・・・・・・・・・・・・・ 149
9.4　エピポーラ幾何と 3D 表示 ・・・・・・・・・・・・・・・・・・・・・・・・・ 152
9.5　グラスマン多様体 ・・・・・・・・・・・・・・・・・・・・・・・・・・・・・・ 153
9.5.1　射影空間とグラスマン多様体 ・・・・・・・・・・・・・・・・・・・・・ 153
9.5.2　グラスマン多様体と量子化学 ・・・・・・・・・・・・・・・・・・・・・ 154
9.6　特殊相対性理論とミンコフスキー空間 ・・・・・・・・・・・・・・・・・・ 155
　　　問題 ・・・・・・・・・・・・・・・・・・・・・・・・・・・・・・・・・・・・・・・ 158
　　　コラム：アリスの世界 ・・・・・・・・・・・・・・・・・・・・・・・・・・・・ 160

第 10 章　非線型のはなし ・・・・・・・・・・・・・・・・・・・・・・・・・・・・・ 162

10.1　シュワルツ微分と $\mathrm{SL}(2, \mathbb{C})$ ・・・・・・・・・・・・・・・・・・・・・ 162
10.1.1　1 次元複素射影空間 ・・・・・・・・・・・・・・・・・・・・・・・・・・ 163
10.1.2　シュワルツ微分：$\gamma \rightsquigarrow \{\gamma, z\}_{SD}$ ・・・・・・・・・・・・・・ 164
10.1.3　線型微分方程式：$\{\gamma, z\}_{SD} \to \gamma$ ・・・・・・・・・・・・・・・ 165
10.2　オイラーの弾性曲線 ・・・・・・・・・・・・・・・・・・・・・・・・・・・ 166
10.2.1　曲線の埋め込み ・・・・・・・・・・・・・・・・・・・・・・・・・・・・ 166
10.2.2　伸縮しない曲線の変形 ・・・・・・・・・・・・・・・・・・・・・・・・ 167
10.2.3　弾性曲線 ・・・・・・・・・・・・・・・・・・・・・・・・・・・・・・・・ 168
10.3　KdV 方程式 ・・・・・・・・・・・・・・・・・・・・・・・・・・・・・・・・ 170
10.4　ロジスティックマップ ・・・・・・・・・・・・・・・・・・・・・・・・・・ 171
10.5　数学モデルの適用の際の注意 ・・・・・・・・・・・・・・・・・・・・・・ 174
　　　問題 ・・・・・・・・・・・・・・・・・・・・・・・・・・・・・・・・・・・・・・ 177
　　　コラム：ベーカーと萩原雄祐 ・・・・・・・・・・・・・・・・・・・・・・・ 178

第11章　ジョルダン標準形について …………………………………… 181
11.1　中国式剰余定理(整数環版) ……………………………………… 184
11.2　環とイデアル ………………………………………………………… 185
11.2.1　環とK代数 …………………………………………………… 185
11.2.2　環準同型 ……………………………………………………… 186
11.2.3　加群 …………………………………………………………… 187
11.2.4　イデアル ……………………………………………………… 187
11.2.5　素イデアル …………………………………………………… 188
11.2.6　$\mathbb{C}[X]$の素元 ………………………………………………… 189
11.2.7　イデアルの積 ………………………………………………… 189
11.2.8　剰余環 ………………………………………………………… 189
11.2.9　直積環 ………………………………………………………… 190
11.3　多項式版中国式剰余定理と単因子論 ……………………………… 190
11.3.1　中国式剰余定理(多項式版) ………………………………… 190
11.3.2　単因子論による加群の分解 ………………………………… 191
11.4　ケーリー・ハミルトンの定理とジョルダン標準形 ………………… 192
11.4.1　特性多項式 …………………………………………………… 192
11.4.2　$\mathbb{C}^n:\mathbb{C}[X]$加群として ……………………………………… 193
　　　問題 …………………………………………………………………… 198
　　　コラム：支配するラプラス方程式 ………………………………… 200

第12章　微積分：線型代数として …………………………………… 203
12.1　今までの復習と簡単な拡張 ………………………………………… 204
12.1.1　関数と微分作用素 …………………………………………… 204
12.1.2　不定積分の線型代数的な理解 ……………………………… 205
12.1.3　積分可能性に関して ………………………………………… 206
12.1.4　定積分とその補足 …………………………………………… 207
12.1.5　偏微分 ………………………………………………………… 207
12.2　テイラー展開とリー群 SO(2) と U(1) …………………………… 208
12.2.1　リー群 SO(2) と $\mathbb{R}^2$ 上での表現 ………………………… 208
12.2.2　リー群 U(1) と $\mathbb{C}$ 上での表現 …………………………… 208

12.2.3 リー群 U(1) と S^1 上の関数空間での表現 ················ 209
12.2.4 リー群 U(1) とフーリエ級数 ···························· 210
12.2.5 リー群 SO(2) と $\mathbb{R}^2$ 上の関数空間での表現 ············ 211
12.3 リー群 SO(3) ·· 211
12.3.1 リー群 SO(3) と $\mathbb{R}^3$ 上での表現 ······················ 211
12.3.2 リー群 SO(3) と $\mathbb{R}^3$ 上の関数空間での表現 ············ 211
12.3.3 リー群 SO(3) と $\mathbb{R}^3$ 上の球面調和関数 ·············· 212
12.4 常微分方程式と中国式剰余定理 ································· 214
12.5 移流方程式と CIP 法 ·· 215
　　問題 ·· 219
　　コラム：技術と純粋科学，制御する意思の有無 ················ 222

第13章　ベクトル解析のはなし ································· 224
13.1 微分可能多様体 ·· 224
13.2 ファイバー束 ·· 227
13.2.1 ファイバー束の切断 ······································ 229
13.2.2 ファイバー束の例 ·· 229
13.3 接空間とベクトル場 ·· 229
13.4 余接空間と1形式 ·· 230
13.5 テンソル場 ·· 231
13.6 外微分形式 ·· 231
13.6.1 ストークスの定理の一般化 ······························ 232
13.6.2 ド・ラムのコホモロジー ································ 233
13.7 ホッジ作用素 ·· 234
13.7.1 物理におけるホッジ作用素の例と応用 ················ 234
13.7.2 熱力学の数学的定式化 ·································· 235
13.8 電磁場 ·· 237
13.8.1 E^3 での振舞い：電場，磁場 ····························· 237
13.8.2 E^4 のマクスウェル方程式 ······························· 238
13.9 弾性体論 ··· 239
　　問題 ·· 243

コラム：流体をめぐる数学のはなし ………………………………… 244

第 14 章　共役勾配法とフィルター空間 ……………………………… 247
14.1　共役勾配法 …………………………………………………………… 249
14.1.1　準備：内積空間 …………………………………………………… 250
14.1.2　共役勾配法（CGM）…………………………………………………… 250
14.1.3　ケーリー・ハミルトンの定理から ………………………………… 251
14.1.4　前処理付き共役勾配法（PCGM）…………………………………… 253
14.2　PCGM とフィルター構造 ……………………………………………… 253
14.2.1　メッシュの階層性 ………………………………………………… 254
14.2.2　フィルター付きヒルベルト空間 …………………………………… 255
14.2.3　加法的多重格子法 ………………………………………………… 255
14.3　フィルター構造の他の応用 …………………………………………… 256
14.3.1　フィルター付き環 ………………………………………………… 256
14.3.2　代数的多重格子法 ………………………………………………… 259
14.3.3　フィルター構造と計算機科学／物理 ……………………………… 259
　　　問題 ………………………………………………………………………… 262
　　　コラム：幅広い数学，再構築への道 …………………………………… 264

付録 ………………………………………………………………………………… 266
A. 位相について …………………………………………………………… 266
B. 代数の基礎知識及び本書の記法について …………………………… 285

問題の解答 ……………………………………………………………………… 293
あとがき ………………………………………………………………………… 310

索引 ……………………………………………………………………………… 313

第1章 線型空間とはなにか

本章では線型空間とはなにかという最も基本的なところを例を交えて示したいと思います．思わぬものが線型空間であり，線型空間と思ってたものが違ったりということを定義に従って示すこととします．

1.1 実ベクトル空間とは

線型空間とはベクトル空間のことです．ベクトル空間というのは実ベクトル空間とか，複素ベクトル空間とか，ベクトル空間の前に呪文が付きます．これからベクトル空間とはなにかを説明するわけですが，まずは実ベクトル空間について話をすることにします．$\mathbb{R}$ を実数全体（＝ すべての実数を含んだ集合）とします．

定義 1.1 集合 V が**実ベクトル空間**とは，

1. V の任意の元2つ $u, v \in V$ に対して，**単位元 0 を持つたし算** $u + v \in V$ が定義できて[1]，

2. V の任意の元 $u \in V$ と $a \in \mathbb{R}$ に対して，**定数倍** $au \in V$ が定義で

---

[1] たし算 $+$ とは V の任意の2つの元 $u, v \in V$ に対して $u + v \in V$ となる対応がそれぞれ一つ定まり，$u, v, w \in V$ に対して，$u + v = v + u \in V$ でかつ $(u + v) + w = u + (v + w) \in V$ となることであります．たし算の単位元 0 とは $u + 0 = 0 + u = u$ となる元のことです．

第1章 線型空間とはなにか

き[2]，(但し，$1u = u, 0u = 0$)

3．V の任意の2つの元 $u, v \in V$ と $\mathbb{R}$ の任意の2つの元 $a, b \in \mathbb{R}$ に対して $a(u+v) = au + av$ かつ $(a+b)u = au + bu$ となるように**たし算と，定数倍が，整合性をもって定められている**ものである[3]．

注釈を付けたものの，ベクトル空間の定義とはこれだけです．大まかに捉えて「**たし算**」と「**定数倍**」がベクトル空間の全てです．内積なるものも，距離なるものも，全く必要ありません．6章において内積のあるベクトル空間等も扱いますが，プレーンオムレツならぬプレーンな線型代数というものは実にあっさりしたものです．

このあっさりとした対象がとても面白い数学的構造を持つのです．そして，これらが純粋数学から企業の産業数学において重要な役割を果たすということを解説してゆきたいと考えています．

代数系を学ぶときの重要な心構えは「ルールを守ってルール内のゲームを楽しむ」ということです．現代数学全般に言えることでありますが，定義を信じて進むうちにその定義の自然さを体感するというのが，数学の学び方と思われます．まずは，定義を信じることです．例えば，**サッカーをやるとき，「なぜ手を使わないのか？」**というような疑問と同じです[4]．「手を使わない」ということで世界が熱狂するような面白いゲームとなるということも知っています．つまり，まずは「なぜ，なぜ」と考えないことが肝要です．

---

[2] 定数倍とは，より正確には任意の $u \in V$ と $a \in \mathbb{R}$ に対して，$au \in V$ が一つ定まり，$a, b \in \mathbb{R}, u \in V$ に対して $(ab)u = a(bu)$ となることです．このとき，$1u = u, 0u = 0$ としています．左辺の 0 は $0 \in \mathbb{R}$ です．他方，右辺の 0 は $0 \in V$ の意味です．

[3] 記号ですが，ベクトルをボールド体 **u** や矢印をつけた $\vec{u}$ とかで書くことがありますが，本書では定数と同じ書体 u を使うこととします．どこの要素かを明確にしますので，必要であれば記号を補って読んで下さい．

[4] 数学の定義は紆余曲折を経て，その本質のみを抽出したものです．線型空間の定義もデデキント (1831–1916) あたりの一次独立の概念やグラスマン (1809–1877) やペアノ (1858–1932) の公理化によって，19世紀末から20世紀あたりに定められたようです [1]．

とは言っても，ベクトル空間って何？と素朴に疑問を抱いたりするものです．

不思議なことに，大学4年間に受けた教育の違いで，その後の思考方法が，数学者的思考と非数学者的思考とに大きく分岐するように思います．筆者は物理学科を卒業して，物理の論文が書けるようになるのに5年程度，純粋数学の論文を読み，論文が書けるようになるまでに15年くらいの時間を要しました．たった大学4年間の違いですが，その間に受けた教育によってその後の物事の捉え方や考え方が全く異なってしまうわけです．非数学の研究はどれも，厳密な定義なしに，物事の説明を始めます．皮膚感覚が最も重要であり，思考を進める内に対象の様々な性質が判ってくるのです．他方，純粋数学は少なくとも定義から始めて，その定義に従って，一歩ずつ論理を進めてゆくという方法を取ります[5]．その2つの流れは全く異なるものです．『数学は言葉である』と思うと『言葉にならないものを不完全ながらも言葉にしてゆく科学の話』と，『言葉になった後の科学の話』にはおのずから違いがあるのは仕方ないのではと感じています．

抽象的な定義だけを信じて思考を進めることが可能な人と，具体的なことを判ってからでないと抽象的な定義に「心のバリア」を感じてしまう人とでは，その思考方法は大きく異なると思います．本書は後者を想定したものです．

本書では純粋数学の教科書のように定義のあと直ぐに定理とはせず，まずは，線型空間とか線型代数とはなにかというようなことをまず，眺めましょう．どこで線型代数が重要なのかというようなことをおぼろげながらも判ることがまず大事だと考えています．

1.2 線型代数とは

線型代数と線型空間の語意の違いはなんでしょうか？ **線型空間はベクトル**

---

[5] とは言っても，一度目勉強するときは，多少直感的なところで，誤魔化して理解するということも重要だったりしますが．

第1章 線型空間とはなにか

空間と全く同じ意味です．

因みにベクトル解析とベクトル空間とは全く異なるものと考えてよいものです．13 章で解説しますが，**ベクトル解析**は，現代風にいうとベクトル場や微分形式に対する微分を含めた計算のことです．分野的には，微分幾何において取り扱われるものです．

他方，ベクトル空間は上で述べたようなあっさりと定義されたものです．

では，線型代数と線型空間やベクトル空間との差異はなんなのか？ と問いたくなるのも人情です．

代数とは，四則演算のようなものを抽象化して取り扱う学問です．線型代数と言ったときには，ベクトル空間間の線型写像や行列演算，テンソル積等のより複雑な代数的な構造も考えるわけです．その対象が，たし算と定数倍という代数的構造を添加した集合であるベクトル空間であるのです．線型代数はベクトル空間の代数的な研究と見ればよいのです[6]．**たし算と定数倍，これだけでとても面白く重要な構造が見えてきます．**

1.3 加法群

たし算について，もう少し正確に見ておきましょう．まずはある**演算** $*$ について定義をしましょう．

> **定義 1.2** 演算 $*$ が集合 A に定義できるとは，A から任意の 2 つの元 a, b に対してある A の元との対応が定義されており，その対応した元を $a * b \in A$ と書くとき，任意の $a, b, c \in A$ に対して，$(a * b) * c = a * (b * c) \in A$ となることである．

---

[6] そういう代数的性質を幾何学的に理解するという意味では，線型代数は，代数幾何の末席に位置します．実際，代数幾何で重要となる射影空間やグラスマン多様体は線型代数の枠組みで記述されます．

この時，演算 $*: A \times A \to A$ が定義できると言う．

($A \times A$ がピンと来ない方は 1.7 節の例の 2 のベクトル表示の記述を眺めてください．)

ここで $(a*b)*c = a*(b*c)$ は結合則と呼ばれるものです[7]．**定義は数学的な対象を抽象化し，不純物を取り除き，その本質のみを抉り出したものです**．従って，定義を一語一句単に覚えるのではなく，発見的にソラで書くということを目指してほしいと思っています．発見的にソラで書くという気分は定義の本質を体感できるようになるという意味です．その際に，この結合法則のように**代数的なものの定義の後半には時折，このような注釈が付く**ということには気をつけてください．これは前半で定義した二項演算が巧く行くための条件です[8]．例えば，実ベクトル空間の定義の 3 番目は『整合性をもって定められている』と書きましたが，それらは同種のものです．

また **3 つは代数でマジックナンバーです**．3 つで巧くゆければ何個でも 2 つの元を一つの元に入れ替えて行くという操作[9]が巧くゆく[10]ということです[11]．

定義1.3 集合 A と演算 $+$ が**加法群**とは，
1. 演算 $+: A \times A \to A$ が定義できていて，$a, b \in A$ に対して，

---

[7] 例えば，$A := \{a, b, c\}$ で，$a*b = a, a*c = a, b*c = a, a*a = b$ とすると結合法則を満たさないことが判ります．

[8] $(a*b)*c = a*(b*c)$ より $a*b*c$ という表記が意味を成します．(二項演算が三項演算に一般化されるのです．)

[9] 例えば，5 と 3 を取ってきて，$(5, 3) \in \mathbb{R}^2$ と見るのではなく $15 \in \mathbb{R}$ という一つの元（数字）と見ることです．

[10] 正確には，注 8 より $a_1 * a_2 * \cdots * a_n$ も ( ) の付け方に依らずに一意に定まるという意味です．

[11] 定義がなぜそのようになったかという舞台裏を書いている解説は，特に洗練されたことを好む代数的な本には少ないかもしれません．例を考え，手を動かし，その理由を想像すれば，発見的に理解できるようになります．

第1章 線型空間とはなにか

　　　$a+b=b+a\in A$ となり（演算の並び順によらないこの演算のことを**加法**と呼ぶ．）

2. 各 $a\in A$ に対して，$a+0=0+a=a\in A$ となる**単位元** $0\in A$ が存在し，

3. 各 $a\in A$ に対して，$a+b=b+a=0$ となる**逆元** $b\in A$ が存在する（$b=-a$ と記す．）

ものである．

　上記のベクトル空間の定義において，$u\in V$ に対して，$-1\cdot u$ が存在し，原点の一意性より加法群の逆元 $-u$ と一致することが判ります[12]．これより，**実ベクトル空間は加法群でもある**ことがわかります．実はこれはベクトル空間を特徴付ける重要な性質です．

　加法で重要なことは，並び順に依存しない演算が加法というものだということです．一般の演算 $*$ では $a*b=b*a$ は成り立ちません．例えば，行列の積などでは一般に $B*C\neq C*B$ となります．加法 $+$ は $a+b=b+a\in A$ となります．可換，非可換といいます．（付録 B.1 を参照）

　このように加法は極めて抽象的に定義できます．2章で形式和の話をしたいと思いますが，加法を通常の実数のたし算も含有したより抽象的なものにすることによりベクトル空間は一気に抽象化されます．

1.4 線型空間における定数倍について

　上記で実ベクトル空間の定義をしましたが，定義 1.1 の定数倍の $\mathbb{Q}$ を複素数全体 $\mathbb{C}$ に置き換えると複素ベクトル空間が定義できます．有限体全体 $\mathbb{F}_q$ と呼ばれるものや有理数（分数）全体 $\mathbb{Q}$ にしても同様にそれぞれのベクトル空間が定義できます．

---

[12] $u+(-1\cdot u)=0$ に対して，両辺に $-u$ を足せば判ります．

ベクトル空間の定数倍は四則演算が自然に定義できるもの[13] に対してのみを考えます[14]. 以降は K を $\mathbb{Q}$, $\mathbb{C}$ または $\mathbb{R}$ として K ベクトル空間を取り扱います. K を見たら 3 つのいずれかと考えてください.

1.5　K ベクトル空間

それでは K が $\mathbb{Q}$ のとき定義 1.1 に一致する K ベクトル空間の定義を与えます. この **K ベクトル空間**を以下 **K 線型空間**とも呼ぶことにします.

定義 1.4　集合 V が **K ベクトル空間**とは,
1. V が**加法群**である.
2. 任意の元 $a, b \in K$, $u \in V$ に対して, **定数倍** $K \times V \to V$ が $au \in V$ かつ $a(bu) = (ab)u$ であり, $0u = 0$ かつ $1u = u$ とする[15].
3. 任意の $u, v \in V$ と $a, b \in K$ に対して $a(u+v) = au + av$ かつ $(a+b)u = au + bu$ となるよう**たし算と, 定数倍が, 整合性をもって定められている**.

以上 3 つの条件を満たすものである. 0 を**原点**と呼ぶ.

1.6　線型空間における原点の意味

上記の K ベクトル空間の定義に従うと $0 (\in K)$ 倍により「**唯一の原点 0 が存**

---

[13] **体**と呼びます.（付録 B.1 を参照）
[14] 整数のような割り算が巧く定義できないようなもの (**環**と呼びますが) に対して, ベクトルの定数倍のところを変更したものは, 加群と呼ばれています. 例えば, 数値計算などで現れる構造格子などは $\mathbb{Z}$ 加群です. が, 差分方程式などでは, 加法群としてのみの性質を取り使うのでベクトル空間との差異を悩む必要はありません. 他方, $\tau \in \mathbb{C} \backslash \mathbb{Z}$ ($\tau \in \mathbb{C}$, $\tau \notin \mathbb{Z}$, 付録 B.3 を参照) に対して, $\mathbb{Z} + \mathbb{Z}\tau$ を取り上げるとフェルマーの大定理等の整数論やモンスター群等の群論と関連してきます.
[15] 左辺の 0 は $0 \in K$ です. 他方, 右辺の 0 は加法群 V の原点の意味です.

第1章 線型空間とはなにか

在する」ということが判ります．**これはベクトル空間の非常に重要な特徴です**．

例えば静電学における電位というのは実ベクトル空間ではありません．電位は加法的なものです．正も負も定義できますが，ゼロ倍というものに意味を持ちません．電位は何処を基準点（＝原点）としても問題はありません．他方，電位差はゼロに意味を持ちます．ゼロは差がないという意味を持つことで，電位差はベクトル空間となります．ある電位に複数の電位差を足し合わせたものは電位というものです．

このように，ベクトル空間の元を加えることができ，ベクトル空間でない空間があります．位置ベクトルの空間がそのような空間です．我々が住んでいる空間のようなピタゴラスの定理が成り立つ位置ベクトル全体を通常，ユークリッド空間と呼びます[16]．

ユークリッド空間はベクトル空間ではありません[17]．実際，**ユークリッド空間において原点は意味を成しません**．

日本地図に書かれるような領域（十分平面と思える範囲ですが）はユークリッド空間の例で，ベクトル空間でない例です．例えば，JRの時刻表には東京駅からの距離が多数書かれています．この意味では日本地図には原点として東京駅があるといえるかもしれません．ところが，それだと大阪や京都の方々に不公平感が残るので，東京駅は（万人にとって）唯一の原点には成り得ないのです．

---

[16] 線型変換を定義し，変換群を導入した後の9章で詳しい定義を与えることにします．ここでは未定義のまま話を続けます．このように定義をあいまいにしたまま，話を続けることが可能となるのが非数学的学問の利点です．ヒルベルト（1862-1943）は数学を厳密化，公理化することに貢献しました．ヒルベルト以降（またブルバキ以降）数学のテキストでは未定義なコメントは例外を除いて，タブー化しているように思います．そのため，やや窮屈だと感じるときがあります．かといって，非数学者のやや砕けた形の数学のテキストの幾つかには，数学的に許容できる範囲ではないものがあるのも確かです．この両者の狭間を非力ながら埋めたいというのが本書の目的であります．

[17] 本によってはユークリッド内積のあるベクトル空間をユークリッド空間と呼んでいたりします．が，平行線の議論などは並進対称性がないと議論できないので，ここでは採用しません．

他方，どんな点でも（例えば自宅とか）その点を原点として，他の点を原点からどの方向にどのくらい離れているかという差として眺めると，実ベクトル空間として振舞います．つまり，2つの位置ベクトルの差はベクトル空間となります．**一般にベクトル空間は（微小差も含め）なにかの差として現れます．**

1.7 ベクトル空間の例，そうでない例

「ベクトル空間っていうのは我々の3次元空間を一般にした奴だから」と皮膚感覚に頼って思考するとベクトル空間の本質は見えません．本質を眺めるために，ベクトル空間である例，ベクトル空間でない例を幾つか列挙します．

1. 実数 $\mathbb{R}$ 自身は実ベクトル空間です．$u, v \in \mathbb{R}$ と $a \in \mathbb{R}$ に対して，$u+v \in \mathbb{R}$ でかつ $au \in \mathbb{R}$ です．整合性は明らかです．

2. 次はベクトル空間ではない例を示します．まず，図1-1の体重と身長などのグラフの書かれる空間は一般にベクトル空間ではありません．
   なぜならば，体重に負の体重，身長に負の身長はあり得ませんし，足すという意味を，2.4節の形式和の時に再考したいと思っていますが，体重と身長は普通の意味では足すことができないからです．

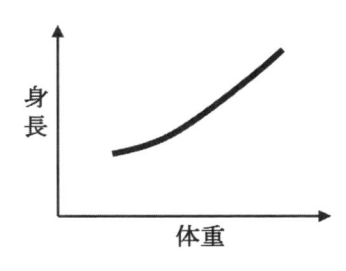

   図1-1

   このように(身長, 体重)のような表現を**ベクトル表示**あるいは**成分表示**ということがあります．**ベクトル表示**とは集合 A, B に対して，A, B を並べた集合の積 $A \times B$ の元を (a, b) と記すことであります[18]．そもそ

---

[18] 集合 A の要素の数を $\#A$ と記すと，$\#(A \times B) = \#A \times \#B$ となるように $A \times B$ の元を眺めています．

第1章 線型空間とはなにか

も，ベクトル (vector) とはラテン語 vectum という移動や運ぶという意味を持つ語から 1843 年頃にハミルトン (1805–1865) が導入した用語のようです [2][19]．この方向と大きさを持つものとしてのベクトルをデカルト座標による成分により表示するという流れから (170 [cm], 63 [Kg]) とする**成分表示**のことをベクトル表示と呼ぶ慣習があります．

　計算機でのベクトル演算やプログラム言語の C++ のツールの中の vector なども，このベクトル表示の意味から派生したものと思われます．K ベクトル空間はすべてベクトル表示を持ちます．しかし，ベクトル表示されるものに代数的な構造は一般にありませんので，ベクトル空間とは限りません．従って，**ベクトル表示とベクトル空間は異なる概念**と捉えることが肝要です．

3. V, W が K ベクトル空間のとき，その集合の積 $V \times W$ は K ベクトル空間と自然に見なせます．自然にとは，1) $(u, w) \in V \times W$ とベクトル表示して，2) u 達，w 達，それぞれを独立に加法を定義し[20]，3) 定数倍は $\alpha \in \mathbb{R}$ に対して，$\alpha(u, w) = (\alpha u, \alpha w)$ とし，4) $(0, 0)$ を原点 0 と見なすということです．

　例えば，K を n 個並べた K^n も K ベクトル空間となります．次元はまだ未定義ですが，有限次元であれば，実は K ベクトル空間は適当な有限の整数 n に対して K^n と見なすことができます．この考えは無限次元の場合も適当な議論で正当化できます．

4. 次は物理でのベクトル空間の例です．摩擦のある**速度空間はベクトル空間です．速度ゼロは停止という意味があります**．また，2 倍の速度という概念は成立しますし，速度の和というものも物理的です．マイナス倍も逆方向として見なせます．

---

[19] ハミルトンは複素数の一般化として四元数なるもの，更には vector＝vectum－vehend とする幾何学的な代数を考えていたようです [2]．

[20] $(u_1, w_1) + (u_2, w_2)$ を (u_1+u_2, w_1+w_2) とする．

他方，ガリレイの相対性原理を考えましょう．そこでは，静止系と慣性系には区別はありません．つまり，速度ゼロは速度非ゼロとの本質的な違いはありません．空間の言葉でいうと**ガリレイの相対性原理に従う系では速度空間はユークリッド空間であり，ベクトル空間ではありません．相対速度が実ベクトル空間の元となります**．対象とする系に対して，なにがベクトル量でなにがそうでないかを理解することはとても重要です．

5. ここでは企業の現場で出会うベクトル空間の例を話します．図1-2に示すように，点 P_1 に Q_1 で発熱する発熱源があるとしましょう．ノートパソコンのCPUでも思い浮

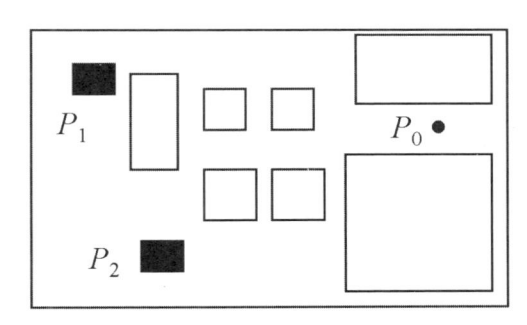

図1-2

かべて頂ければよいです．このときに，例えばキーボードの"L"のキーに相当する点 P_0 で温度が定常状態で室温 T_0 に対して T_1 としましょう．Q_1 をゼロにして，また別の点 P_2 において Q_2 で発熱したときに点 P_0 で温度が定常状態の温度が T_2 としましょう．このとき，P_1 と P_2 それぞれで Q_1 および Q_2 で同時に発熱したときに P_0 の温度 T はどのようになるかというのが，熱解析の最も簡単な問題であります．ここで重要なことは，多くの場合において，室温からの温度差 $T_a - T_0$，$(a=1,2)$ が小さい場合は，近似的に温度差が Q_a に比例し，かつ加法的であるということです．それぞれの比例定数を σ_a とすると，つまり $T_a - T_0 = \sigma_a Q_a$ のとき，先ほどの答えは

$$T - T_0 = \sigma_1 Q_1 + \sigma_2 Q_2$$

となります．この問題は簡単なものですが，企業でのデバイスに関わる数理解析を行うときに線型空間の概念はとても重要です．2倍して2倍にな

第1章 線型空間とはなにか

るものは何か? 加法的なものは何か? ということです. 実ベクトル空間が重要といったのはこのようなことに起因します[21].

6. 多項式環 $\mathbb{R}[x]$ はとても有名な実ベクトル空間です. $\mathbb{R}[x] := \{x \text{ の実係数多項式}\}$ です[22]. 2つの元 $p_1 = a_0 + a_1 x + a_2 x^2 + \cdots + a_n x^n$ と $p_2 = b_0 + b_1 x + b_2 x^2 + \cdots + b_m x^m$ は加法的ですし, 定数倍も OK です. ベクトル表示をすると $p_1 = (a_0, a_1, \cdots, a_n, 0, 0, \cdots)$ であり $p_2 = (b_0, b_1, \cdots, b_m, 0, 0, \cdots)$ と考えればよいのです.

7. 次は, ベクトル空間の研究対象として最も興味深いものである関数空間です. 例えば, 集合としての $\mathbb{R}$ のある部分領域 U 上の実数値連続関数全体を $\mathcal{C}^0(U, \mathbb{R})$ と記すと, 図 1-3 のように U 上の2つの連続関数 f と g, つまり $f, g \in \mathcal{C}^0(U, \mathbb{R})$ に対して $f+g$ は $\mathcal{C}^0(U, \mathbb{R})$ の元ですし, 適当な定数 $a \in \mathbb{R}$ に対して, af も $\mathcal{C}^0(U, \mathbb{R})$ の元です.

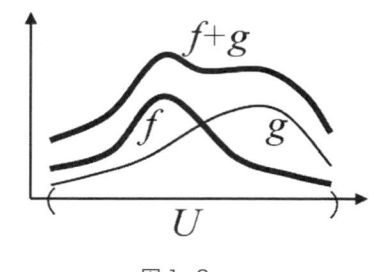

図 1-3

それではベクトル空間で大切な原点は何かと問いたくなると思いますが, 答えは簡単でゼロ倍してやればよいのです. つまり全領域でゼロ値を持つゼロ値定関数です. どんな関数もゼロ倍すると 0 になります. つまり, 関数空間は正値性等の制限がなければベクトル空間となります.

8. 定義はしませんが, 微分多様体という幾何学的な対象においても, ベクトル空間は重要です. 多様体はユークリッド空間を一般化したもので,

---

[21] コラム 1 を参照.
[22] ":=" を左辺を右辺によって定義する際にこの記号を使うことにします. 他方, 逆の場合は "=:" とします.

大まかに言うと曲がった空間のことです．そこでもある意味の微小変化である接空間はベクトル空間となります．各点でベクトル空間が定義できます．多様体の各点でベクトル空間の点を定めるものが，ベクトル解析で出てくるベクトル値関数です．13章で詳しく述べます．

9. 代数幾何においては，多項式環の一般化として，「線型系」という線型空間があります．これは代数曲線を利用した暗号や符号理論において重要な役割を果たします．

10. 3章の話題ですが，線型写像はベクトル空間となります．まず線型写像を定義します．2つの実ベクトル空間 V と W に対して，写像 $f: V \to W$ が線型写像とは

(a) $v_1, v_2 \in V$ に対して $f(v_1+v_2) = f(v_1) + f(v_2)$ と

(b) $a \in \mathbb{R}$ と $b \in A$ に対して $f(av) = af(v)$

とが成り立つことです．このとき，V と W を固定して，このような線型写像全体を考えます．すこし格好つけて $\mathrm{Hom}_{\mathbb{R}}(V, W)$ と記すこととしましょう[23]．

このとき，$f, g \in \mathrm{Hom}_{\mathbb{R}}(V, W)$ に対して，$(f+g)(v)$ を $f(v)+g(v)$ と定義すると巧く定義でき，$(f+g)$ は $\mathrm{Hom}_{\mathbb{R}}(V, W)$ の元であることが判りますし，$(af)(v) = af(v)$ とすると巧く定義でき，やはり $\mathrm{Hom}_{\mathbb{R}}(V, W)$ の元であることが判ります．したがって，線型写像は $\mathbb{R}$ ベクトル空間となることがわかります．

線型写像は V への作用と見ることができます．ベクトル空間を見つけたとき，そのベクトル空間への線型作用素もベクトル空間となるということはとても面白い事実だと思います．

上記に記したように，関数空間はベクトル空間ですので，関数空間間の線型写像（例えば微分や積分など）はベクトル空間となります．つまり，

---

[23] Hom とは英語の準同型の homomorphism の頭の Hom ですし，$\mathbb{R}$ は $\mathbb{R}$ ベクトル空間という意味で，(V, W) は V から W という意味です．

線型作用素全体自身も線型空間となるのです．$\mathbb{R}$ を $\mathbb{C}$ に置き換えるとこれは量子力学や制御理論の話に繋がってゆきます．

> *Tip of the Day*
>
> ポケットに入る線型代数の名著 [3] が出版されています．線型代数を眺めながら休暇を過ごすのも悪くないかもしれません．

参考文献

[1] J.-L. Dorier, A general outline of the genesis of vector space theory, Hist. Math., 22 (1995), 227–261.
[2] W. R. Hamilton, Lectures on quaternions, 1843.
[3] S. ラング (芹沢正三訳) ラング線形代数学　上，下　ちくま文庫　2010 年

問題 *1.1*

　シャーレの中で温度 T℃では菌 X が個体数の変化なく分裂，死滅を繰り返しているとし，T℃の前後 5℃までは，温度 0.1℃の変化によって増減が全総数の 0.01 [%/時] 比で変化する．シャーレ中，1 [cm^2] に生息する X の個体数は約 100 万程度である．この系の菌の増減はベクトル量で近似的に表現できる事を確かめよ．その際，近似的の意味と加法的なものは何か，定数倍とは何かを考えよ．但し，個数 (整数) m を実数と見なす際には，系の基準となる数 m_0 を用意し，m/m_0 を実数として眺めることとなる．m_0 が大きければ大きいほど，近似は良くなる．

問題 *1.2*

　自分の興味のある専門 3 つを定め，インターネットで「線型，基底，『専門分野名』, pdf, "ac.jp"」により検索を行い 3 時間程度眺めよ．図書館にて専門書とその索引で行っても良い．

問題 *1.3*

　自然現象，社会現象などの実際に起きている現象の中で，線型空間で記述されるものを思い浮かべ，それが厳密には線型空間の定義を満たさない事を示せ．

Column 1

幅広い数学の世界

オイラー

　筆者の職場での業務は，プリンターなどのデバイスや材料の新しい機能の発現や設計の指針を提示するために，デバイスや材料の物理現象のメカニズムを解明することであります．計算機を利用しながら理論的な立場でその数理的な構造を明確にするということを目指した業務を行っています．一般的に対象とするデバイスや材料の現象は，複数の物理現象が絡み合った複雑なものであり，目指した目的が完全に達成されることは稀です．しかし，場合によっては，線型性のような現象の本質を見出すことができる時があります．もちろん，1.7 節の例 5 で挙げた熱に関する例は熱設計や熱解析として，よく知られたものです．が，これとよく似た，判ってしまえばなんてことはないのだけれど，モヤモヤとした言葉にならない物理あるいは数理の現象の本質を見つけ，数理的構造を表現できる時があるのです．系の性質を示す（物理）量を見出し，その（物理）量の対応関係が判れば，系の性質が判ることを意味します．そういう時が企業の数理科学者として至福の時であります．制御できる可能性がでてくるからです．

　オイラー（1707–1783）や**ガウス**（1777–1855）は歴史に残る天才であり，純粋数学の祖でありますが，自然に対峙した数学の祖でもあります[1]．オイラーは 1707 年にスイスのバーゼルに生まれ，ベルヌーイ一家との交流の中で数学，物理，工学，音楽の広い分野の研究をおこないました．オイラーは

純粋数学の祖として様々なところで取り上げられていますが，スイスの紙幣となったオイラーの後ろには彼が発明したボイラーの絵が描かれているように，応用数学や物理，科学技術の祖でもあります[2,3]．各分野の歴史観の違いから，時代が下るに従ってオイラーの純粋数学者としての位置づけが強くなっていますが，必ずしもオイラー自身は純粋数学のみを研究することを望んでいたわけではないように感じます．

　ガウスは1777年にドイツのブラウンシュヴァイクに生まれ，1801年に整数論に関する書籍を出版し，その後，天文台にて天文を生業としました．若い頃の整数論の研究を懐かしがっていましたが，天体や光学，電磁気，電信についても精力的に取り組み，それらの開祖とも呼ばれる存在となっています[4]．

　度々，彼らがそうした物理や応用に関わる仕事を行ったのは生活のためであったというようなことが，数学史に書かれていたりするのですが，筆者にはどうもそうは思えません．**音楽と美術のどちらがより深い芸術かなどという問いが無意味なように，絡みあった自然現象の中から数理的本質を抜き出すことと，整数や与えられた方程式や微分方程式の数理的構造を見ることはどちらも優劣付け難い感嘆を感じる**ものです．もちろん，筆者の感じるものも到達できることもオイラーやガウスの何万分の一ではありますが….

[1] E.T. ベル（田中勇，銀林浩訳）　数学をつくった人びと〈1,2〉ハヤカワ文庫　2003年
[2] E.A. フェルマン（山本敦之）オイラー ―その生涯と業績　シュプリンガー　2002年
[3] 三輪修三　工学の歴史：機械工学を中心に　ちくま文庫　2012年
[4] 菅井準一　科学史の諸断面―力学及び電磁気学の形成史 増訂4版　岩波書店　1950年

第2章 一次独立について

1章でベクトル空間の定義をしました．K を実数全体[1] $\mathbb{R}$ か，複素数全体 $\mathbb{C}$ か，有理数全体 $\mathbb{Q}$ かの何れかと約束します．集合 V が K **ベクトル空間** とは，1) V が**加法群**で[2]，2) V と定数 K に対して，**定数倍が定義できて**[3]，3) **たし算と定数倍とが整合している**[4]という抽象的なものでした．

2.1 一次独立とは

一次独立という概念も，とても抽象的なものです．3次元ベクトル空間のイメージが先行してしまうと，「**一次独立とは，直交した基底のことね**」と思い勝ちですが，**これは厳密には誤りです**．一次独立という概念をものにするにはまずは**直感的**な理解を一旦諦めることが肝要です[5]．

---

[1] すべての実数を含んだ集合のこと．以下同様．

[2] 任意の $u, v, w \in V$ に対して，$u + v = v + u \in V$，かつ $(u + v) + w = u + (v + w) \in V$ を満たす演算 $+$ が定義でき，$u + 0 = 0 + u = u \in V$ となる $0 \in V$ が存在し，$u + (-u) = 0$ となる $(-u) \in V$ が各 u に対応して存在する．

[3] 任意の元 $a, b \in K$，$u \in V$ に対して，$au \in V$ かつ $a(bu) = (ab)u$ であり，$0u = 0$ かつ $1u = u$ である．

[4] 任意の $u, v \in V$ と $a, b \in K$ に対して $a(u + v) = au + av$ かつ $(a + b)u = au + bu$ である．

[5] 数学用語の「独立」には「代数的独立」等もあったりしますが，その中でも一次独立は最も重要なものの一つです．特に広い意味の物理現象の解析において独立性を感じる場合には，一次独立の概念で記述できるかどうかを考えてみることは大事です．例えば，『力学的自由度』などがそうです．

定義 2.1 K ベクトル空間 V の元 $v_1, \cdots, v_n$ が (互いに) **一次独立**, あるいは **線型独立** とは

$$a_1 v_1 + a_2 v_2 + \cdots + a_n v_n = 0 \tag{1}$$

を満たす $a_i \in K$ $(i = 1, \cdots, n)$ が

$$a_1 = a_2 = \cdots = a_n = 0 \tag{2}$$

以外ないというときである．

当然のことながら，(2) ならば (1) を満たします．大事なことは (2) 以外に (1) を満す $(a_i)_{i=1,\cdots,n}$ が存在しないということです．少し具体的な例を触りながら，この定義を眺めてみましょう．

2.2 一次独立の例

2.2.1 有理数ベクトル空間の場合

代数的な例を扱うときには有理数 (分数) や整数がとてもよい例として理解を進めます[6]．本章も $\mathbb{Q}$ ベクトル空間 U を考えます[1, 2]．$\mathbb{Q}$ ベクトル空間の係数は有理数です．集合

$$U := \{ a + b\sqrt{2} \mid a, b \in \mathbb{Q} \}$$

が $\mathbb{Q}$ ベクトル空間であることは簡単にわかります[7]．

他方，どんな整数の組 (n_1, m_1), (n_2, m_2) (但し，$m_1 \neq 0$, $m_2 \neq 0$) を考えても

---

[6] コラム 2 を参照．

[7] 1 章で述べましたが，":=" を左辺を右辺によって定義する際にこの記号を使うことにします．他方，逆の場合は "=:" とします．

U の加法性は $(a + b\sqrt{2}) + (a' + b'\sqrt{2}) = (a + a') + (b + b')\sqrt{2}$ より自然ですし，加法群としての性質もトリビアルです．$c(a + b\sqrt{2}) = (ac) + (bc)\sqrt{2}$ も $c \in \mathbb{Q}$ ならば U の元であり，$\mathbb{Q}$ による定数倍を始めとするその他の条件を満たすことも自明です．

第2章 一次独立について

$$\frac{n_1}{m_1} + \frac{n_2}{m_2}\sqrt{2} = 0 \qquad (3)$$

となるものはゼロ以外ありません．つまり，(3) となる解が $n_1 = n_2 = 0$ となるもの以外ないというのが一次独立の概念の例です[8]．これは $\sqrt{2}$ が有理数でないという数学的事実と等価です．1 と $\sqrt{2}$ は U において一次独立です．

このとき，任意の $c \in \mathbb{Q}$ を取ってきて $v_1 := 1, v_2 := (c - \sqrt{2})$ に対して

$$a_1 v_1 + a_2 v_2 = 0$$

という解を $a_1, a_2 \in \mathbb{Q}$ で考えてもやはり，$a_1 = a_2 = 0$ となるもの以外等号を与えるものはありません．v_1, v_2 も U において一次独立です．

一般に K ベクトル空間 V の元 $v_1, v_2, \cdots, v_n$ と，適当な $a_1, a_2, \cdots, a_n \in K$ に対して，$\sum_{i=1}^{n} a_i v_i \in V$ のことを $v_1, v_2, \cdots, v_n$ の**線型結合**（K-線型結合）と呼びます．上記より，**一次独立な元の線型結合達は（必ずしもそうなるわけではありませんが）一次独立になり得ます**．

同様に $V := \{a + b\sqrt{2} + c\sqrt{3} + d\sqrt{5} \mid a, b, c, d \in \mathbb{Q}\}$ も $\mathbb{Q}$ ベクトル空間です．V の元として

$$a_1 + a_2(2 - \sqrt{2}) + a_3(\sqrt{2} + \sqrt{3}) + a_4 \sqrt{5} = 0$$

の場合も同じく $a_1 = \cdots = a_4 = 0$ しか等号が成り立ちません．従って，$1, (2 - \sqrt{2}), (\sqrt{2} + \sqrt{3}), \sqrt{5}$ は互いに一次独立です．他方，

$$a_1 + a_2(2 - \sqrt{2}) + a_3(\sqrt{2} + 3) = 0$$

の場合は，$a_1 = a_2 = a_3 = 0$ という解と同時に $a_2 = a_3 = -a_1/5 \neq 0$ とする解も持ちます．一次独立でないものを**一次従属**と呼びますので，$1, (2 - \sqrt{2}), (\sqrt{2} + 3)$ は一次従属な例です．

---

[8] デデキント（1831–1916）はフェルマーの大定理の証明にむけ，代数的整数論の構築の一環として一次独立の概念を発見したと言われています [3]．それはこのようなことです．

2.2.2　3次元実ベクトル空間の場合

一次独立であるものと，一次独立でないものの例を見てきました．重要なことは**直交性という概念を利用せずとも一次独立という概念は定義できる**ということです．6章で述べますが，**直交という概念を定義するためには内積というものを持ち込まなければなりません**．他方，**一次独立など多くのベクトル空間の性質は内積を導入していないベクトル空間にも定義できるもの**です．

とは言え，デカルト座標 x, y, z で記述される我々の3次元実ベクトル空間において，一次独立はどんなものかを理解することは重要です．中学，高校数学と同様に視覚的に3次元実ベクトル空間 V と直交した単位ベクトル e_x, e_y, e_z を用意して，

$$V := \{u_1 e_x + u_2 e_y + u_3 e_z \mid u_1, u_2, u_3 \in \mathbb{R}\}$$

とします．このとき，

$$a_1(1 \cdot e_x) + a_2(1 \cdot e_y) + a_3(1 \cdot e_z) = 0$$

を満たす $a_1, a_2, a_3 \in \mathbb{R}$ が $a_1 = a_2 = a_3 = 0$ 以外ないということは，視覚的に理解できます．$(1 \cdot e_x), (1 \cdot e_y), (1 \cdot e_z)$ は一次独立の元です．他方，最後の $(1 \cdot e_z)$ を $(2 \cdot e_y)$ に置き換えると

$$a_1(1 \cdot e_x) + a_2(1 \cdot e_y) + a_3(2 \cdot e_y) = 0$$

$a_1 = a_2 = a_3 = 0$ 以外にも，$a_1 = 0, a_2 = -a_3/2 \neq 0$ という解があり，$(1 \cdot e_x), (1 \cdot e_y), (2 \cdot e_y)$ は一次従属であることが判ります．

同様に考えて $b_1 := (e_x),\ b_2 := (e_y),\ b_3 := (c_1 e_x + c_2 e_y + \epsilon e_z),\ (c_1, c_2, \epsilon \in \mathbb{R})$ としたときに $|\epsilon|$ がどんなに小さかろうが，非零であれば，b_1, b_2, b_3 は一次独立となります．つまり，**少しでも方向がズレたベクトルを用意すれば，それらは一次独立になるのです．**

他方，3次元空間では4つのベクトルを用意すると，それらは必ず一次従属になります．つまり，上記の状況で任意の $u \in V$ に対して，

$$u = v_1 b_1 + v_2 b_2 + v_3 b_3 \tag{4}$$

となる実数 v_1, v_2, v_3 が必ず存在します．

第2章 一次独立について

2.2.3 関数空間の場合

関数空間として $\mathbb{R}$ のある領域 U 上の実数値連続関数全体を $\mathcal{C}^0(U, \mathbb{R})$ と記すと，2 つの連続関数 f と g, i.e., $f, g \in \mathcal{C}^0(U, \mathbb{R})$ に対して $f+g \in \mathcal{C}^0(U, \mathbb{R})$ ですし，適当な定数 $a \in \mathbb{R}$ に対して，$af \in \mathcal{C}^0(U, \mathbb{R})$ となりますから，関数空間 $\mathcal{C}^0(U, \mathbb{R})$ は $\mathbb{R}$ ベクトル空間であることが判ります．

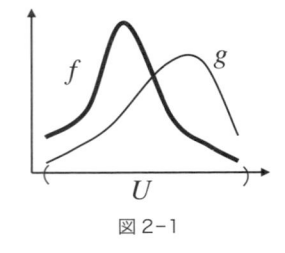

図 2-1 のような $\mathcal{C}^0(U, \mathbb{R})$ の元 f と g に対して，$af+bg=0$ となるものは $a=b=0$ 以外ありません．従って，f と g は一次独立ということとなります．

図 2-1

2.3 基底と次元

次元と基底という概念について導入しておきましょう．

ある K ベクトル空間 V の中の一次独立な元の集合 $B:=\{b_1, b_2, \cdots, b_\ell\}$ を考えます．集合 B に新たな元を適当に加えて B を含む一次独立な元の集合 B' が存在したとしましょう．

更に同様な操作により B' を含む一次独立な元の集合 B'' を考えます．このような操作で**極大**となる集合を B_m としましょう．
$$B \subset B' \subset B'' \subset \cdots \subset B_m$$
ここで極大とは，B_m が V の一次独立な元の集合で，V のどんな元 u に対しても $\{u\} \cup B_m$ は一次独立な元の集合と成り得ないことです．式 (4) の状況です．このとき B_m のことを V の**線型基底**あるいは V の**基底**と呼びます．また，B_m の元の数を n とすると n を V の**次元**と呼び，
$$\dim_K V = n$$
と記します．

2.3.1 次元と基底の例

1. $K^n := \{a_1 e_1 + \cdots + a_n e_n \mid a_i \in K\}$ で $\{e_i \mid i = 1, \cdots, n\}$ が一次独立のとき，$\dim_K K^n = n$ となります．このとき，
$$K^n = K e_1 + \cdots + K e_n$$
と記すことにします．ベクトル表示をすると K^n の元は $(a_1, \cdots, a_n)$ となります．それぞれの成分でたし算をし，$(0, \cdots, 0)$ を加法の単位元 0 と同一視します．定数倍も自然に定義すると K^n は K ベクトル空間となります．このように $\{e_i \mid i = 1, \cdots, n\}$ を基底として，形式的に和を取ることでベクトル空間が定義できます．これを**形式和**と呼び，また，「K^n は $\{e_i \mid i = 1, \cdots, n\}$ で**生成された K ベクトル空間である**」と言うこととします．

2. 複素数全体 $\mathbb{C}$ を $\mathbb{R}$ ベクトル空間としたときに，その自然な対応は
$$\mathbb{C} = \mathbb{R} + \mathbb{R}\sqrt{-1}$$
となります．1 と $\sqrt{-1}$ が基底です．$\mathbb{C}$ は $\mathbb{R}$ ベクトル空間として 1 と $\sqrt{-1}$ で生成されます．

3. $U = \mathbb{Q} + \mathbb{Q}\sqrt{2}$ において，$\{1, \sqrt{2}\}$ は基底です．因みに $U_\mathbb{R} := \mathbb{R} + \mathbb{R}\sqrt{2} := \{\alpha + \beta\sqrt{2} \mid \alpha, \beta \in \mathbb{R}\}$ は $\mathbb{R}$ となります．$\{1\}$ や $\{\sqrt{2}\}$ が基底です．

4. $\mathbb{R}$ の領域 U 上の実数値連続関数全体 $C^0(U, \mathbb{R})$ の次元は有限ではありません．有限でない場合を**無限次元**と呼びます．

5. 2.2.2 節の例の V の基底は $\{e_x, e_y, e_z\}$ や $\{b_1, b_2, b_3\}$ です．

2.3.2 基底の注意

ベクトルのベクトル表示は，基底に依存するものです． 例えば，$\mathbb{Q}$ ベクトル空間の例で
$$v := \frac{3}{2}\sqrt{2} + \frac{3}{4}\sqrt{3}$$
に対して
$$v = -\frac{3}{2}(\sqrt{3} - \sqrt{2}) + \frac{9}{4}\sqrt{3}$$

となるために，ベクトル表示をすると

$$\left(\frac{3}{2}, \frac{3}{4}\right)_{(\sqrt{2},\sqrt{3})} = \left(-\frac{3}{2}, \frac{9}{4}\right)_{(\sqrt{3}-\sqrt{2},\sqrt{3})}$$

となります．ここで，右下に基底を記す記法を採用しました．

2.4 線型基底と形式和

線型基底という概念を定義し，**形式和**という概念を導入すると線型空間は一気に自由になります．

そもそも，たし算はとても抽象的に定義できていました．そこで2次元$\mathbb{R}$ベクトル空間

$$W := \mathbb{R}\text{みかん} + \mathbb{R}\text{リンゴ}$$

を考えましょう．それぞれは一次独立なものとします．つまり，4.2 **みかん** + (−3.0) **リンゴ**というようなものを許します．ベクトル表示をすると単に$(4.2, -3.0)$となります．和は**みかん**の係数と**リンゴ**の係数のそれぞれ独立に行うとします．これが形式和です．基底の取替えもOKです．$\{b_1 := 0.1$ **みかん** $+ 0.5$ **リンゴ**, $b_2 := 0.5$ **みかん**$\}$も基底となります．

そこで，次に

$$a_1 \text{静岡みかん} + a_2 \text{愛媛みかん} + a_3 \text{リンゴ} = 0$$

という等式を考えましょう．もしも，**静岡みかん**と**愛媛みかん**を違う『みかん』とすると$a_1 = a_2 = a_3 = 0$以外に解を持ちません．**静岡みかん**と**愛媛みかん**を同じ『みかん』とすると$a_1 = a_2 = a_3 = 0$以外に$a_1 = -a_2 \neq 0, a_3 = 0$という解を持ちます．

一次独立か否かは，「なにを同一と思うか否か」と強く関連します．この考えに従って，現代数学の基本的な概念であるホモロジー代数の話をします．

2.5 和と直和

その前に直和 $\oplus$ という概念を導入しておきましょう．K ベクトル空間 V で，V の部分 K ベクトル空間[9] W と U に対して，$V = W + U$ で[10] かつ $W \cap U = \{0\}$ となる場合に V は W と U の**直和**と呼び，

$$V = W \oplus U$$

と記すこととします．$W + U$ の "$+$" 同様に

$$A := \mathbb{R}\,\text{静岡みかん} + \mathbb{R}\,\text{愛媛みかん}$$
$$:= \{a\,\text{静岡みかん} + b\,\text{愛媛みかん} \mid a, b \in \mathbb{R}\}$$

とした場合は，**静岡みかん**と**愛媛みかん**を違う『みかん』と眺めているかどうかは判りません．つまり，$\dim_{\mathbb{R}} A$ は 1 か 2 は判りません．他方，

$$B := \mathbb{R}\,\text{静岡みかん} \oplus \mathbb{R}\,\text{愛媛みかん}$$

は両者が別の基底であるということを意味しています．つまり $\dim_{\mathbb{R}} B = 2$ ということです．

2.6 ホモロジー代数のさわり

適当に『独立』なものがあれば**それを基底とした線型空間が形式的に定義できる**事を見ました．**みかん**と**リンゴ**を基底にできたので，図形の点や辺を基底にした実ベクトル空間を考えましょう．

ここでは 2 次元平面内の向きがついた図形 (有向図形) を考えます．

図 2-2 (a) に示すような点 p_1 を 0 次元単体 (または 0-単体) と呼び，(b) のように端点を p_1, p_2 とし，p_1 から p_2 へ向きのつい

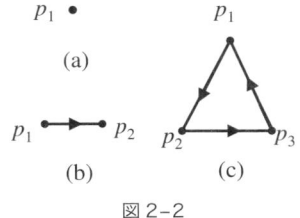

図 2-2

---

[9] V の部分 K ベクトル空間 U とは，U が V の部分集合でかつ K ベクトル空間のことです．
[10] $W + U := \{w + u \in V \mid w \in W, u \in U\}$

第2章 一次独立について

た線分 $L \equiv [p_1, p_2]$ を1次元単体(1-単体)と呼ぶことにします．向きと符号を対応させて，$[p, q] = -[q, p]$ とします．また，図(c)の向きのついた三角形を $T := [p_1, p_2, p_3]$ と記して2次元単体(2-単体)と呼ぶことにします．$[p_1, p_2, p_3]$ において頂点2つを入れ替えると向きが変わることに対応して，負の符号を与えるということにします．

図2-3に示すようなこれらの単体達の集合である図形 D に対して，D 内に含まれる各単体を独立な基底として生成した以下の実ベクトル空間を考えることにしましょう．

$$C_0(D) := \mathbb{R}p_1 \oplus \cdots \oplus \mathbb{R}p_n,$$
$$C_1(D) := \mathbb{R}L_1 \oplus \cdots \oplus \mathbb{R}L_m,$$
$$C_2(D) := \mathbb{R}T_1 \oplus \cdots \oplus \mathbb{R}T_\ell,$$

$C_2(D)$ はここでは全く脇役ですが，後のために定義しております．図形 D は，繋がっていないものも含めます．また，D として三角形を含んでいない場合は $C_2(D) = 0$ としています[11]．

これからホモロジーの最も簡単な例について話をしたいわけですが，先程のみかんの例に倣って，まずその考え方を示して，その後で定式化を行います．図形 D をひとつ固定して，その D のある2点 p, q に対して，$L = [p, q]$ となる線分 L が存在した場合，p と q は一次独立でないと約束します．つまり，p と q は $\mathbb{R}p + \mathbb{R}q = \mathbb{R}p = \mathbb{R}q$ を満たすとします．通常は，更により強く，

$$p = q, \quad p - q = 0 \tag{5}$$

としてしまいます[12]．このような約束の下で，図2-3を眺めましょう．$C_0(D_1)$, $C_0(D_2)$ の代わりに，このような約束の下で新たな $\mathbb{R}$ ベクトル空間，

---

[11] 0だけからなる集合は実ベクトル空間となります．
[12] 第一式は集合としても成り立つ式ですが，二番目の式は加法というものが定義されていないと定義できない式です．

$$H_0(D_1) := \mathbb{R}p_1 + \cdots + \mathbb{R}p_5,$$
$$H_0(D_2) := \mathbb{R}p_1 + \cdots + \mathbb{R}p_7$$

を考えます．例えば，図 2-3(a) では $\mathbb{R}p_3 + \mathbb{R}p_4 = \mathbb{R}p_3 = \mathbb{R}p_4$ と見ています．

2.5 節での直和と和の違いを注意すると $H_0(D_1) = \mathbb{R}p_1 \oplus \mathbb{R}p_2 \oplus \mathbb{R}p_3 \oplus \mathbb{R}p_5$ および $H_0(D_2) = \mathbb{R}p_1 \oplus \mathbb{R}p_5 \oplus \mathbb{R}p_7$ となります．図 2-3(a) は 4 次元，(b) は 3 次元です[13]．一般には

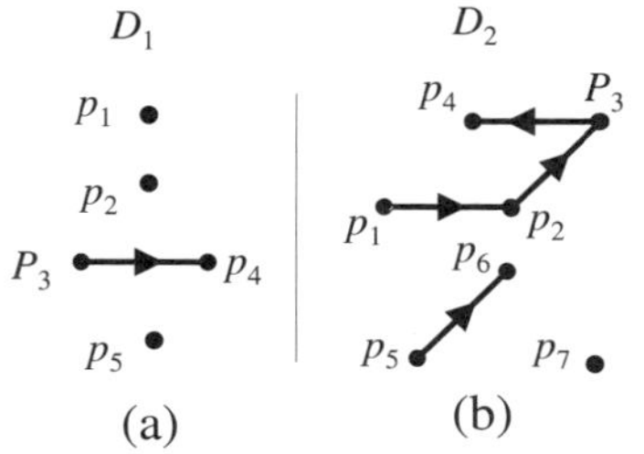

$$\dim_{\mathbb{R}} H_0(D_a) \equiv D_a \text{ の連結したピースの数} \qquad (6)$$

図 2-3

という対応が取れることが判ります．これがホモロジー代数の最も単純な例です．つまり式 (6) は，線型代数という代数的なことと，幾何学的な不変量 (連結したピースの数) とが等号で結びついていることを述べています．

「そうなるようにしたからそうなるんであって，当たり前！」と思ったりしていると思うのですが，それはその通りです．代数は当たり前のことを積み重ねているうちに，思いきった飛躍に出会ったりするものです．鶴亀算を代数方程式に置き換えると，知らない間に解けているというパターンの難しいバージョンです．ホモロジー代数は現代的な代数幾何の必須アイテムとなっています．

式 (6) をもう少しだけ抽象化して説明しましょう．C_0, C_1, C_2 間の線型写像を考えます．線型写像については次の章できっちりと話をしますが，まず線型写像を定義しておきます．

2 つの実ベクトル空間 V と W に対して，写像 $f: V \to W$ が線型写像とは

1. $v_1, v_2 \in V$ に対して $f(v_1 + v_2) = f(v_1) + f(v_2)$ と

---

[13] より正確には $H_0(D_1)$ に対して，$p_3 - p_4 = 0$ と捉え，$H_0(D_2)$ に対して，$p_3 - p_4 = p_2 - p_3 = p_1 - p_2 = 0$, $p_5 - p_6 = 0$ と捉えています．

第2章 一次独立について

2. $a \in \mathbb{R}$ と $v \in V$ に対して $f(av) = af(v)$

とが成り立つことです．

線型写像として $\partial: C_2(D) \to C_1(D)$ と $\partial: C_1(D) \to C_0(D)$ を

$$\partial[p_1, p_2, p_3] = [p_2, p_3] - [p_1, p_3] + [p_1, p_2],$$
$$\partial[p_1, p_2] = p_2 - p_1$$

としましょう．つまり，例えば，$u := a[p_1, p_2] + b[p_3, p_4] \in C_1(D)$ に対して $\partial u = ap_2 - ap_1 + bp_4 - bp_3 \in C_0(D)$ を考えていることになります．a, b は適当な $\mathbb{R}$ の元です．この時，次が言えます．

命題 2.2 $\partial \circ \partial : C_2(D) \to C_0(D)$ は恒等的にゼロとなる．

証明：といっても肩にちからが入る必要はありません．$\partial \circ \partial[p_1, p_2, p_3]$ を計算するだけです．これは，

$$\partial[p_2, p_3] + \partial[p_3, p_1] + \partial[p_1, p_2] = 0$$

となります．∎

ベクトル空間において原点は重要ですから，命題2.2は重要な性質ということが予想されます．実際そうなのですが，本書ではこの事実を眺めるだけで終えることにします．ベクトル解析での rot・grad ＝ 0 という公式を知っている読者は，この公式を連想するかもしれません．実際，命題2.2は命題13.1 や 13.8.1 節に示す rot・grad ＝ 0 と直接関係します．

さて，先で予定していた式 (6) の意味について，この線型写像を利用して説明したいと思います．式(5)の約束は $C_0(D)$ の部分 $\mathbb{R}$ ベクトル空間である

$$\partial C_1(D) := \{\partial L \mid L \in C_0\} \subset C_0(D)$$

をゼロと「強制的に」(無理やりに) に思ったことと同じです．付録B.2節に示す同値類としてこのような操作は整数の計算で，例えば 7 で割った余りを見るという操作と同じです．7 の倍数が現れたらそれを「強制的に」ゼロだと思うという種類の計算です．「強制的に」ゼロだと思うというのは，例えば定数

倍の p_1-p_2 が現れたらゼロにするというものです．割り算との類似性から通常式(6)は

$$\dim_{\mathbb{R}}(C_0(D)/\partial C_1(D)) = \text{連結したピースの数}$$

と書かれ，$H_0(D) = C_0(D)/\partial C_1(D)$ を0次元ホモロジーと呼びます．（付録B.2節を参照）

　左辺を代数と右辺を幾何と見なすと代数と幾何を結びつける壮大な式です．これはホモロジー代数の一端を示すものです．代数幾何や代数的位相幾何学等を勉強するとデジャヴのように何度も何度もこのタイプの式に出逢うことになります．

Tip of the Day

　「応用」というと「純粋科学」より純度が低いと見る向きを感じなくはありません．再構築は引かれたレールの上で何かを行うより遥かに本質的理解を必要とします．近年，ホモロジー代数をベースとした有限要素法による電磁気学の新しいアルゴリズムが開発され，研究されています[4]．実問題の答えを得るために巧妙に考え抜かれたアルゴリズムです．その情熱と馬力とエレガントさに圧倒されます．

参考文献

[1] A. ヴェイユ (片山孝次他 訳), 初学者のための整数論　現代数学社　1995年，ちくま文庫 2010年

[2] M. Watkins, M. Tweed, Secrets of Creation volume one: The Mystery of the Prime Numbers, Inamorata Press, 2010.

[3] J.-L. Dorier, A general outline of the genesis of vector space theory, Hist. Math., **22** (1995), 227-261.

[4] 五十嵐一，亀有昭久，加川幸雄，西口磯春，A. ボサビ，新しい計算電磁気学　培風館 2003年

第2章 一次独立について

問題 2.1

$\mathbb{R}$ 上の複素値連続関数全体である $C^0(\mathbb{R}, \mathbb{C}) := \{\mathbb{R}$ 上の $\mathbb{C}$ 値連続関数 $\}$ とする. $n < m$ となる整数に対して, この部分ベクトル空間

$$V_{n,m} := \mathbb{C}e_n \oplus \mathbb{C}e_{n+1} \oplus \cdots \oplus \mathbb{C}e_m$$

を考える. 但し $e_\ell(x) = \exp(\sqrt{-1}\,\ell x)$ とする. 以下, ℓ, m, n は整数とする.

1) 各 e_ℓ が一次独立である事を確かめよ. $\dim_{\mathbb{C}} V_{n,m}$ を求めよ.

2) $V_{n,m}$ の原点とは何かを考えよ. また, $V_{n,m}$ の中には一般に $\mathbb{R}$ 上で一定の値を取る定関数は含まれていない. 含むための条件を示せ.

3) $\exp(\sqrt{-1}\,\ell(x+x_0))$ は $V_{n,m}$ の元か？ 元でなければ含むためにはどうすればよいかを考えよ.

4) オイラーの公式 $\exp(\sqrt{-1}\,x) = \cos(x) + \sqrt{-1}\sin(x)$ と $a_\ell \in \mathbb{C}$ を $a_{\ell_r} + \sqrt{-1}\,a_{\ell_i}$ とする $a_{\ell_r}, a_{\ell_i} \in \mathbb{R}$ が存在する事より $a_\ell e_\ell = a_{\ell_r}\cos(\ell x) - a_{\ell_i}\sin(\ell x) + \sqrt{-1}(a_{\ell_i}\cos(\ell x) + a_{\ell_r}\sin(\ell x))$ とできる. このとき次元 $\dim_{\mathbb{R}} V_{-n,n}$ を求めよ.

問題 2.2 ☆

4 で割った際に 3 余る適当な整数 r を一つ思い浮かべよ. このとき, r の原始根 $\zeta_r (= e^{2\pi\sqrt{-1}/r})$ と

$$V := \mathbb{Q} + \mathbb{Q}\zeta_r + \mathbb{Q}\zeta_r^2 + \cdots + \mathbb{Q}\zeta_r^{r-1}$$

とに対して, $\sqrt{-r}$ は V の元となる事を示せ. つまり,

$$\sqrt{-r} + a_0 + a_1\zeta_r + \cdots + a_{t-1}\zeta_r^{r-1} = 0$$

となる a_i が存在する事を確かめよ. より形式的には

$$V + \mathbb{Q}\sqrt{-r} = V$$

となる. このように ($\mathbb{R}$ ではなく) $\mathbb{Q}$ 係数のベクトル空間を眺めることによって,

$\sqrt{-r}$ が ζ_r^i 達によって分解される事が見えてくる．$\mathbb{Q}[X] := \left\{ \sum_{i=0} a_i X^i \mid a_i \in \mathbb{Q} \right\}$ とすると $\mathbb{Q}$ ベクトル空間として $\mathbb{Q}[\sqrt{-r}] \subset \mathbb{Q}[\zeta_r]$ となる．このような見方は整数論における円分体論，ひいては類体論の出発点となる．

問題 $\mathbf{2.3}_{☆}$

問題 2.1 の条件の下で $C_S^0(\mathbb{R}, \mathbb{C}) := \{ f \in C^0(\mathbb{R}, \mathbb{C}) \mid f(x) = f(x+2\pi) \}$ の元 f で "解析的" であれば，
$$f + \sum_{\ell=-\infty}^{\infty} a_\ell e_\ell = 0$$
と書ける．この事実を $\sqrt{-r} + a_0 + \cdots + a_{r-1} \zeta_r^{r-1} = 0$ と比較し考察せよ．

Column 2

初等整数論のすすめ

ヤコブ・ベルヌーイ　　　　　ダニエル・ベルヌーイ

　代数系を扱うときには有理数や整数がとてもよい例を与えてくれます．実数や複素数しか扱わないぞと決めている人も是非，初等整数論[2章：1, 2]は何処かの機会に眺めてほしいと思います．整数の幾つかの振る舞いは実際の物理現象に似ていますし，整数に対峙した先人の努力は，不思議な振る舞いをする対象を目の前にしたとき，如何に対処すべきかという処方を教えてくれます．筆者の職場ではプリンターなどのデバイスや材料の物理現象を計算機も利用しながら数理的に解明する業務を行っております．現在の「応用数学」は現実世界への応用というよりも「応用数学」という数学の一分野と確立しているので，ワイルドさを感じられない場合もありますが，企業の現場では対象とする現象の数理的本質を見抜いてその制御パラメータを見つけるためなら，(もちろん，違法なこと，非道徳的なことは除いてですが，)**どんな手を使ってもよいというワイルドさ**があります．シミュレーションを使ってもよいですし，解析解もＯＫです．幾つかは実験データを利用しても，整数

の modulo 計算のような適当な模型で思考の糸を繋いでも，結果がでればよいのです．例えば，**実際の現象を数理的に理解しようとすると，あいまいさを残したままの無定義で感覚的な解像度や敏感度のようなものが邪魔をして議論が進まなくなることがあります**．そのような場合，初等整数論的な思考は実に鮮やかに数理的な指導原理を与えてくれる時があります．例えば，自然現象等々を恣意的にある解像度以下で眺めるとか，ランダムネスの理解を互いに素となる数の振る舞いの類似性のもとで観察するというようなことです．数論とも呼ばれる整数論の研究は実際に科学の発展に大きく寄与して来ました．整数論の先進的な研究がなければ発見できなかったであろう事実が多数あります．

もっとも，**整数，確率，自然現象**などを同時に対峙し研究できたのはベルヌーイやオイラー（1707–1783）らから始まる 2 世紀間という短い期間だったのかもしれません[1, 2, 3]．**ヤコブ・ベルヌーイ**（1654–1705）はレニムスケート積分や，ベルヌーイ数や，確率のベルヌーイ過程などを，**ダニエル・ベルヌーイ**（1700–1782）はオイラーや整数論のゴールドバッハ予想で有名なゴールドバッハ（1690–1764）と交流をもち，流体力学の研究からゲーム理論の原点となる期待値の計算など，様々な研究を行いました．細分化された専門分野の専門家が見る世界観とベルヌーイ達やオイラーが見た総合的な世界観とはずいぶん異なるだろうと想像されます．「数学が全科学の女王で，整数論が数学の女王である」とガウスは言いましたが[4]，そういう観点からではなく，総合的な世界観のひとつの象徴として**初等整数論を整数論の非専門家が眺めることは極めて重要**です．

[1] J. デュドンネ編（上野健爾，金子晃，浪川幸彦，森田康夫，山下純一訳）　数学史 I, II, III　岩波書店　1985 年
[2] C. Truesdell, Essays in the History of Mechanics, Springer, 1968.
[3] C. Truesdell, The rational mechanics of flexible or elastic bodies 1638–1788: Introduction to Vol. X and XI (Leonhard Euler, Opera Omnia / Opera mechanica et astronomica) Birkhaeuser, 1960
[4] E.T. ベル（河野繁雄訳）　数学は科学の女王にして奴隷 I, II　ハヤカワ文庫　2004 年

第3章 線型写像と双対空間のはなし

　本章は線型写像についてです．K ベクトル空間において，内積や直交性の概念は必要ありませんでした．少し抽象化することで，関数から作用素までが線型空間として取り扱えることを1章で示しました．

　集合 V が K **ベクトル空間**とは，1) V が**加法群**で　2) K の要素による**定数倍**が定義できて　3) **たし算と定数倍とが整合している**というものでした．本書では，K を実数全体 $\mathbb{R}$ か，複素数全体 $\mathbb{C}$ か有理数全体 $\mathbb{Q}$ のいずれかと約束しています（付録 B.1 を参照）．更に，**一次独立**の概念を2章で述べました．一次独立な要素の集合の極大となるものを**基底**と呼びました．ベクトル空間の性質は基底だけでほぼ決まるわけですが，本章もそのことを再認識することとなります．

3.1 写像の復習

　本章では線型写像を取り扱いますが，その前に写像の復習をしておきましょう．

定義 3.1　集合 A から集合 B に**写像** f が与えられているとは，A の各要素 a に応じて B の元 $f(a)$ がひとつ対応づけられていることである．このとき，写像は「$f:A \longrightarrow B$」と表し，各元の対応は「$f:a \longmapsto b$」と

記す[1]．A を f の**定義域**と言い，$f(A) := \{f(a) \mid a \in A\}$ を f の**像(値域)**と呼ぶ．

f に対して，f の像 $f(A)$ は一般に B に一致しません．写像 $f : A \to B$ に対して，次は重要です．

(a) f は A の全ての元に対して，対応が与えられています．(与えられていない場合は写像とはいえません．)

(b) 対応先は B の中に納まっていることが必須です．

(c) A の元 a に対して，$f(a) \in B$ が一つ定まるのであって，B の元が 2 つ対応しているものは写像ではありません．

(d) f に対して，対応を逆向きにした場合 ($B \to A$ は) 一般に写像になりません．写像は可逆ではありません．

従って，それぞれの注意により，次の図 3-1 のいずれも写像ではありません．

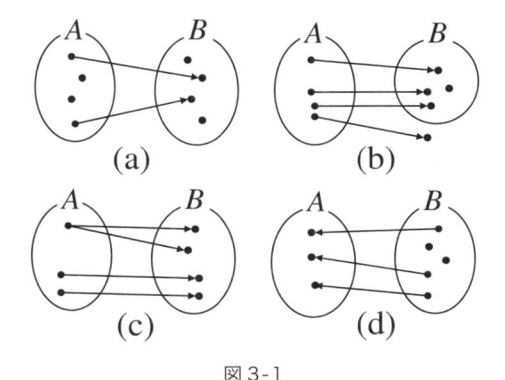

図 3-1

写像の重要な概念である単射，全射，全単射についても定義しておきます．

---

[1] 記号についてですが，" $\to$ " は集合からの集合の写像に " $\mapsto$ " は元の対応を示すのに使います．

第3章 線型写像と双対空間のはなし

定義 3.2 写像 $f:A \to B$ が**単射（1対1）**とは $f(a)=f(a')$ ならば $a=a'$ のときである．

写像 $f:A \to B$ が**全射（上への写像）**とは $f(A)=B$ となるときである．

写像 $f:A \to B$ が**全単射**とは，f が単射でかつ全射であるときである．

図 3-2 の (a) は単射，(b) は全射，(c) は全単射，(d) は何れでもない写像です．全単射の場合 $f(a) \mapsto a$ も写像となり**逆写像**と呼び f^{-1} と記します．

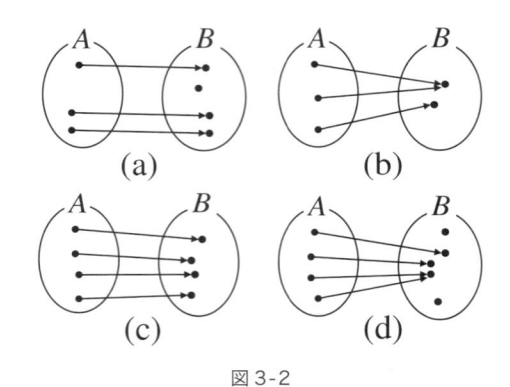

図 3-2

3.2 線型写像とは

まずは**線型写像**の定義を与えましょう．

定義 3.3 2つの K ベクトル空間 V と W に対して，写像 $f:V \to W$ が**線型写像**又は K-**線型写像**とは
1. $v_1, v_2 \in V$ に対して $f(v_1+v_2)=f(v_1)+f(v_2)$，
2. $a \in K$ と $v \in V$ に対して $f(av)=af(v)$，

の2つが成り立つことである．

写像する前の線型空間の特徴である加法と定数倍が，写像した後でも『保存』しているということが重要です．付け加える必要はないかもしれませんが，線型写像は線型空間の間のみで定義されます．

　このとき，V と W を固定して，このような線型写像全体を考えます．すこし格好つけて $\mathrm{Hom}_K(V, W)$ と記すこととします．つまり，$\mathrm{Hom}_K(V,W):=\{f:V\to W \mid f\text{は線型写像}\}$ です．Hom とは**準同型**の英語の homomorphism の頭の Hom です．準同型とは，代数系の代数演算を保存する写像のことで，線型代数の場合，線型写像に相当します．$\mathrm{Hom}_K(V, W)$ の添え字の K は K ベクトル空間という意味で，(V, W) は V から W という意味です．

3.3 線型写像と行列

　ここでは定義域が有限次元ベクトル空間のみを扱い，線型写像と行列の関係について話します．

命題3.4 2つの K ベクトル空間 V と W で，V の次元が m として，W の次元が n とし，$\{e_i\}_{i=1,\cdots,m}$ を V の基底，$\{b_j\}_{j=1,\cdots,n}$ を W の基底とする．$f \in \mathrm{Hom}_K(V, W)$ と $v = \sum_{i=1}^{m} v_i e_i \in V$ に対して，$f(v) = \sum_{j=1}^{n} f(v)_j b_j$ となる $f(v)_j$ と，$f(v)_j = \sum_{i=1}^{m} a_{ji} v_i$ となる**行列表示**

$$\begin{pmatrix} f(v)_1 \\ \vdots \\ f(v)_n \end{pmatrix} = \begin{pmatrix} a_{11} & \cdots & a_{1m} \\ \vdots & \ddots & \vdots \\ a_{n1} & \cdots & a_{nm} \end{pmatrix} \begin{pmatrix} v_1 \\ \vdots \\ v_m \end{pmatrix}$$

が存在する．

証明：各 e_i は V の元ですので $f \in \mathrm{Hom}_K(V, W)$ に対して，$f(e_i)$ は W の元．W の元は成分表示でき，

$$f(e_i) = f(e_i)_1 b_1 + \cdots + f(e_i)_n b_n$$

とする $f(e_i)_j \in K$ がユニークに定まります．線型写像の定義より

第3章 線型写像と双対空間のはなし

$f(\sum_{i=1}^{m} v_i e_i) = \sum_i v_i f(e_i)$ となりますので，

$$f(v) = \sum_{j=1}^{n}\left(\sum_{i=1}^{m} v_i f(e_i)_j\right) b_j$$

となり，$a_{ji} = f(e_i)_j$ とすればよいのです． ∎

ここで以下の 2 つの注意点があります．
1. **線型写像の行列表示は V の基底と W の基底との対応を表現したものです．行列表示は，基底の取り方に依存しています．**
2. $a_{ij} = f(e_j)_i$ の意味は，f の定義域である V の n 個の基底 $\{e_j\}_{j=1,\cdots,n}$ が W のどの元に対応しているかを示しています．この対応により，線型写像がユニークに一つ決定されます．

ここから K 係数の $n \times m$ 行列全体を $\mathrm{Mat}_K(n, m)$ と記すことにします．線型写像の重要な性質の一つですが，**線型写像を合成すると線型写像になります**．つまり，K ベクトル空間 U, V, W に対して，$\mathrm{Hom}_K(V, W)$ から f と $\mathrm{Hom}_K(U, V)$ から g を取ってくると，$f \circ g$ は $\mathrm{Hom}_K(U, W)$ の元であるということです．実際，$v_1, v_2 \in V$ に対し $f \circ g(v_1 + v_2) = f(g(v_1 + v_2)) = f(g(v_1) + g(v_2)) = f \circ g(v_1) + f \circ g(v_2)$ となります．定数倍も同様です．この事実を使って次の命題を考えましょう．

命題 3.5 $\{d_k\}_{k=1,\cdots,\ell}$，$\{e_i\}_{i=1,\cdots,m}$，$\{b_j\}_{j=1,\cdots,n}$ を基底にもつ K ベクトル空間 U, V, W に対して，$f \in \mathrm{Hom}_K(V, W)$ と $g \in \mathrm{Hom}_K(U, V)$ とし，上記の基底に対する行列表示を $M_f = (f_{ij}) \in \mathrm{Mat}_K(n, m)$，$M_g = (g_{ij}) \in \mathrm{Mat}_K(m, \ell)$ とそれぞれしたときに，$f \circ g \in \mathrm{Hom}_K(U, W)$ の行列表示 $M_{f \circ g} = (h_{ij})$ は $\mathrm{Mat}_K(n, \ell)$ の元であり

$$h_{ij} = \sum_{k=1}^{m} f_{ik} g_{kj}$$

となる．$M_{f \circ g} = M_f M_g$ と記し**行列間の積**とする．

証明：前の命題の証明と同様です． ∎

行列間の積の起源は，線型写像の合成です．つまり，行列の**積の本質は写像の合成**なのです．

　　ここで，$\mathrm{Hom}_K(V,W)$ の K ベクトル空間としての性質を考えます．

命題3.6 K ベクトル空間 V と W ($\dim_K V = m$, $\dim_K W = n$) に対して，$\mathrm{Hom}_K(V,W)$ は K ベクトル空間となり，その次元は $n \times m$ である．

証明：$f, g \in \mathrm{Hom}_K(V,W)$ に対して $(f+g)(v) := f(v) + g(v)$ (v は任意の V の元) かつ $a \in K$ に対して $(af)(v) := af(v)$ とすれば K ベクトル空間であることが判ります．命題3.4の証明の記法により，線型写像 g_{ij} を「e_j に対し $g_{ij}(e_j) = b_i$, $\ell \neq j$ とする e_ℓ に対し $g_{ij}(e_\ell) = 0 \in W$」とすると

$$\mathrm{Hom}_K(V,W) = \bigoplus_{i=1}^{n} \bigoplus_{j=1}^{m} K g_{ij}$$

と書けるために次元は $n \times m$ です．

3.4 線型写像の例，そうでない例

1. 定義域が有限次元でない場合の線型写像の例をまず考えましょう．関数空間として，$\mathbb{R}$ の領域 U 上の $\mathbb{R}$ 値 ℓ 回微分可能関数全体 $\mathcal{C}^\ell(U, \mathbb{R})$ を考えましょう．$\ell > 1$ とします．関数 $f \in \mathcal{C}^\ell(U, \mathbb{R})$ に対して，微分は

$$\frac{d}{dx} f(x) \in \mathcal{C}^{\ell-1}(U, \mathbb{R})$$

となり，$f, g \in \mathcal{C}^\ell(U, \mathbb{R})$ と $a \in \mathbb{R}$ に対して，

$$\frac{d}{dx}(a(f(x) + g(x))) = a \frac{df}{dx}(x) + a \frac{dg}{dx}(x)$$

となります．つまり**微分は $\mathcal{C}^\ell(U, \mathbb{R})$ から $\mathcal{C}^{\ell-1}(U, \mathbb{R})$ への線型写像である**ことが判ります．

　　より代数的な微分としては**導分**があります (問題12.1を参照)．導分は $f, g \in \mathcal{C}^\ell(U, \mathbb{R})$ に対してライプニッツ則

第3章 線型写像と双対空間のはなし

$$\frac{d}{dx}(fg) = \frac{df}{dx}g + f\frac{dg}{dx}$$

を満たす線型写像で特徴づけられます．

2. V から V 自身への線型写像 $f \in \mathrm{Hom}_K(V,V)$ を V **の線型変換**（K **自己準同型写像**）と呼びます．$\mathrm{Hom}_K(V,V)$ を $\mathrm{End}_K(V)$ と記します．

$\mathrm{End}_K(V)$ では $f, g \in \mathrm{End}_K(V)$ に対して $f \circ g \in \mathrm{End}_K(V)$ より積が定義できます．K ベクトル空間で線型構造と整合して積が定義できるものを K **代数**と呼ぶので，(**有限次元でない場合も含めて**) $\mathrm{End}_K(V)$ は K **代数となります**（付録 B を参照）．一般に積は非可換と呼ばれる $f \circ g \ne g \circ f$ です．

V が有限の次元 n の場合は $\mathrm{End}_K(V) = \mathrm{Mat}_K(n,n) =: \mathrm{Mat}_K(n)$ は**行列代数**あるいは**行列環**[2]と呼びます．5 章と 7 章で取り上げます．

3. $\mathbb{R}^n$ における平行移動は線型写像でない例です．$b \in \mathbb{R}^n, (b \ne 0)$ を一つ選んで，写像 $T_b: \mathbb{R}^n \to \mathbb{R}^n$ を $u \longmapsto u + b$ とします．$T_b(u_1 + u_2) = u_1 + u_2 + b$ ですが，$T_b(u_1) + T_b(u_2) = u_1 + u_2 + 2b$ より，両者は一致しません．つまり，T_b は線型写像とはなり得ません．

3.5 双対空間とペアリング

双対空間[3]の定義をしましょう．

定義 3.7（有限，無限次元に関わらず）
K ベクトル空間 V に対して，その**双対空間** V^* を
$$V^* := \mathrm{Hom}_K(V, K)$$
と定義する．

命題 3.6 で $W = K$ とすることにより次が判ります．

命題 3.8 有限次元 K ベクトル空間 V では $\dim_K V^* = \dim_K V$ となる．

---

[2] 加法群であり積が定義できるものは**環**と呼びます（付録 B.1 を参照）．
[3] 「**そうついくうかん**」と読みます．

有限次元の場合は V の元を縦ベクトルで表すと

$$\begin{pmatrix} v_1 \\ v_2 \\ \vdots \\ v_m \end{pmatrix} \in V,$$

命題3.4の行列表示 ($n=1, m$) より V^* の元は横ベクトルに相当します．つまり $(u_1, \cdots, u_m) \in V^*$ (u_i が命題3.4の a_{1i} に相当) に対し，$V^* \times V \to K$ は

$$(u_1, \cdots, u_m) \cdot \begin{pmatrix} v_1 \\ \vdots \\ v_m \end{pmatrix} = \sum_{i=1}^m u_i v_i$$

のことです．これを**ペアリング**と呼びます．**ベクトル空間とその双対空間をもってくると自然と K への（双線型）写像が定義できます**．これを $\langle\,,\,\rangle$ としますと

$$\langle\,,\,\rangle : V^* \times V \to K, \quad (\langle u, v \rangle \in K).$$

これは内積かというとそうではありません．**V と V^* は異なる空間です**．実際，無限次元の場合は V と V^* は線型空間として同値となりません．

3.5.1 双対空間の例：逆格子空間

双対空間の例として，逆格子空間の話をします．逆格子空間は結晶のX線回折などを表現する際に現れるものです．
その2次元版の話をします．
逆格子空間は通常の内積をベースに構築されますのでオーソドックスな説明をまず行います．図3-3に示すように通常の内積[4]による直交基底 $\{\mathbf{e}_x, \mathbf{e}_y\}$ による新たな基底

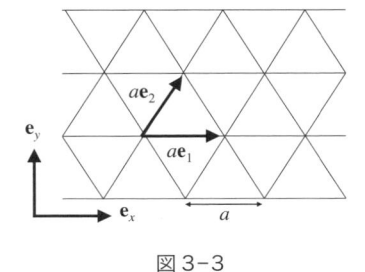

図3-3

---

[4] $u = u_1\mathbf{e}_x + u_2\mathbf{e}_y$ と $v = v_1\mathbf{e}_x + v_2\mathbf{e}_y$ に対して，$(u,v) = u_1v_1 + u_2v_2$ のこと

41

第3章 線型写像と双対空間のはなし

$$\mathbf{e}_1 = (1,\ 0) = \mathbf{e}_x,$$
$$\mathbf{e}_2 = \left(\frac{1}{2},\ \frac{\sqrt{3}}{2}\right) = \frac{1}{2}\mathbf{e}_x + \frac{\sqrt{3}}{2}\mathbf{e}_y$$

と2次元の結晶 $L := \{n_1 a \mathbf{e}_1 + n_2 a \mathbf{e}_2 \mid n_1, n_2 \in \mathbb{Z}\}$ を考えましょう．a は格子間隔です．$\mathbb{Z}$ は整数全体（すべての整数を含んだ集合）です．L は実ベクトル空間 $V := \mathbb{R}\mathbf{e}_1 + \mathbb{R}\mathbf{e}_2$ に埋め込まれています．

X線回折では**逆格子**と呼ばれる $L^* := \left\{\frac{m_1}{a}\mathbf{b}_1 + \frac{m_2}{a}\mathbf{b}_2 \mid m_1, m_2 \in \mathbb{Z}\right\}$ が重要となります．ここで

$$\mathbf{b}_1 := \left(1,\ -\frac{1}{\sqrt{3}}\right), \quad \mathbf{b}_2 := \left(0,\ \frac{2}{\sqrt{3}}\right) \tag{1}$$

です．これらは通常の内積により

$$(\mathbf{b}_j, \mathbf{e}_i) = \delta_{ij}, \quad (\mathbf{b}_j, n_1 a \mathbf{e}_1 + n_2 a \mathbf{e}_2) = n_j a \tag{2}$$

を満たします．$V^{\mathrm{r}} := \mathbb{R}\mathbf{b}_1 + \mathbb{R}\mathbf{b}_2$ を V の**逆格子空間**と呼びます．$\boldsymbol{\kappa} = \kappa_1 \mathbf{b}_1 + \kappa_2 \mathbf{b}_2 \in V^{\mathrm{r}}$ に対して，波であるX線の各格子点からの $\boldsymbol{\kappa}$ 成分をもった回折波は近似的に（A は適当な比例定数）

$$\psi_\kappa(\mathbf{r}) = A \sum_{\tilde{\mathbf{r}} \in L} e^{-2\pi\sqrt{-1}(\boldsymbol{\kappa}, \mathbf{r} - \tilde{\mathbf{r}})}$$

と表現されます．フーリエ級数の理論[5]より，任意の $\tilde{\mathbf{r}} \in L$ に対して $(\boldsymbol{\kappa}, \tilde{\mathbf{r}}) \in \mathbb{Z}$ となる $\boldsymbol{\kappa}$，つまり $\boldsymbol{\kappa} \in L^*$ のみが非零となることが分かります．この $\boldsymbol{\kappa}$ が観測されます．オーソドックスな説明では(1)を強調します．

しかし，双対空間の概念から逆格子を考え直すとよりシンプルなことが見えてきます．つまり，V の $\mathbf{e}_j\ (j=1,2)$ 成分を切り出す操作

$$p_j : V \longrightarrow \mathbb{R} \quad (p_j : u_1 \mathbf{e}_1 + u_2 \mathbf{e}_2 \longmapsto u_j)$$

は写像であり，V^* の元です．(2)より p_j は $\mathbf{b}_j$ と同一視できます．つまり，

---

[5] $k \in \mathbb{Z}$ に対して，$\sum_{n \in \mathbb{Z}} e^{2\pi\sqrt{-1}kn} = 0$ ということが分かっています．

$V^{\mathrm{r}} = V^*$ です．双対空間の視点からは (1) より (2) **が本質ということが分かります**．

3.6 双対空間と定積分，超関数

3.6.1 定積分：双対空間の元として

$[0, q) \subset \mathbb{R}$ に周期境界条件を課した領域を S^1 とします[6]．関数空間として無限回微分可能関数 $\mathcal{C}^\infty(S^1, \mathbb{R})$ を考え[7]，その双対空間 $\mathcal{C}^\infty(S^1, \mathbb{R})^*$ を考えましょう．任意の元 $f, g \in \mathcal{C}^\infty(S^1, \mathbb{R})$ に対して，$\int_{S^1} dx g(x) f(x) \in \mathbb{R}$ となります[8]．これを

$$\left[\int_{S^1} dx g\right] : \mathcal{C}^\infty(S^1, \mathbb{R}) \longrightarrow \mathbb{R},$$

$\left(\left[\int_{S^1} dx g\right] f := \int_{S^1} dx g(x) f(x) \right)$ とする写像と見なします．写像 $\left[\int_{S^1} dx g\right]$ は

$$\int_{S^1} dx g(x)(af_1 + af_2)(x) = a \int_{S^1} dx g(x) f_1(x) + a \int_{S^1} dx g(x) f_2(x)$$

より $\mathbb{R}$ 線型写像である事が判ります．つまり，$\left[\int_{S^1} dx g\right]$ は双対空間 $\mathcal{C}^\infty(S^1, \mathbb{R})^*$ の元なのです．

通常，$g(x) dx$ を S^1 上の**分布関数**あるいは**測度**と呼びます．数学的に厳密な話をするためにはもう少し道具と議論が必要となりますが，**分布関数は関数の双対空間の元と眺めることができます**．別の言葉を使うと**定積分とい**

---

[6] 数学的には $S^1 := \mathbb{R}/\mathbb{Z}a$ と書きます．
[7] $\ell > 0$ に対して，$f \in \mathcal{C}^\infty(S^1, \mathbb{R})$ は $\left(\frac{d^\ell}{dx^\ell} f\right)(x+a) = \left(\frac{d^\ell}{dx^\ell} f\right)(x)$ を満たしていることを意味します．
[8] 数学では $\int_{S^1} f(x) g(x) dx$ と書きます．物理では多重積分を行う際の簡便性と以下の作用素としての性質から本文のように書くことがあります．ここでは物理の慣習に従います．$\mathbb{R}$ の元という意味は，$\left|\int_{S^1} dx f(x) g(x)\right| < \infty$ であるということを意味します．

う操作は関数と分布関数とのペアリングと眺めることができるということです．

3.6.2　ディラックのδ関数

$f \in \mathcal{C}^\infty(S^1, \mathbb{R})$ に対して，$x_0 \in S^1$ での値を取り出すという操作も写像であることがわかります．この操作を p_{x_0} と記すとします．p_{x_0} は，
$$p_{x_0} : \mathcal{C}^\infty(S^1, \mathbb{R}) \longrightarrow \mathbb{R}, \quad f \longmapsto f(x_0)$$
です．これも線型写像です．実際，$a \in \mathbb{R}$ と $f, g \in \mathcal{C}^\infty(S^1, \mathbb{R})$ に対して，
$$p_{x_0}(af + ag) = af(x_0) + ag(x_0) \in \mathbb{R}$$
となります．この p_{x_0} を積分で表現したものが**ディラック**（1902–1984）**のδ関数**です．つまり，
$$\int_{S^1} dx \delta(x - x_0) f(x) := p_{x_0}(f)$$
と定義し，$\delta(x - x_0)dx \in \mathcal{C}^\infty(S^1, \mathbb{R})^*$ と見なすと，ディラックの δ 関数は分布関数と考えられます[9]．例えば，$x \longrightarrow y = y(x)$ とする座標変換に対して，
$$\delta(x)dx = \delta(x)\frac{\partial x}{\partial y}dy = \delta(y)dy$$
となることより，$\delta(y) = \delta(x)\dfrac{\partial x}{\partial y}$ など δ 関数の不思議な関係式の幾つかが導かれます．

3.7 双対性のその他の例

1. 関数と分布関数の双対関係を物理の言葉にすると関数に相当するのが**示強変数**です．示強変数には**示量変数**というものが付随しますが，これが分布

---

[9] これがシュワルツ（1915–2002）の超関数論の基本的なアイデアです．双線型性を眺めていますので2次形式と呼ばれるものです．他方，佐藤（1928– ）の佐藤超関数はある線型空間を拡張し，（1次形式で）構築されます．

関数または測度に相当します．両者のペアリングは広義の自由エネルギーと呼ばれるものとなります．これらの対応は物理の本質的な双対性の例となります．熱学で特に重要となります．温度と熱量，その他にも，電場と電束密度，磁場と磁束密度等々もそうです．

2．電磁気学において，磁場と電場も時空間の各点で，互いに双対であると見ることができます．双対性は英語でデュアリティと言います．素粒子論において，非可換ゲージ場の特殊解のインスタントン解を始めとして，また，もう少し広い意味ですが超弦理論等，デュアリティは重要な概念となります．

3．微分幾何での接空間と余接空間，代数的位相幾何におけるポアンカレ双対，代数幾何でのセールの双対性，更にはその一般化として圏論における双対性や随伴性等，**数学において重要な事実の陰に双対性やその関連概念あり**と思っても間違いありません．

4．筆者の関わるデバイスや材料の物理解析でも双対性は重要です．デバイスや材料の物理解析では「複数の物理分野の現象が絡み合う系の不変量を手段に拘らず探しなさい．」という問題に取り組むこととなります．オイラー，ベルヌイ，ガウスが出会った問題に類似したものです．

熱力学における圧力と体積密度，定常電流解析における電界と電流密度のように系を支配する対となる物理量は，片方を変化させることで他方を制御することが可能となります．摂動に強く，ロバストな(野太い)「系を支配する物理量の対」を探し出すことが目標となります．多くは線型ですので，双対空間の概念に一致します．

3.7.1 双対空間と量子力学の状態

関数空間として $\mathcal{C}^\infty(S^1, \mathbb{C})$ を考えましょう．これは $\mathbb{C}$ ベクトル空間です．$\mathrm{End}_\mathbb{C}(\mathcal{C}^\infty(S^1, \mathbb{C}))$ を考えたいのですが，$\mathrm{End}_\mathbb{C}(\mathcal{C}^\infty(S^1, \mathbb{C}))$ は実はとても恐ろしい対象なので，もう少し穏やかな部分空間を考えます．例えば固有値が

有限というようなもの達[10]による部分代数である $\mathfrak{B} \subset \mathrm{End}_{\mathbb{C}}(\mathcal{C}^\infty(S^1, \mathbb{C}))$ を考えましょう．

$\mathfrak{B}$ には**エルミート共役**という $* : \mathfrak{B} \longrightarrow \mathfrak{B}$ で $(*)^2 = * \circ *$ が恒等写像となる写像が定義されているとし，更に恒等作用素 id が含まれているとします．

線型作用素の空間 $\mathfrak{B}$ は $\mathbb{C}$ 線型空間であるので，双対空間の元として

$$\rho : \mathfrak{B} \longrightarrow \mathbb{C}$$

という線型写像が考えられます．これに以下の条件を付けたものが**量子力学の状態**と呼ばれるものです．

定義3.9 $\rho \in \mathfrak{B}^*$ が**状態**とは，1) $\rho(id) = 1$， 2) $A^* = A$ に対して，$\rho(A) \geqq 0$ を満たすことである．

有限な行列の場合は，ρ は行列の跡（トレース）に相当するものであることが判ります．跡については5.9節で述べます．

双対空間の元をベクトル空間上の関数だと考えて**線形汎関数**とも呼びます．$\mathfrak{B}$ はノルム $\|A\| := \sup_{|x| \leqq 1} |Ax|$ から定まる位相空間（バナッハ空間）であること（6章脚注5，A.9節）を要請します．そのような $\mathfrak{B}$ に対して線形汎関数である状態 ρ を1つ固定すると問題12.3で示すようにヒルベルト空間が構成できたりします．「まえがき」で示したフォン・ノイマン（1903–1957）の作用素環の理論です．8.8節の差分法における安定性の理論と共に眺めると物理数学，応用数学と純粋数学が現代でも間近にあることが判ります．更には，関数の値の複素数を実数に置き換えると，ハーン－バナッハの定理などを基本定理とする**線型位相空間論**（A.9節）を共に基礎とする**最適化問題**や**画像の再構成**などとも関連したりします．

---

[10] 例えば $\beta > 0$ として $\exp\left(\beta\left(\frac{d^2}{dx^2}\right)\right)$ を含むもの達です．

Tip of the Day

　関数空間の間の線型写像と言えば，やはり20世紀の最大の発見の一つである量子力学がその代表です．量子力学の本を一冊だけ選べといえば，やはりこの本[1]を選びたくなります．とてもエレガントでありながら，いまだ数学的な枠組みを超えた何かを持っているように感じます．温故知新，21世紀において1930年の香りを感じるのはとても楽しいものだと思います．ディラック(1902–1984)の斬新さは彼の技術者としての視点によるもののようです[2]．

参考文献

[1] P.A.M. Dirac, The Principle of Quantum Mechanics, 4th ed. Oxford 1957．
[2] G. ファーメロ（吉田三知世訳）量子の海，ディラックの深淵　早川書房 2010年

第3章 線型写像と双対空間のはなし

問題 3.1

Kベクトル空間 V, W に対して $0_V, 0_W$ をそれぞれの原点とする K 線型写像 $f: V \to W$ において $f(0_V) = 0_W$ を示せ．

問題 3.2

1) A, B を集合として，$f: A \to B$ が全射であるための必要十分条件は任意の $b \in B$ に対して，$f(a) = b$ となる $a \in A$ が少なくとも一つ存在することである．確かめよ．

2) 集合 A, B に対する写像 $f: A \to B$ に対して，この写像から定まる $f: A \to f(A) = \text{Img}(f)$ は全射となる．（付録 B.2.1 節参照）確かめよ．（全射とはこのようなものである．）

3) $X = \{1, 2, 3\}$, $Y = \{1, 2, 3, 4, 5\}$ とすると $X \subset Y$ である．$X' = \{1', 2', 3'\}$ に対して，$i(a') = a$ とすることで，$i(X') = X$ が全単射であり，集合として $X' = X \subset Y$ と見なせることを意味している．このとき，$i: X' \to Y$ は単射となる．このことから一般に，集合 A, B に対して $f: A \to B$ が単射であれば，"$A \subset B$" と見なせることが予想される．どのようにすれば正当化できるかを考えよ．この意味で $f: A \hookrightarrow B$ と記す．（単射とはこのようなものである．）

4) K ベクトル空間 U, V に対して $f: U \to V$ が単射であるための必要十分条件は V の原点 $0_V \in V$ に対して f の逆像（付録 B.3.3 節）$f^{-1}(0_V)$ が U の原点 $0_U \in U$ に一致すること $f^{-1}(0_V) = 0_U$ である．確かめよ．

5) 線型写像は次元だけでほとんど線型空間の性質が決まる．K ベクトル空間 U, V に対して線形写像 $f: U \to V$ に対して，像の次元 $\dim_K f(U)$ を f の**階数**（**rank**）という．$\text{rank}(f) := \dim_K f(U)$．単射及び全射を階数を利用して表現せよ．

6) K ベクトル空間 U, V と線形写像 $f: U \to V$ に対して，f の**核**を $\text{Ker} f := \{u \in U \mid f(u) = 0_V\}$ と定義する（付録 B.2.1 節）．単射を核を利用して表現せよ．

問題 3.3

有限な集合 $A:=\{a_1, a_2, \cdots, a_n\}$ と $B:=\{b_1, b_2, \cdots, b_m\}$ に対して写像 $f:A\to B$ が存在したとする．$V:=\bigoplus_{i=1}^{n} Ka_i$ と $W:=\bigoplus_{i=1}^{m} Kb_i$ とした時，$v=\sum_{i=1}^{n} \alpha_i a_i \in V$ に対して，$g_f(v)=\sum_{i=1}^{n} \alpha_i f(a_i) \in W$ とすることで g_f は線型写像 $g_f:V\to W$ となる事を確かめよ．（例えば $f(a_1)=f(a_2)=b_1$ になっている場合でも線型性は保っている．）

問題 3.4

$\mathbb{R}$ ベクトル空間 $\mathbb{R}$ の元 $v\in\mathbb{R}^m$ を固定し，写像 $f_v:\mathbb{R}^n\to\mathbb{R}^{n+m}$ を，各 $u\in\mathbb{R}^n$ に対して
$$\mathbb{R}^n \ni u \mapsto f_v(u)=(u, v)\in\mathbb{R}^{n+m}$$
とすると，$v\neq 0$ の場合，線型写像となりえない事を示せ．(u, v) は集合の積 $\mathbb{R}^n\times\mathbb{R}^m$ のベクトル表現(1.7節の2参照)としている．

問題 3.5

有限の要素を持つ集合 A に対して，$\mathrm{Map}(A, K):=\{\alpha:A\to K \mid \alpha \text{は写像}\}$ を考える．
1) 集合 $\mathrm{Map}(A, K)$ は自然な拡張により K ベクトル空間となることを確かめよ．
2) 次元が $\dim_K \mathrm{Map}(A, K) = \#A$ となる事を確かめよ．
3) A, B を有限の集合として，$f:A\to B$ が全射であれば，f より自然な対応として K 線型写像 $f^*:\mathrm{Map}(B, K)\to\mathrm{Map}(A, K)$ ができる．構成せよ．
4) 写像 f^* は単射となる事を確かめよ．

問題 3.6 ☆

実ベクトル空間 $\mathbb{R}^2$ と $\mathbb{R}$ を集合と見た際に写像 $f:\mathbb{R}^2\to\mathbb{R}$ で全単射なるものが存在する．一例を示せ．つまり，点の数（正確には濃度）としては $\mathbb{R}^2$ と $\mathbb{R}$ は同じ点数（濃度）となる．（ベクトル空間等の幾何学的あるいは代数的な構造を付加しないと $\mathbb{R}^2$ と $\mathbb{R}$ とに集合論的な区別はないという事を意味している．）

Column 3

多面性を映す鏡，数学

ディラック

　　20世紀初頭以降の物理学は，高エネルギー物理，極低温物理，超微細物理，半導体物理，磁性体物理，数理物理等々，高や極の極限的なものに象徴されるように，分岐細分化し専門化していきました．個々の分野はそれぞれとても豊富な物理的な内容を持っており，自然科学としての重要性は疑いのないものです．しかし，互いは干渉することなく，複合的な視点からは遠く離れていったようにも感じます．少なくとも**オイラー**（1707–1783）や**ガウス**（1777–1855）が行っていた素朴な学問からは異なっています．オイラーは整数論，解析，リーマンζ関数，楕円積分，微分幾何の基礎となった数学とは別に，弾性体論，現在ニュートン力学と呼ばれる力学，剛体の動力学，流体力学，変分原理等の主要部分を完成させました．（あまり知られていませんが，ニュートン（1642–1727）は現在我々が指すニュートン力学を完成させていません[1]．現代のニュートン方程式を書き下したのはオイラーです．）ガウスも多くの数学とは別に，天文，電磁気を大きく発展させ，ガウス光学を完成させました．本書でも幾つかの例を示しますが，それらは互いに影響し，干渉し進展しました．彼らの研究は一つの分野に限ること無く，**多面的な視点からそれぞれの現象に内在する共通な部分と固有な部分を認識し，その数理的本質を射抜く**ということが特徴でありました．彼らの脳の中では整数論が流体力学や光学と同居し，影響

しあった事は疑うところではありません．規模は異なりますが，企業での解析はオイラーやガウスの匂いのする研究が求められます．筆者の職場では，**一分野にとらわれることなく，様々な分野の科学や技術と関わり，様々な専門の技術者や研究者と共に幾つかのプロジェクトを推進する**ことが要求されます．物理や数学のそれぞれの個別の分野に拘ることなく，複合的に自然現象を理解・解析することが望まれます．学問分野の専門化の潮流は変わらないかもしれませんが，オイラー，ガウスに代表される多面的な視点の広さは今後より重要となると感じています．

異分野の融合や幅広い視野は少なくとも企業での研究・開発では極めて重要です．大学で化学を学んだからこそ見える数学の性質や，純粋数学を学んだからこそ解明できる現象などが散在しています．例えば，ディラック（1902-1984）は，彼が量子力学の黎明期において様々な発見をしたのは10代の時期に工学的なことを先に学んだことが要因のひとつだったと晩年に述べています［2,3］．ディラックは数学に対して「**抽象的な概念を扱う際において，数学は最良の道具である**」と考えていたので，量子力学を構築する際も，製図法の関連で学んだ射影幾何（9章，コラム10参照）の抽象的取り扱いと工学で使われる数学の実用性を参考に，道具の作成から取り掛かったのです．ディラック自身「**わたしが使っていた数学は，（中略）厳密な数学ではなく，技術者の数学だったのです．**」と述べたり，「デルタ関数を最初に思いつかせてくれたのは，そのような工学の教育訓練の経験だったのだと思います．」と述べたりしています．もちろん，デルタ関数の発見についてはヘビサイド（1850-1925）などとの幾つかの注釈が加えられますが，全く異なる視点というものが作り出す数学が存在し，状況によってはそれらが極めて重要な役割を果たすことが実際に今もあります．（5章の脚注16や12.5節を参照してください．）

[1] 山本義隆　古典力学の形成　ニュートンからラグランジュへ　日本評論社　1997年
[2] G. ファーメロ（吉田三知世訳）量子の海，ディラックの深淵　早川書房　2010年
[3] A. パイス，M. ジェイコブ，D. オリーヴ，M. アティア（藤井昭彦訳）ポール・ディラック：人と業績 ちくま文庫　2012年

第4章 テンソル積をめぐって

　本章ではテンソル積を取り上げたいと思います．テンソル積については，非数学系の学生はその定義をきっちりと学ぶ機会を逸したまま，テンソル積をベースとした概念であるテンソル場，弾性応力テンソル，量子力学のスレイター行列式などの概念を使わざるを得ない状況になっているように思われます．

　K を $\mathbb{R}, \mathbb{C}$ または $\mathbb{Q}$ とし，K ベクトル空間や K ベクトル空間での一次独立等，線型代数の概念は抽象的に定義されていました．実用的には**クロネッカー表示**で具体的に理解することができますが，**テンソル積も抽象的に定義されます**．より抽象的には現代数学の基本となる**圏論**というものをベースにして定義されます．

　抽象的な理解が実用的な理解より重要だとは思いませんが，抽象的な理解の方法があるということを認識することはとても大切です．例えば，高校物理では微積分を使わずに放物運動を学びますが，それを微積分によって理解することでその世界観が大きく広がります．抽象的な理解は世界観の変化を提供します．但し，**きっちり判らないといけないところ**と，**きっちり判らないのだけれどそういうものがあることを認識しておくところ**は位置づけが異なります．後半の意味で，テンソル積について圏論的な視点からも説明をしたいと思います．

　圏論の特徴として本書で示したいことは，1) **(全ての)数学的な関係が対象と矢印で記述可能である**と考えていること，2) 忘却関手に象徴される見方を変えたり，役割を変えるということが数学的に確立され，代数などの基礎を

なしている事です．これらの特徴を知ることは，物理をはじめとする自然科学を理解する際に，また，オブジェクト指向プログラミング等の現代的なプログラミング言語や計算科学を学ぶ際に有効であると筆者は考えています[1].

そこで本章では有限次元のテンソル積の普通の説明の後に，やや逸脱するのですが圏論の初歩とより統一的なテンソル積の特徴付け（定義）と圏論による解釈を説明することにします．

4.1 テンソル積

まずは本章の話題のテンソル積の定義をします．

定義4.1 $\{e_i | i=1,\cdots,n\}$, $\{b_j | j=1,\cdots,m\}$ を基底にもつ K ベクトル空間 V と W に対して，**テンソル積** $V \otimes W$，またはより正確には $V \otimes_K W$ を
$$\{e_i \otimes b_j | i=1,\cdots,n, j=1,\cdots,m\}$$
を基底にもつ K ベクトル空間と定義する．即ち，
$$V \otimes_K W \equiv V \otimes W = \bigoplus_{i=1,\cdots,n} \bigoplus_{j=1,\cdots,m} K e_i \otimes b_j$$
但し，$v \in V, w \in W$ に対して，$v \otimes w$，またはより正確には $v \otimes_K w$ を以下のように定義する．

1. $v_1, v_2 \in V, w \in W$ に対して
$$(v_1+v_2) \otimes w = v_1 \otimes w + v_2 \otimes w \in V \otimes W$$
2. $v \in V, w_1, w_2 \in W$ に対して
$$v \otimes (w_1+w_2) = v \otimes w_1 + v \otimes w_2 \in V \otimes W$$
3. $c \in K$ に対して，定数倍として
$$(cv) \otimes w = c(v \otimes w) = v \otimes (cw) \in V \otimes W.$$

次は定義より自明です．

第4章 テンソル積をめぐって

命題 4.2 K ベクトル空間 V と W の次元をそれぞれ n, m とすると $V \otimes W$ の次元は nm となる．

ここで以下の注意をしておきます．

注意 $V \otimes W$ の元 u **は一般には，適当な** $v \in V$ や $w \in W$ **によって** $v \otimes w$ **と表現することができません．**他方， u に対して必ず適当な $v_i \in V$ や $w_i \in W$ $(i = 1, \cdots, \ell)$ が存在して $u = \sum v_i \otimes w_i$ と記述できます．

$V \otimes_K W$ の K を略す記法を多くの場合使いますが，例えば $5\sqrt{3} \otimes_\mathbb{R} 2\sqrt{2} = 10\sqrt{6} \otimes_\mathbb{R} 1$ に対して，$5\sqrt{3} \otimes_\mathbb{Q} 2\sqrt{2}$ は $10\sqrt{3} \otimes_\mathbb{Q} \sqrt{2}$ ですが，$\sqrt{2}, \sqrt{3} \notin \mathbb{Q}$ より $10\sqrt{6} \otimes_\mathbb{Q} 1$ とは一致しません．同様に $(2-3\sqrt{-1}) \otimes_\mathbb{C} (2+3\sqrt{-1}) = 13 \otimes_\mathbb{C} 1$ ですが $\mathbb{R}$ ベクトルとして $(2-3\sqrt{-1}) \otimes_\mathbb{R} (2+3\sqrt{-1}) \neq 13 \otimes_\mathbb{R} 1$ です[1]．

4.2 クロネッカーによるテンソル積の表現について

前章，K 線型写像は行列表示を持ち K ベクトル空間の構造を持つ事を示しました．前章同様，K 係数 $n_1 \times n_2$ 行列全体を $\mathrm{Mat}_K(n_1, n_2)$ と記すと

$$\mathrm{Mat}_K(n_1, n_2) \otimes \mathrm{Mat}_K(m_1, m_2)$$

が定義できます．A, B をそれぞれ

$$\begin{pmatrix} a_{11} & \cdots & a_{1n_2} \\ \vdots & \ddots & \vdots \\ a_{n_1 1} & \cdots & a_{n_1 n_2} \end{pmatrix}, \begin{pmatrix} b_{11} & \cdots & b_{1m_2} \\ \vdots & \ddots & \vdots \\ b_{m_1 1} & \cdots & b_{m_1 m_2} \end{pmatrix}$$

とすると，$A \otimes B$ の**クロネッカー表示**とは

$$\begin{pmatrix} a_{11}b_{11} & \cdots & a_{11}b_{1m_2} & \cdots & a_{1n_2}b_{11} & \cdots & a_{1n_2}b_{1m_2} \\ \vdots & \ddots & \vdots & \ddots & \vdots & \ddots & \vdots \\ a_{11}b_{m_1 1} & \cdots & a_{11}b_{m_1 m_2} & \cdots & a_{1n_2}b_{m_1 1} & \cdots & a_{1n_2}b_{m_1 m_2} \\ \vdots & \ddots & \vdots & \ddots & \vdots & \ddots & \vdots \\ a_{n_1 1}b_{11} & \cdots & a_{n_1 1}b_{1m_2} & \cdots & a_{n_1 n_2}b_{11} & \cdots & a_{n_1 n_2}b_{1m_2} \\ \vdots & \ddots & \vdots & \ddots & \vdots & \ddots & \vdots \\ a_{n_1 1}b_{m_1 1} & \cdots & a_{n_1 1}b_{m_1 m_2} & \cdots & a_{n_1 n_2}b_{m_1 1} & \cdots & a_{n_1 n_2}b_{m_1 m_2} \end{pmatrix}$$

---

[1] $(2-3\sqrt{-1}) \otimes_\mathbb{R} (2+3\sqrt{-1})$ は $4(1 \otimes_\mathbb{R} 1) + 6(1 \otimes_\mathbb{R} \sqrt{-1}) - 6\sqrt{-1} \otimes_\mathbb{R} 1 - 9\sqrt{-1} \otimes_\mathbb{R} \sqrt{-1}$ となります．ここで 1 と $\sqrt{-1}$ とを基底と見ています．

のことです．これが定義 4.1 の 1〜3 を満たす事は明らかです．これらの**線型結合**によって構成されるものが $\mathrm{Mat}_K(n_1, n_2) \otimes \mathrm{Mat}_K(m_1, m_2)$ です．

4.3　行列のテンソル積表現について

行列をテンソル積で理解しましょう．$V = \bigoplus Ke_i$, $W = \bigoplus Kb_j$ を考えます．V に対して

$$V^* = \bigoplus Ke_i^*, \quad \langle e_i^*, e_j \rangle = \delta_{i,j}$$

とします．$b_j \otimes_K e_i^*$ は V の e_i の係数を Kb_j の元とする対応であり，それらの**線型結合**を考えることで

$$\mathrm{Hom}_K(V, W) = W \otimes_K V^*$$

と同一視できます．上のクロネッカー表示において，W の元を縦ベクトル，V^* の元を横ベクトルとしてそれらの**線型結合**を考えれば等号が得られます．

4.4　関数のテンソル積

定義 4.1 では有限次元の場合のみ取り扱いましたが，自然な拡張により無限次元の場合も定義できます（定理 4.7 を参照のこと）．

領域 $U := (a, b) \subset \mathbb{R}$ 上の $\mathbb{R}$ 値の連続関数 $C^0(U, \mathbb{R})$ は $\mathbb{R}$ ベクトル空間です．そこで，別の領域 $V \subset \mathbb{R}$ の $C^0(V, \mathbb{R})$ との $C^0(U, \mathbb{R}) \otimes C^0(V, \mathbb{R})$ を考えます．（多体系の量子力学において重要になるものです．）$f \in C^0(U, \mathbb{R})$, $g \in C^0(V, \mathbb{R})$ に対して，各点 $(x, x') \in U \times V$ において[2] $f \otimes g$ とは

$$(f \otimes g)(x, x') = f(x)g(x')$$

として $C^0(U \times V, \mathbb{R})$ の元と見ることです．つまり，

---

[2]　$U \times V := \{(x, x') \in \mathbb{R}^2 \mid x \in U, x' \in V\}$

第4章 テンソル積をめぐって

$$C^0(U, \mathbb{R}) \otimes C^0(V, \mathbb{R}) \subset C^0(U \times V, \mathbb{R}) \tag{1}$$

となります．テンソル積は代数的な処方です．代数的な処理は有限的な処理であることを陰に意味しています．無限の項の和（級数）等に対応するためには，何を同一（近い）と見るかを決める基準（トポロジー，位相）を含めた解析的な構造を付与しなければ議論できません．

他方，多項式[3]の全体である $K[x] := \{\sum_{i=0}^{n} a_i x^i \mid a_i \in K, n \text{は有限}\}$ や $K[x, y] := \{\sum_{i,j=0}^{n} a_{i,j} x^i y^j \mid a_{i,j} \in K, n \text{は有限}\}$ に対しては

$$K[x] \otimes_K K[y] = K[x, y] \tag{2}$$

という等号が得られます．$K[x]$ の K ベクトル空間としての基底は $\{x^\ell\}_{\ell=0,1,\cdots}$ ですので左辺の基底である $\{x^k \otimes y^\ell\}$ と右辺の基底 $\{x^k y^\ell\}$ とが K ベクトル空間として対応していると考えています．暗号や符号，代数幾何学において(2)は幾何学的な意味を持つこととなります．

4.5 テンソル代数

テンソル積は結合則が成立します．つまり，$U \otimes (V \otimes W) = (U \otimes V) \otimes W$ となります．**テンソル代数**とは和を $+$，積を $\otimes$ によって定義する**自由代数**のことです．自由というのは形式的な和や積をそのまま和や積と見なすものです[4]．一般に $u \otimes v \neq v \otimes u$ より積は非可換です．有限次元 K ベクトル空間 V に対して，$V^{1\otimes} := V$, $V^{n\otimes} := V^{(n-1)\otimes} \otimes V$ として，

$$T_V := K \oplus V \oplus V^{2\otimes} \oplus V^{3\otimes} \oplus V^{4\otimes} \oplus \cdots$$

を**テンソル代数**として定義します．

例えば $V = Ke_1 \oplus \cdots \oplus Ke_n$ とすると，T_V の元は，非負整数 N と $a_0 \in K$,

---

[3] 多項式とは有限の項の和です．有限の値の有限個の和は自明に値が定まります．無限の項の和の場合は級数に相当します．無限の数値の和は値が定まるかどうかは非自明です．

[4] 2.4節の形式和の説明を参照してください．

$a_{i_1,\cdots,i_\ell} \in K \, (i_j = 1, \cdots, n)$ により

$$a_0 + \sum_{\ell=1}^{N} \sum_{i_1,\cdots,i_\ell} a_{i_1,\cdots,i_\ell} e_{i_1} \otimes \cdots \otimes e_{i_\ell}$$

と表されます．$u \in T_V$, $a_0 \in K$ に対して，同値性（正確には付録 B.2 節の同値関係）$a_0 \otimes u = u \otimes a_0 = a_0 u$ を導入することで，T_V にはテンソル積 $\otimes$ が積が定義されています．言い換えれば T_V の中では 3 者の同値性が等号として成り立っているとしています．

テンソル代数をベースにして**外積代数**（5.7 節を参照）や，その変形として**クリフォード代数**[5]というものが導入できます．（問題 7.2 を参照）外積代数に関しては，次章の行列式のはなしのところで取り上げます．また，一般相対論，微分幾何，弾性体論で登場するテンソル場に関しては 13 章に述べます．

4.6 圏論の初歩とプログラミング

それでは，テンソル積の圏論的な定義に向けた話をしたいと思います．そのために圏論の初歩の話をプログラミングと絡めて話をします．

電子機器は近年，線を繋げば自動的に動作するようになっています．USB ケーブルをプリンタと PC に繋げるとプリンターが動作してくれますし，PC とハードディスクに繋げるとデータの入出力をしてくれます．このように**同じ線を繋げるだけで異なる動作を起こす仕組みを支える考え方**（思想）がオブジェクト指向プログラミングをはじめとする現代的なプログラミング言語の中にあり，更には，その源泉が圏論の中にあります．

圏論と計算機科学の対応については例えば [2] にあります．Goguen (1941–2006) の記事 [1] やその関連文献を眺めると，創成期には両者はとても近くにあり，例えばオブジェクト指向プログラミングの考え方が確立される過程（1950 年代〜70 年代）において，圏論は大きな影響を与えたことが読み取れ

---

[5] 幾何学と量子物理の融合において重要です．

ます.

　プログラミング言語は言語であります．言語によって表現できる範囲が定まりますし，概念も思想も言語に依存します．つまり，現代的なプログラミング言語によって作成されたソフトウエアにはその思想が受け継れています．他方，現代の情報機器はそれらによって制御されています．21 世紀的な思考パターンの一部を知る意味でもこの話題を取り上げます[6]．それは将来ソフトウエアとは無関係と決めている人にも，意味あることだと感じています．

4.6.1　圏論

　圏とは，**対象（オブジェクト（object）：点）**と**射（モルフィズム（morphism）：矢印）**[7] によって構成されるものです．「オブジェクト指向プログラミングにおけるオブジェクト」は，「圏における対象」とは直接の対応関係はありません．差異も大きいので，非常に遠くから眺めてですが，圏論における「**対象と射**」がオブジェクト指向プログラミングにおける「**クラスとメソッド**」というものに相当しています．それでは厳密ではありませんが，圏の定義 [2-4] を提示します．

> **定義 4.4**（圏：ラフ版）　C が圏とは
> 1. **対象（オブジェクト）**の"集合" $\mathrm{Obj}(C)$ が定まる．
> 2. 任意の対象 $A, B \in \mathrm{Obj}(C)$ に対して，以下を満たす**射（モルフィズム）**の集合，

---

[6] 大学において圏論とプログラミングを同時に学ぶ環境にある人はそう多くないように思います．企業は実利的ですので，抽象的であろうがそれを経た方がより短時間で深く理解できるならばそうするし，そうでなければどんなに高尚であろうが利用しないという基準がはっきりしたところがあります．その意味で，筆者は同僚の一部にオブジェクト指向プログラミングを教える際に圏論の初歩を紹介しています．

[7] 3 章では矢印は写像に対応すると述べました．が，同時に線型空間の間では線型写像も同じ矢印で表現しました．ここでは，このような考え方をより一般化するものです．

$$\mathrm{Hom}_{\mathcal{C}}(A, B) := \{f : A \to B\}$$

が定まる．

(a) $(A, B) \neq (C, D)$ のとき
$$\mathrm{Hom}_{\mathcal{C}}(A, B) \cap \mathrm{Hom}_{\mathcal{C}}(C, D) = \emptyset$$

(b) $\mathrm{Hom}_{\mathcal{C}}(A, A)$ は恒等射 1_A を含み [8]

(c) 合成した射が存在する：
$$\mathrm{Hom}_{\mathcal{C}}(A, B) \times \mathrm{Hom}_{\mathcal{C}}(B, C) \to \mathrm{Hom}_{\mathcal{C}}(A, C).$$

上記の定義で"集合"は集合のようなものと理解して下さい [9]．

4.6.2 圏の例

1. 集合の圏 $\mathcal{S}et$

    (a) $\mathrm{Obj}(\mathcal{S}et) \ni A, B, C, \cdots$ は集合，

    ($\mathrm{Obj}(\mathcal{S}et)$ は『集合全体のようなもの』)

    (b) $\mathrm{Hom}_{\mathcal{S}et}(A, B) := \{f : A \to B \mid f \text{ は写像}\}$.

2. 加法群の圏 $\mathcal{A}dd$

    (a) $\mathrm{Obj}(\mathcal{A}dd) \ni A, B, C, \cdots$ は加法群，

    (b) $\mathrm{Hom}_{\mathcal{A}dd}(A, B) := \{f : A \to B \mid f \text{ は加法群の準同型写像}^{10}\}$.

3. K ベクトル空間の圏 $\mathcal{L}in_K$

    (a) $\mathrm{Obj}(\mathcal{L}in_K) \ni A, B, C, \cdots$ は K ベクトル空間，

    (b) $\mathrm{Hom}_{\mathcal{L}in_K}(A, B) := \{f : A \to B \mid f \text{ は } K \text{ 線型写像}\}$
    $\equiv \mathrm{Hom}_K(A, B)$.

---

[8] 恒等射は恒等写像と考えてください．

[9] 実は以下で，対象として集合や群を考え，"集合全体"や"群全体"を取り扱います．集合論によると集合全体を集合として考えることは，論理的な矛盾を含みます [4, 5]．従って，厳密には"集合全体"ではなく，ユニバースという集合全体より小さな"もの"を導入します．が，ここではおおらかに行きます．

[10] 加法群 A と B に対して写像 $f : A \to B$ が加法群の準同型写像とは，$a, b \in A$ に対して，$f(a+b) = f(a) + f(b)$ となることです．

第4章 テンソル積をめぐって

ここで，圏論では数学的な関係は対象間の射

$$f: A \to B \tag{3}$$

として書かれます．圏を決めると，射（矢印）がどのような意味かが決まります．例えば K ベクトル空間の圏 $\mathcal{L}in_K$ では A, B は K ベクトル空間で矢印は線型写像ですし，集合の圏 $\mathcal{S}et$ では A や B は単なる集合で矢印は単なる写像を意味します．つまり，**始点や終点によりその間の矢印の意味が定まります．**

4.6.3 関手

圏論で重要な関手について説明します．

定義4.5 圏 C と $\mathcal{B}$ に対して，対応 $F: \mathcal{B} \to C$ が**関手**とは，
1. 対象間の写像 $F: \mathrm{Obj}(\mathcal{B}) \to \mathrm{Obj}(C)$ が存在し，
2. 以下の条件を満たす射間の写像 F が存在する．

$$F: \mathrm{Hom}_{\mathcal{B}}(A, B) \to \mathrm{Hom}_C(F(A), F(B))$$

(a) $F(1_A) = 1_{F(A)}$
(b) $f, g \in \mathrm{Hom}_{\mathcal{B}}(A, B)$ に対し， $F(g \circ f) = F(g) \circ F(f)$.

種々の関手の中で，本章で取り上げたい重要な関手が以下の for_S や $\mathrm{for}_{\mathcal{A}}$ などの**忘却関手**（forgetful functor）です．$\mathrm{for}_S: \mathcal{L}in_{\mathbb{R}} \to \mathcal{S}et$ とは，$\mathcal{L}in_{\mathbb{R}}$ の対象である実ベクトル空間を集合として見なし，線型写像を単なる写像として捉えることです．また，$\mathrm{for}_{\mathcal{A}}: \mathcal{L}in_{\mathbb{R}} \to \mathcal{A}dd$ は実ベクトル空間を加法群と，線型写像を加法群の準同型と捉えることです．

$$\mathcal{A}dd \longleftarrow \mathcal{L}in_{\mathbb{R}} \longrightarrow \mathcal{S}et \tag{4}$$

逆に式 (4) が与えらると忘却関手は自然に定まる関手のひとつです．左右「**同じ矢印**」ですが，忘却関手とすれば終点の対象に依存してそれぞれが $\mathrm{for}_{\mathcal{A}}$ や for_S であることが定まります．

4.6.4 ポリモルフィズム／隠蔽化／継承

USB(Universal Serial Bus)ケーブルをプリンターとPCとに繋げたときと，ハードディスク(HD)とPCとに繋げたときとで，伝えるデータが自明に決定されます．**同じUSBケーブル**が繋ぐ先により役割を変えるのです．これを

$$\text{プリンター} \longleftarrow \text{PC} \longrightarrow \text{HD} \tag{5}$$

と考えれば式(4)と同じ状況です．オブジェクト指向プログラミングにおいてもクラス間の矢印が定義でき，その際も始点と終点とによって，その間の操作がほぼユニークに定まります．これが現代プログラミング言語での**ポリモルフィズム**(polymorphism：多重射)[11]という考え方です．PC，プリンター，HDを(クラスとメソッドを集めた少し大きなクラスとして)それぞれ圏と対応しているとしましょう．式(5)は次のような図式として読み取れます．

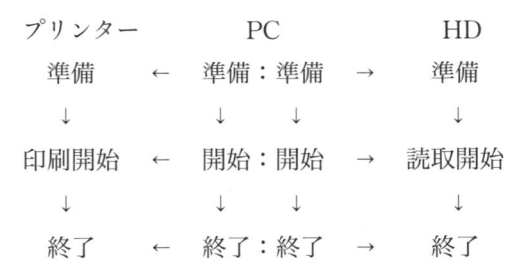

プリンター		PC		HD
準備	←	準備：準備	→	準備
↓		↓ ↓		↓
印刷開始	←	開始：開始	→	読取開始
↓		↓ ↓		↓
終了	←	終了：終了	→	終了

つまり，PCとプリンターを結ぶだけでPCの中で仮想的な印刷の「準備 → 開始 → 終了」という操作(命令)に対して，プリンターで物理的な印刷の「準備 → 開始 → 終了」が関手のように対応します．

また，オブジェクト指向プログラミングでは，情報(データ)の**隠蔽化**が重要となります．PCはPCの中で詳細なデータとその機能(クラスとメソッド

---

[11] ポリモルフィズムも狭義に理解する立場もあります．ここではC++等のオーバーロード(多重定義)というものもポリモルフィズムであるという広義の立場で書いています．また，圏論とプログラミング言語との通常の関係では自然変換とポリモルフィズムを対応させますので[2]，こちらもおおらかな立場を取っています．

第4章 テンソル積をめぐって

とその関係) が閉じており，プリンターも同様にプリンター内で閉じています．それらの内必要なデータのみを USB ケーブルが橋渡しするのです．圏論では各々の圏は射 (演算) によるデータのやり取りが閉じる最小の単位となります．関手は，それぞれの圏の間を橋渡しするものです．ひとつの圏を「クラスとメソッドを集めた少し大きなクラス」と解釈すると情報の隠蔽化の雛形となっています．

更に式 (4) を $\mathcal{L}in_R \longrightarrow \mathcal{A}dd \longrightarrow \mathcal{S}et$ と読み替えましょう．このように実ベクトル空間を，加法群と見なしたり，集合と見なす対応は，オブジェクト指向プログラミングでは**継承**という概念で実現されます．例えば，各種のプリンターは，まずは個別の差異を忘れて，一般的なプリンターの機能を持つという事を記述する際に，この「継承」という概念が利用されます[12]．

このように眺めると日常生活では初等圏論的な技術に囲まれています．21世紀の科学を学ぶ際に，圏論の初歩も学ばないということは，ライプニッツ以降にニュートン流に微分記号を使わずに個人の能力で微積分を解くようなものかもしれません．

4.6.5 忘却関手：物理，置換表現

物理現象や数理現象においても，対象の性質を一部忘れるという操作はとても重要です．例えば，統計物理学において，ユニバーサリティ[13]という考え方があります．原子分子レベルで異なるものでもアボガドロ数集まると個別の性質の差異を忘れて，その中で幾つかの特徴だけがマクロな性質として生き延びるというものです．鉄もコバルト，ニッケルも差異を忘れて磁石になったり，どんな分子も気体にならばほぼ理想気体として振舞うというものです．統計学でいうところの中心極限定理などと同じ現象です．**構造のある対象がある性質を忘れることでより単純で美しい原理によって記述されるの**

---

[12] 継承という名前から想像されるように方向性を持つものです．
[13] 後で述べる圏論の普遍要素とは全く関連がありません．

です．

　また，例えば，電子と言ったとき，電子回路屋，固体物理屋，量子化学屋，素粒子物理屋，それぞれの電子像は全く異なります．物理が多面的であることの表れですが，これらの事象も少なくとも一部は，異なる圏の関係として取り扱い得ると思われます．

　最後に，対称性と有限群の置換表現の話を考えましょう．例えば、ベンゼン環の炭素原子の集合 $S:=\{s_1, \cdots, s_6\}$ の各原子 s_i を ℓ 個隣に移動させ $s_{i+\ell \bmod 6}$ とする操作をしても集合 S 自身は不変です[14]．**対称性とは，集合に作用する群が存在し，その作用によって集合が不変となることです**．今の場合，巡回群 $\mathfrak{C}_6$ が作用していると見ることができます．巡回群 $\mathfrak{C}_6$ とは集合として $\mathfrak{C}_6:=\{t^\ell \mid \ell=0,1,2,\cdots,5,\ t^6=1\}$ で，群の演算 $\mathfrak{C}_6 \times \mathfrak{C}_6 \to \mathfrak{C}_6 ((t^\ell, t^m) \mapsto t^{\ell+m \bmod 6})$ が定義されているものです．

　ここで忘却関手 for により群自身 $\mathfrak{C}_6$ を集合と見ることで，この演算を $\mathfrak{C}_6 \times \mathrm{for}\,\mathfrak{C}_6 \to \mathrm{for}\,\mathfrak{C}_6$ という操作と理解できます．集合の元 t^m に群の元 t^ℓ が作用して，集合の元 $t^{\ell+m \bmod 6}$ となると見るのです．このとき $t = t^\ell|_{\ell=1}$ の作用は行列表示

$$\begin{pmatrix} t \\ t^2 \\ \vdots \\ t^5 \\ 1 \end{pmatrix} = \begin{pmatrix} 0 & 1 & 0 & \cdots & 0 & 0 \\ 0 & 0 & 1 & \cdots & 0 & 0 \\ \vdots & \vdots & \vdots & \ddots & \vdots & \vdots \\ 0 & 0 & 0 & \cdots & 0 & 1 \\ 1 & 0 & 0 & \cdots & 0 & 0 \end{pmatrix} \begin{pmatrix} 1 \\ t \\ t^2 \\ \vdots \\ t^5 \end{pmatrix}$$

を持ちます．これは置換表現という群の表現[15]の最も初等的なものです．for $\mathfrak{C}_6$ と S は集合として同じものですから**忘却関手により群であることを忘れることで、群の積が対称性のプロトタイプとなっています**．このように**構造（今の場合は積構造）を持つ対象の構造を利用したり、構造を忘れるということはとても重要です**．このような考え方は現代数学の基礎をなしています．

---

[14] "$k \bmod 6$" は k を 6 で割った余りの意味です．

[15] 群の表現の話は 8 章に離散フーリエ変換のところで話をします．

第4章 テンソル積をめぐって

4.7 テンソル積のより抽象的な定義

それではテンソルの (有限次元, 無限次元に関わらない統一的で) 基本的な定義を紹介しましょう. そのためにまず双線型写像を導入します.

定義 4.6 K ベクトル空間 V, W, U に対して, 写像 $\varphi: V \times W \to U$ が**双線型写像**とは任意の $w \in W$ に対して φ が $V \to U$ の写像として, また任意の $v \in V$ に対して φ が $W \to U$ の写像として, それぞれ線型写像であるときである. 即ち

1. $v_1, v_2 \in V, w \in W$ に対して
$$\varphi(v_1 + v_2, w) = \varphi(v_1, w) + \varphi(v_2, w)$$
2. $v \in V, w_1, w_2 \in W$ に対して
$$\varphi(v, w_1 + w_2) = \varphi(v, w_1) + \varphi(v, w_2)$$
3. $c \in K$ に対して, 定数倍として
$$\varphi(cv, w) = \varphi(v, cw) = c\varphi(v, w).$$

ここで双線型写像の定義域である $V \times W$ は**ベクトル空間としての積ではなく, (集合としての) 直積です**. つまり, **$V \times W$ はベクトル空間 V と W をただ並べただけのものです** [16]. 完全にベクトル空間としての性質を忘れたわけではないので, 忘却関手により $\mathrm{for}_S(V \times W)$ と眺めるべきではありません. このように**始点と終点と矢印を決めるだけで, × の意味がほぼ自明に定まります**. 数学書では時折このような説明を省きます. その際, **圏論的な思想に則ると「意味は自然に定まる」という強い意志が必要です**.

K, V, W, U を止めた際の双線型写像 φ 全体を $\mathrm{BiLin}_K(V \times W, U)$ と記すこととし, 双線型写像を利用した**テンソル積の特徴付け**を行いましょ

---

[16] $\tau: V \times W \to V \otimes W$ を以下で考えますが, $n+m$ 次元の K ベクトル空間から $n \times m$ 次元の K ベクトル空間への写像と考えるのではなく, n 次元の K ベクトル空間と m 次元の K ベクトル空間との集合としての積空間から $n \times m$ 次元の K ベクトル空間への双線型写像と捉えないと意味が不明になります. 基底が $n \times m$ 個となる事と線型性がキーなのです.

う[17].

> **定理 4.7** K ベクトル空間 V と W に対して，K ベクトル空間 T と双線型写像 $\tau \in \mathrm{BiLin}_K(V \times W, T)$ で，任意の K ベクトル空間 U と任意の双線型写像 $\varphi \in \mathrm{BiLin}_K(V \times W, U)$ に対して，線型写像 $\varphi^\# : T \to U$ で $\varphi = \varphi^\# \circ \tau$ を満たす $\varphi^\#$ が唯一つ定まるようなペア (T, τ) が存在する．このとき $T = V \otimes_K W$ となる[18].

定理 4.7 は V や W が有限次元か否かという制約なしにテンソル積を特徴付けています．無限次元の場合の明確な定義をしませんでしたが，定理 4.7 をもってテンソル積の定義とするのが正当な理解です．実際，定理 4.7 は 4.4 節と無矛盾です．

4.8 圏論的なテンソル積の定義

それでは定理 4.7 の圏による解釈（定義）を紹介します．上述の $\mathrm{BiLin}_K(V \times W, U)$ は**写像の集合**と解釈できます．圏論的には $\mathrm{BiLin}_K(V \times W, U)$ は，K と $V \times W$ をパラメータとする K ベクトル空間 U 達の圏 $\mathcal{L}in_K$ から集合の圏 $\mathcal{S}et$ への関手と捉えます[19]．$\mathrm{BiLin}_{K, V \times W}(U) := \mathrm{BiLin}_K(V \times W, U)$ として関手

$$\mathrm{BiLin}_{K, V \times W} : \mathcal{L}in_K \to \mathcal{S}et$$

---

[17] 証明のキーは基底の行き先で線型写像が定まるということです [5]．3 章命題 3.4 の下の注意の 2 がキーです．

[18] "＝" は同型の意味です．つまり，両者に全単射となる K 線型写像が存在することです．

[19] これを圏論では表現といいます．C 言語ではどんな関数もポインタで表現できるという事実とほぼ対応します．

を表すと[20], 定理 4.7 では $\mathrm{BiLin}_{K,V\times W}(\mathcal{L}in_K)$ の中で特殊な元 τ によってテンソル積を特徴付けています. ある種の「極大」元です. このような極大性を圏論では**普遍性**と呼びます. 圏論では「**テンソル積は $\mathrm{BiLin}_{K,V\times W}$ の普遍要素である**」と一言で定義されます.

Tip of the Day

数学分野では Euclid Project[21] やゲッチンゲン大学[22] 等で, 歴史的な論文がネットを通して無料で手に入れられる時代となりました. 例え, 仏語が判らなくても, 内容が判らなくても本物の迫力や気迫は紙面から伝わるものです. 圏論の一里塚ともいえるグロタンディーク (1928–) の原論文 [6] を眺めながらコーヒーを飲むのも悪くないと思っています.

参考文献

[1] J. Goguen, Sheaf semantics for concurrent interacting objects, Math. Struct. Comput. Sci. 2 (1992) 159–191.
[2] B. C. Pierce, Basic Category Theory for Computer Scientists, The MIT Press, 1991.
[3] S. マックレーン (三好博之, 高木理訳) 圏論の基礎　シュプリンガー東京 2005 年
[4] 河田敬義　ホモロジー代数　岩波書店　1990 年
[5] S. ラング (芹沢正三訳) ラング線形代数学　下　ちくま文庫　2010 年
[6] A. Grothendieck, *Sur quelques points d'algebre homologique*, Tohoku Math. J. 9 (1957) 119–221.

---

[20] つまり, $\mathrm{BiLin}_{K,V\times W} : \mathrm{Obj}(\mathcal{L}in_K) \to \mathrm{Obj}(\mathcal{S}et)$ は $\mathrm{BiLin}_{K,V\times W}(U) \in \mathrm{Obj}(\mathcal{S}et)$ より満たされ, 対象に対して対応があります. また, 線型写像 $f : U \to U'$ と $\varphi \in \mathrm{BiLin}_K(V\times W, U)$ に対して $f \circ \varphi$ は $\mathrm{BiLin}_K(V\times W, U')$ の元と思えますので, $\mathrm{BiLin}_{K,V\times W}(f)(\varphi) := f \circ \varphi$ として, $\mathrm{BiLin}_{K,V\times W}(U) \to \mathrm{BiLin}_{K,V\times W}(U')$ を定めます. 従って, $\mathrm{BiLin}_{K,V\times W}$ は $\mathrm{Hom}_{\mathcal{L}in}(U,U')$ を $\mathrm{Hom}_{\mathcal{S}et}(\mathrm{BiLin}_{K,V\times W}(U), \mathrm{BiLin}_{K,V\times W}(U'))$ に写し, 射の対応も与えています.
[21] http://projecteuclid.org/
[22] http://gdz.sub.uni−goettingen.de/

問題 *4.1*

$\mathbb{R}[x] \otimes_\mathbb{R} \mathbb{R}[x]$ と $\mathbb{R}[x, y]$ 間の $\mathbb{R}$ 線型写像でどちら方向も単射とできるものがある事を示せ．

問題 *4.2*

K ベクトル空間 $V := K^n$, $W := K^m$ の基底をそれぞれ $\{e_i\}_{i=1,\ldots,n}$, $\{b_i\}_{i=1,\ldots,m}$ とする．$V \otimes_K W$ の元を表示する際に K ベクトル空間として $\mathrm{Mat}_K(n, m)$ の元（行列）を援用できる事を確かめよ．つまり $v \in V \otimes W$ を
$\begin{pmatrix} v_{11} & \cdots & v_{1m} \\ \vdots & \ddots & \vdots \\ v_{n1} & \cdots & v_{nm} \end{pmatrix}$ とする $(n \times m)$ 次元ベクトル空間の表示である．但し，W を W^* と同一視することで $V \otimes_K W^* \equiv \mathrm{Hom}_K(W, V)$ は写像（つまり行列）として意味を持つが，$V \otimes_K W$ のこの表示は K ベクトル空間の表示であって，例えば，積が定義できない意味で K 線型空間の表現としての通常の行列ではない事に注意する．

Column 4

森羅万象を表す言葉，数学

レオナルド・ダ・ヴィンチ

　直感的に理解しようと思いすぎることは，直感的に理解してはいけないものまで直感的に理解してしまい，間違った結論に至る可能性があります．同時に，抽象的な言葉なしに抽象的な話をしようとする試みもまた，トートロジーを繰り返し自己完結するだけで間違った結論を生む危険性をはらんでいます．

　記号論という20世紀の前夜にソシュール(1857-1913)によって構築された現代哲学の金字塔があります．記号論では，シニフィアン(表すもの=言葉)とシニフィエ(表されるもの=対象，概念，もの)は分離不可能であることが述べられます．言葉なしに概念は存在できないということです．(シニフィアンとシニフィエの関係は量子力学の運動量と位置の関係を想起させます．時代的なことを考慮するとその類似性は科学史的にも興味深いものです．)

　ガリレイ(1564-1642)は「**宇宙は数学の言葉で書かれている**」と言いました．より正確には「哲学は，(中略)巨大な書(すなわち，宇宙)のなかに，書かれているのです．(中略)その書は数学の言語で書かれており，」と述べ[1]，19歳で数学に出会ってから自然を数学に記述していくことで近代科学を立ち上げてゆきました．

　それに先んじること一世紀半，**ダ・ヴィンチ**(1452-1519)も「**数学者でないものは私の原理は読めない**」といいました[2]．当時の数学がどれほどのものかは高が知れているかもしれませんが，それでも，数学が言葉であったのは

その頃からではなかったかと思います．自然を自由に記述する喜びというものの原点をダ・ヴィンチのノートと（言葉をデッサンに置き換えることで）様々な絵画から感じることができます．**数学は言葉です．**

　他方，身近にある自然そのものも，整数や代数幾何の数学の世界同様に十分複雑です．9章のピンホールカメラや12章の弾性曲線やコラム13の流体はどれもダ・ヴィンチのスケッチの中で取り上げられたものです．極めて日常的な生活の近くにあるものから高度に抽象化された数学が広がり，同時にそれらを応用した実用数学の基礎を成しているのです．別段，高エネルギー物理の理論を持ち出さなくとも，**想像する心と産毛を逆立てて空気の動きを感じる集中力とがあれば，自然の複雑でエレガントな世界を見つけることができます．**例えば，コラム8で示すように，ガウスは整数論の2次体の研究と光学の設計論によりシンプレクティック構造とその拡張を実質的に眺めていました．それらは20世紀前半の量子力学の発見によってのみ理解されるものと通常信じられているものです．オイラーは10章で紹介する弾性曲線を通して自発的対称性の破れを見ていましたし，コラム13で示すように流体力学を通してゲージ理論の萌芽を見知っていました．また，整数論を通してζ関数の不思議を知り得ていました．それらは20世紀中盤以降の素粒子論や統計力学を通して発見されたとしているものです．

　このような自然の複雑でエレガントな世界を見出すためには，**抽象的な概念を語り得る言葉が必要です．**ダ・ヴィンチ，ガリレイに倣って，数学の言葉を借りることが最も自然だと思っています．4章であえて非数学者の本であまり見かけない圏の話を示したのもそのような考えによるものです．

[1] G. ガリレイ　偽金鑑識官 1624 年（「ガリレオ」責任編集豊田利幸　世界の名著 26 中央公論社　1979 年）
[2] レオナルド・ダ・ヴィンチの手記(下)杉浦明平訳　岩波文庫　1958 年

第5章 行列式と跡のはなし

　本章では有限次元行列の**行列式**[1]と**跡**（**トレース：せき**）について述べます．3章に続いて，有限次元 K ベクトル空間 V 自身の間の線型写像（3章の言葉では $\mathrm{Hom}_K(V, V) = \mathrm{End}_K(V)$ の要素）の話です．

　線型写像は有限次元の場合は，行列表現を持っていましたので，$\dim_K(V) = n$ とすると $\mathrm{End}_K(V)$ は $n \times n$ 正方行列全体 $\mathrm{Mat}_K(n)$ と同一視できます．写像の合成により $\mathrm{Mat}_K(n)$ には積が定義できました．また，$\mathrm{Mat}_K(n)$ は K 線型空間でもありました．

　そこで $\mathrm{Mat}_K(n)$ から K への自然な写像として，$\mathrm{Mat}_K(n)$ の積構造に着目した $M_1, M_2 \in \mathrm{Mat}_K(n)$ に対して，$\chi(M_1 M_2) = \chi(M_1)\chi(M_2)$ となる χ と $\mathrm{Mat}_K(n)$ の線型性に着目した $\tau(M_1 + M_2) = \tau(M_1) + \tau(M_2)$ となる τ の性質を調べます．前者の χ が**行列式**，後者の τ が**跡**に相当します．

5.1 アミダくじと置換群

　行列式を定義する前に，**対称群**とも呼ばれる**置換群**の話をします．D_n を集合 $\{1, 2, \cdots, n-1, n\}$ としましょう．D_n の並び順を変更する写像全体を $\mathfrak{S}_n$ と

---

[1] 1次方程式の解法を巡って行列式は線型空間や行列より先駆けて発見され長く深い歴史を持っています．そこでは和算の開祖とも言われる関孝和（1642–1708）がライプニッツ（1646–1716），クラメール（1704–1752）らより先んじて活躍しました [1, 2]．

します．写像 $\sigma: D_n \to D_n$ が，$\mathfrak{S}_n$ の元とは，σ が全単射となる写像のことです．つまり，逆写像 σ^{-1} も写像となり，$\mathfrak{S}_n$ の元となります．D_n の元 i に対して，恒等写像 $\mathrm{id}(i) = i$ も $\mathfrak{S}_n$ の写像です．ここで，$i \in D_n$ を $\sigma(i) \in D_n$ に対応させる写像 σ を

$$\begin{pmatrix} 1 & 2 & \cdots & n \\ \sigma(1) & \sigma(2) & \cdots & \sigma(n) \end{pmatrix}$$

と上から下に数字を並べて表現するとします．$\mathfrak{S}_n$ の元 σ_1 と σ_2 に対して，写像の合成により積を

$$(\sigma_1 \circ \sigma_2)(i) := \sigma_1(\sigma_2(i))$$

と導入します．このような性質を群と呼びます．群の定義をきっちりしておきましょう．（付録 B.1 節）

定義 5.1 集合 G が**群**とは，演算 $\circ$ が定義できていて[2]，任意の $g \in G$ に対して $g \circ e = e \circ g = g$ となる**単位元** $e \in G$ が唯一存在し，各 $g \in G$ に対して $h \circ g = g \circ h = e$ となる**逆元** $h \in G$ が存在するときである．g の逆元を g^{-1} と記す．

D_n の全単射写像の全体 $\mathfrak{S}_n$ は恒等写像を単位元とする群です．$\mathfrak{S}_n$ の中で特殊な元

$$\begin{pmatrix} 1 & 2 & \cdots & i & \cdots & j & \cdots & n \\ 1 & 2 & \cdots & j & \cdots & i & \cdots & n \end{pmatrix}$$

と書ける i と j だけを入れ替える写像（操作）を**互換**と呼び，(i, j) と書くこととします．

より視覚的に理解するために，$(i, i+1)$ とする隣接する互換のみから生成される（つまり，$(i, i+1)$ の写像とそれらの積によって定まる）写像全体を

---

[2] 本書では演算とは G の任意の 2 つの元 g_1, g_2 に対して $g_1 \circ g_2 \in G$ が定義でき，任意の 3 つに対して $(g_1 \circ g_2) \circ g_3 = g_1 \circ (g_2 \circ g_3)$ となる等号が成り立つことです．

第5章 行列式と跡のはなし

$$\mathfrak{A}_n := \{\tau_1 \circ \tau_2 \circ \cdots \circ \tau_\ell \mid \tau_i = (s_i,\ s_i+1),\ s_i \in \{1, \cdots, n-1\},\ \ell = 0, 1, 2, \cdots\}$$

とします．これは図 5-1 の**アミダくじ**です[3]．例えば，図 5-1(a) は $\begin{pmatrix} 1 & 2 & 3 & 4 & 5 & 6 \\ 5 & 2 & 3 & 6 & 1 & 4 \end{pmatrix}$ に対応します．

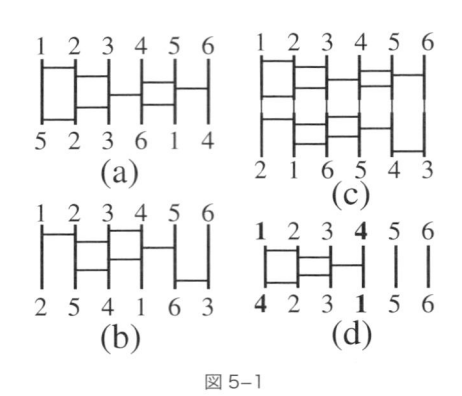

図 5-1

$\mathfrak{A}_n$ の元は D_n 間の全単射な写像であるので，上記の $\mathfrak{S}_n$ の部分集合であることがわかります．

図 5-1(a), (b) に示す $\mathfrak{A}_n$ の元に対して，$\mathfrak{A}_n$ の合成写像から定まる**積は図 5-1(c) のように繋げるという操作**で理解されます．この見方で**横棒のないアミダくじは恒等写像です．アミダくじを上下逆さにすると逆写像になります**．つまり $\mathfrak{A}_n$ も群となります．

補題 5.2 任意の互換は $\mathfrak{A}_n$ の元で定まる．

図 5-1(d) より自明です．$\mathfrak{S}_n$ の元は互換の積で書かれることが知られているので次が言えます．

補題 5.3 任意の $\mathfrak{S}_n$ の元は $\mathfrak{A}_n$ の元で定まる．

これは，アミダくじを操る経験からは納得する結果と思います．少なくも，

置換群のことは判らなくてもアミダくじのことさえ判れば置換群の性質は理解できるという有難い事実です．証明は帰納法により可能です．証明は頑張ればわかるので，ここではこの事実は信じることにします．次は符号関数です．

定義 5.4 $\mathfrak{S}_n$ の元 σ に対して，$\sigma = \tau_1 \circ \cdots \circ \tau_\ell$, $(\tau_i = (s_i, s_i+1), s_i \in \{1, \cdots, n-1\})$ と書けるとき，**符号関数** $\epsilon : \mathfrak{S}_n \to \{-1, 1\}$ を以下で定義する：
$$\epsilon(\sigma) := (-1)^\ell.$$

関数 ϵ が矛盾なく定義できるかどうかは自明ではありませんが[3]，本章ではその事実も信じましょう．

この時，$\sigma, \tau \in \mathfrak{S}_n$ に対して，
$$\epsilon(\sigma \circ \tau) = \epsilon(\sigma)\epsilon(\tau), \quad \epsilon(\sigma^{-1}) = \epsilon(\sigma)$$
となります．

5.2 準備：行列の表現方法

正方行列 $\mathrm{Mat}_K(n)$ の元 $A := (a_{i,j}) \equiv (a_{ij})$,
$$A \equiv \begin{pmatrix} a_{1,1} & \cdots & a_{1,n} \\ \vdots & \ddots & \vdots \\ a_{n,1} & \cdots & a_{n,n} \end{pmatrix} \equiv \begin{pmatrix} a_{11} & \cdots & a_{1n} \\ \vdots & \ddots & \vdots \\ a_{n1} & \cdots & a_{nn} \end{pmatrix}$$
に対して次の記法を導入します：
$$A \equiv (a_{\bullet 1}, \cdots, a_{\bullet n}), \quad a_{\bullet j} := \begin{pmatrix} a_{1j} \\ \vdots \\ a_{nj} \end{pmatrix}.$$

クロネッカーのデルタと呼ばれる δ_{ij} を $i = j$ のとき 1 でそれ以外は 0 とします．このとき，$I_n := (\delta_{ij}) \in \mathrm{Mat}_K(n)$ を**単位行列**と呼びます．I_n は

---

[3] 実際，アミダくじには $(1,2)(3,4) = (3,4)(5,6)(6,5)(1,2)$ 等同じ置換を与える異なる表現があり，それらに対して ϵ が同じ値を与えるということは証明されるべき事実です．

第5章 行列式と跡のはなし

$(I_n)^2 = I_n$ という特徴を持っています．

また，**転置**を導入しておきます．$A := (a_{ij}) \in \mathrm{Mat}_K(n)$ に対して転置とは $A^t := (a_{ji}) \in \mathrm{Mat}_K(n)$ とするものです．例えば $\begin{pmatrix} a & b \\ c & d \end{pmatrix}^t = \begin{pmatrix} a & c \\ b & d \end{pmatrix}$ です[4]．

5.3 行列式の定義

定義 5.5 $\mathrm{Mat}_K(n)$ の元 $A := (a_{ij})$ に対して，以下を A の行列式とする：
$$\det A := \sum_{\sigma \in \mathfrak{S}_n} \epsilon(\sigma) a_{1,\sigma(1)} a_{2,\sigma(2)} \cdots a_{n,\sigma(n)}.$$

例を2つあげましょう：

$$\det \begin{pmatrix} a_{11} & a_{12} \\ a_{21} & a_{22} \end{pmatrix} = a_{11}a_{22} - a_{12}a_{21}.$$

$$\det \begin{pmatrix} a_{11} & a_{12} & a_{13} \\ a_{21} & a_{22} & a_{23} \\ a_{31} & a_{32} & a_{33} \end{pmatrix} = \begin{array}{l} a_{11}a_{22}a_{33} + a_{12}a_{23}a_{31} a_{21}a_{32}a_{13} \\ -a_{13}a_{22}a_{31} - a_{12}a_{21}a_{33} - a_{23}a_{32}a_{11} \end{array}.$$

5.4 行列式の性質

この節では行列式の性質を眺めましょう．行列式では行列とその転置は次の関係を持ちます．

命題 5.6 $\det A = \det A^t$.

証明：これは簡単です．

---

[4] 物理では A^t と書きますが，数学では ^tA という記法を使ったりします．

$$\det A^t = \sum_{\sigma \in \mathfrak{S}_n} \epsilon(\sigma) a_{\sigma(1)1} \cdots a_{\sigma(n)n}$$
$$= \sum_{\sigma \in \mathfrak{S}_n} \epsilon(\sigma) a_{1\sigma^{-1}(1)} \cdots a_{n\sigma^{-1}(n)}.$$

$\epsilon(\sigma) = \epsilon(\sigma^{-1})$ より定まります． ∎

この命題 5.6 により，次の命題 5.7 に示すように行列式の多重線型性としての性質が判ります．

命題 5.7 $A = (a_{ij}) \in \mathrm{Mat}_K(n)$ に対して $F(A) \equiv F(a_{\bullet 1}, \cdots, a_{\bullet n}) := \det(a_{\bullet 1}, \cdots, a_{\bullet n})$ とした際に次の 4 つの事実が成り立つ：
1. $c_1, \cdots, c_n \in K$ に対して
$$F(c_1 a_{\bullet 1}, \cdots, c_n a_{\bullet n}) = c_1 \cdots c_n F(a_{\bullet 1}, \cdots, a_{\bullet n}).$$
2. 任意の j について
$$F(a_{\bullet 1}, \cdots, a_{\bullet j} + a'_{\bullet j}, \cdots, a_{\bullet n})$$
$$= F(a_{\bullet 1}, \cdots, a_{\bullet j}, \cdots, a_{\bullet n}) + F(a_{\bullet 1}, \cdots, a'_{\bullet j}, \cdots, a_{\bullet n}).$$
3. $\tau \in \mathfrak{S}_n$ に対して，
$$F(a_{\bullet \tau(1)}, a_{\bullet \tau(2)}, \cdots, a_{\bullet \tau(n)}) = \epsilon(\tau) F(a_{\bullet 1}, a_{\bullet 2}, \cdots, a_{\bullet n}).$$
4. $F(I_n) = 1$.

証明：命題 5.6 を利用すると (1), (2) は自明です．(3) は交代性を意味します．
$$F(a_{\bullet \tau(1)}, \cdots, a_{\bullet \tau(n)}) = \sum_{\sigma \in \mathfrak{S}_n} \epsilon(\sigma) a_{1\sigma\tau(1)} \cdots a_{n, \sigma\tau(n)}$$
$$= \epsilon(\tau) \sum_{\sigma' \in \mathfrak{S}_n} \epsilon(\sigma') a_{1\sigma'(1)} \cdots a_{n, \sigma'(n)}.$$

ここで，$\epsilon(\tau)\epsilon(\tau \circ \sigma) = \epsilon(\sigma)$ を利用しました． ∎

逆に**行列式は命題 5.6 の性質 1–4 (1, 2 は多重線型性，3 は交代性，4 は規格化) をもつものとして完全に特徴付けられます**[5]．

0 の行 (列) や同じ行 (列) が存在すると行列式はゼロになります．同じ行を

---

[5] [4] 6 章定理 5

第5章 行列式と跡のはなし

c 倍して他の行に加えても行列式は変化しません．まとめると次の命題です．（命題 5.8.2 は命題 5.7.3 において $\tau=(i,j)$（互換）とし，$a_{\bullet i}=a_{\bullet j}$ とすれば示せます．）

命題 5.8
1. $\det(a_{\bullet 1}, \cdots, 0, \cdots, a_{\bullet n}) = 0$.
2. $\det(a_{\bullet 1}, \cdots, a_{\bullet i}, \cdots, a_{\bullet i}, \cdots, a_{\bullet n}) = 0$.
3. $\det(a_{\bullet 1}, \cdots, a_{\bullet i}, \cdots, a_{\bullet j}+ca_{\bullet i}, \cdots, a_{\bullet n})$
   $= \det(a_{\bullet 1}, \cdots, a_{\bullet i}, \cdots, a_{\bullet j}, \cdots, a_{\bullet n})$.

最初に述べましたが，次の命題はとても大切です．

命題 5.9 $A, B \in \mathrm{Mat}_K(n)$ に対して
$$\det(AB) = \det A \det B.$$

これにより，**行列式は積を保存します．**

証明： $C=AB$ とし，$C=(c_{ij}), A=(a_{ij}), B=(b_{ij})$ とすると，5.2 節の記法を利用すること

$$(c_{\bullet 1}, \cdots, c_{\bullet n}) = \left(\sum_\ell a_{\bullet \ell} b_{\ell 1}, \cdots, \sum_\ell a_{\bullet \ell} b_{\ell n}\right)$$

となります．多重線型性を利用すると $\det C$ は

$$\sum_{\ell_1, \cdots, \ell_n} b_{\ell_1 1} \cdots b_{\ell_n n} \det(a_{\bullet \ell_1}, \cdots, a_{\bullet \ell_n})$$
$$= \sum_{\ell_1, \cdots, \ell_n} b_{\ell_1 1} \cdots b_{\ell_n n} \epsilon\left(\begin{pmatrix} 1 & \cdots & n \\ \ell_1 & \cdots & \ell_n \end{pmatrix}\right) \det(a_{\bullet 1}, \cdots, a_{\bullet n})$$

となります．これより定理は証明されます．但し，$\tau := \begin{pmatrix} 1 & \cdots & n \\ \ell_1 & \cdots & \ell_n \end{pmatrix}$ で置換として成立しない $\ell_1, \cdots, \ell_n$ に対しては命題 5.8 の 2 より式自体がゼロとなり除外されるため，τ は置換の元と見なしてよいことを利用しました． ∎

5.5 余因子

$A := (a_{ij}) \in \mathrm{Mat}_K(n)$ に対して $A^{(i,j)}$ を A の内 i 行 j 列を除いたものとします．例えば $n=5$ では

$$A^{(2,3)} = \begin{pmatrix} a_{11} & a_{12} & a_{14} & a_{15} \\ a_{31} & a_{32} & a_{34} & a_{35} \\ a_{41} & a_{42} & a_{44} & a_{45} \\ a_{51} & a_{52} & a_{54} & a_{55} \end{pmatrix}$$

となるものです．このとき，

$$a^{(i,j)} := (-1)^{i+j} \det A^{(i,j)}$$

としましょう．これを**余因子**と呼びます．正方行列とは限らない行列の適当な部分正方行列の行列式を**小行列式**[6]と呼ぶので余因子は小行列式の一種でもあります．

余因子を使うことで次のラプラス (1749–1827) による**余因子展開**と呼ばれる行列式の展開が得られます．

補題 5.10 任意の i, j に対して，次が成り立つ：
$$\sum_k a^{(k,i)} a_{kj} = \delta_{ij} \det A.$$

証明："∨" はその項を除くという操作とし，左辺が

$$\det(a_{\bullet 1}, \cdots, \check{a}_{\bullet i}, a_{\bullet j}, \cdots, a_{\bullet n})$$

となることから証明されます． ∎

---

[6] 行列 (matrix) という用語はシルヴェスター (1814–1897) によって 1850 年に導入されました [2]．様々な（小）行列式を生成することからラテン語の "母"，mater から名付けたようです．

第5章 行列式と跡のはなし

5.6 逆行列

$A \in \mathrm{Mat}_K(n)$ に対して $BA = AB = I_n$ となる $B \in \mathrm{Mat}_K(n)$ を**逆行列**と呼び，B を A^{-1} と記します．積の逆元です[7]．

補題5.10 より $A \in \mathrm{Mat}_K(n)$ で $\det A \neq 0$ に対して，**逆行列の公式**[8]：

$$A^{-1} = \frac{1}{\det A}(a^{(j,i)})$$

が得られます．

　つまり，**$\det A$ がゼロか否かは大きな違いです．**

$$\mathrm{GL}(n, K) := \{A \in \mathrm{Mat}_K(n) \mid \det A \neq 0\}$$

とすると $\mathrm{GL}(n, K)$ は $\mathrm{Mat}_K(n)$ の中で積の逆元を持つもの全体です．$\mathrm{GL}(n, K)$ は積について群をなし，**一般線型群**と呼ばれます．7章の話題です．$\mathrm{GL}(n, K) \ni U$ に対して，$\det(U^{-1}AU) = \det A$ となります．

5.7 外積

n 次元 K ベクトル空間 V に対して $\wedge$ 積[9] を導入します．$v_1, v_2, \cdots, v_\ell \in V$ に対して，

$$v_1 \wedge \cdots \wedge v_\ell := \frac{1}{\ell!} \sum_{\sigma \in \mathfrak{S}_\ell} \epsilon(\sigma) v_{\sigma(1)} \otimes \cdots \otimes v_{\sigma(\ell)}$$

と定義します．つまり，　$v_1 \wedge v_2 := \frac{1}{2}(v_1 \otimes v_2 - v_2 \otimes v_1)$,　$v_1 \wedge v_2 \wedge v_3 :=$
$\frac{1}{3!}(v_1 \otimes v_2 \otimes v_3 - v_1 \otimes v_3 \otimes v_2 + v_2 \otimes v_3 \otimes v_1 - v_2 \otimes v_1 \otimes v_3 + v_3 \otimes v_1 \otimes v_2 - v_3$

---

[7] $BA = I_n$, $AB' = I_n$ とすると $BAB' = BAB'$ を考えることで $B = B'$ を得ます．

[8] ケイリー（1821-1895）はシルベスターの 1850 年の論文を基に行列の理論を構築（1858 年）し，その過程でこの公式を発見しました [2]．

[9] 古い本では × で書いていたものです．現代風に $\wedge$ を使って，**ウェッジ積**と呼びます．（問題5.2 を参照）

$\otimes v_2 \otimes v_1$) というものです.

これらを利用して, 4 章で導入しましたテンソル代数 T_V の部分代数 Λ_V を考えます. V の基底を $\{e_j | j = 1, \cdots, n\}$ とします. これにより $\Lambda_V^{(0)} := K$, $\Lambda_V^{(1)} := V, \Lambda_V^{(2)} := \{\sum_{ij} f_{ij} e_i \wedge e_j\}, \Lambda_V^{(3)} := \{\sum_{ijk} f_{ijk} e_i \wedge e_j \wedge e_k\}$ を用意することで, K ベクトル空間

$$\Lambda_V := \Lambda_V^{(0)} \oplus \Lambda_V^{(1)} \oplus \Lambda_V^{(2)} \oplus \cdots$$

を定義します. K ベクトル空間で積が定義されているものを K 代数と呼ぶので, Λ_V に $\wedge$ 積による積の構造を導入して, Λ_V を**外積代数**と呼びます.

ここで, 次の事実は重要です.

$$\dim_K \Lambda_V^{(\ell)} = 0, (\ell > n), \dim_K \Lambda_V^{(\ell)} = \frac{n!}{(n-\ell)! \ell!}, (\ell \leq n).$$

5.8 ヤコビ行列式

外積と行列式の関係を見ましょう. $\mathbb{R}^n$ とその座標関数を $x \equiv (x_1, x_2, \cdots, x_n)$ とし, その微小変化として $dx_1, dx_2, \cdots, dx_n$ を考えます. 13 章に微分形式については述べますが, $\mathbb{R}$ ベクトル空間

$$V = \mathbb{R} dx_1 \oplus \mathbb{R} dx_2 \oplus \cdots \oplus \mathbb{R} dx_n$$

を考え, 微分形式の一種である**体積形式**と呼ばれる

$$\omega_{\text{vol}} := dx_1 \wedge \cdots \wedge dx_n$$

を導入しましょう. $\Omega \subset \mathbb{R}^n$ をある有限の領域とすると積分 $\int_\Omega \omega_{\text{vol}}$ は Ω の体積を与えます [10]. $\mathbb{R}^n$ に対する座標関数 x を y に変換することを考えます. y は x の関数 $y_j = y_j(x)$ であり, かつ

$$V = \mathbb{R} dy_1 + \mathbb{R} dy_2 + \cdots + \mathbb{R} dy_n$$

となっているとします. この時, 外積の定義より体積形式は

---

[10] より正確には付録 A.8 節に示すように体積を与えるように定義しているのです.

第5章 行列式と跡のはなし

$$\omega_{\text{vol}} = \left(\frac{\partial x}{\partial y}\right) dy_1 \wedge \cdots \wedge dy_n$$

と変換されます．ここで $\left(\dfrac{\partial x}{\partial y}\right)$ は

$$\left(\frac{\partial x}{\partial y}\right) \equiv \left|\frac{\partial x}{\partial y}\right| := \det\left(\frac{\partial x_i}{\partial y_j}\right) \tag{1}$$

であり，**ヤコビ行列式**または**ヤコビアン**と呼ばれます[11]．

5.9 跡（トレース：せき）

行列式に対応して，跡を定義しましょう．

定義 5.11 $A := (a_{ij}) \in \mathrm{Mat}_K(n)$ に対し，A の跡を $\mathrm{tr}\, A := \sum_{i=1}^{n} a_{ii}$ と定義する．

跡 $\mathrm{tr} : \mathrm{Mat}_K(n) \to K$ は線型性を持っています．

命題 5.12 $A, B \in \mathrm{Mat}_K(n),\ c, d \in K$ に対して，
$\mathrm{tr}(cA + dB) = c\,\mathrm{tr}(A) + d\,\mathrm{tr}(B)$．

命題 5.13 $A_1, A_2, \cdots, A_\ell \in \mathrm{Mat}_K(n)$ に対して，
$\mathrm{tr}(A_1 \cdots A_\ell) = \mathrm{tr}(A_\ell A_1 \cdots A_{\ell-1})$，また $\mathrm{tr}(A_1 A_2) = \mathrm{tr}(A_2 A_1)$．

証明：至ってシンプルです．計算するだけです．

---

[11] ユークリッド空間において $\{dy_1, \cdots, dy_n\}$ を正規直交基底 $\{e_1, \cdots, e_n\}$ として，$e_1, \cdots, e_n$ から構成される立方体の体積を 1 としたときに，$\{dx_1, \cdots, dx_n\}$ に対応する基底 $\{b_1, \cdots, b_n\}$ として，$b_1, \cdots, b_n$ から定まる斜方体の体積がヤコビアン (1) に一致します．行列式の本質はと問われて「行列式とは体積のことだ」という説明を聞きますが，それはこの事です．

$$\mathrm{tr}(A_1\cdots A_\ell) = \sum_{ij} (A_1\cdots A_{\ell-1})_{ij}(A_\ell)_{ji}$$
$$= \sum_{ij} (A_\ell)_{ji}(A_1\cdots A_{\ell-1})_{ij}. \qquad \blacksquare$$

これより $\mathrm{GL}(n, K) \ni U$ に対して，$\mathrm{tr}(U^{-1}AU) = \mathrm{tr}\,A$ となります．次は 3.7.1 節で紹介した量子力学の状態にも関連するとても面白い事実です．

命題 5.14 $A \in \mathrm{Mat}_K(n)$ に対して写像 $\rho_A\colon \mathrm{Mat}_K(n) \to K$ は $\rho_A(B) := \mathrm{tr}(AB)$ とすると，
$$\rho_A(aB+bC) = a\rho_A(B) + b\rho_A(C) \in K$$
を満たし，$\{\rho_A \mid A \in \mathrm{Mat}_K(n)\}$ は $\mathrm{Mat}_K(n)$ の双対空間 $\mathrm{Mat}_K(n)^*$ と同型である，つまり両者の間に全単射となる線型写像が存在する．

証明：多くは ρ_A と双対空間の定義より自明．同型性は行列の各成分を K ベクトル空間としての基底とすれば証明されます． $\blacksquare$

5.10 行列式と跡との関係

ここで $K = \mathbb{C}$ として行列式と跡との関係について述べましょう．任意の行列 $A \in \mathrm{Mat}_\mathbb{C}(n)$ は適当な行列 $U \in \mathrm{GL}(n, \mathbb{C})$ と $T \in \mathrm{Mat}_\mathbb{C}(n)$ によって

$$A = U^{-1}TU, \quad T = \begin{pmatrix} \lambda_1 & * & \cdots & * \\ 0 & \lambda_2 & \cdots & * \\ \vdots & \vdots & \ddots & * \\ 0 & 0 & \cdots & \lambda_n \end{pmatrix}$$

となることが知られています[12]．行列式，跡の性質より $\det A = \det T$, $\mathrm{tr}\,A = \mathrm{tr}\,T$ となり，これより $\det A = \prod_{i=1}^n \lambda_i$, $\mathrm{tr}\,A = \sum_{i=1}^n \lambda_i$ となります．

---

[12] $K = \mathbb{C}$ ではシューアの三角化定理によりシューアの標準形としての U や T の存在が保証されます [4 10章, 5]．

また，$f(\lambda):=\det(\lambda I_n-A)=\prod_{i=1}^n(\lambda-\lambda_i)$ となるので，$f(\lambda)=:\lambda^n+E_{n-1}\lambda^{n-1}+\cdots+E_1\lambda+E_0$ より，$E_{n-1}\equiv-\mathrm{tr}\,A$, $E_0\equiv(-1)^n\det A$ となります．他の E_j はどのような役目を果たすのかということを問いたくなると思うのですが，E_j は**基本対称式**と呼ばれるもので様々なところ（代数幾何，表現論等）で活躍します [13]．

とは言え，行列式や跡が特に目立つのは事実です．最初に述べましたが，積の保存性 $\det AB=\det A\det B$ と，和の保存性 $\mathrm{tr}(A+B)=\mathrm{tr}\,A+\mathrm{tr}\,B$ が両者を特徴付けます．両者を結びつける式として

$$\exp(\mathrm{tr}\,A)=\det(\exp(A))$$

はとても重要です [14]．上記の $UAU^{-1}=T$ の関係式と $\exp\left(\sum_i\lambda_i\right)=\prod_i\exp(\lambda_i)$ から証明されます．

5.11 行列式と跡の応用について

$\mathrm{tr}\,A$ や $\det A$ は K 値となります．近年のコンピュータ技術の発展により取り扱えるデータの自由度が大きくなったり，多次元化しています．情報量が増すことは，漠然としてよりよい方向に向かっていると考える社会の潮流があるように感じます．しかしながら，大小を比較できるのは $\mathbb{R}$ のみです．そのことを考えますと**多次元の空間のデータから如何に 1 次元データに還元するかが最も重要な課題となります**．その際に線型空間の基底の取り方に依存しない行列式や跡 [15] はとても重要な役割を果たします．

応用先はたくさんあります．8つだけ列挙します．

---

[13] 対称式はとても美しく面白いものです．[3]は痒いところに手が届くノートです．
[14] [6 A1] に簡潔な証明があります．
[15] $U\in\mathrm{GL}(n,K)\subset\mathrm{End}_K(V)$ を V の基底の変換とします．その時 $A\in\mathrm{Mat}_K(n)$ は $A_U:=U^{-1}AU$ と変換しますが，$\det A_U=\det A$, $\mathrm{tr}\,A_U=\mathrm{tr}\,A$ より両者は不変です．

1. 本来，線型代数や行列式は 1 次方程式の解を求めるという視点から発展してきたものです [1,2]．本書では全く触れませんが，方程式を解くという立場から考えると種々の重要な行列式とそれに付随する興味深く，面白い事実がたくさんあります．名著と呼ばれている高木 (1875–1960) の [7] にはそれが書かれています．(問題 5.3, 6.4 を参照)

2. 応用数学という視点で行列式には多様な関係と面白い結果があります [5, 第 1 章]．

3. 統計学においても行列式や跡は重要です．信号理論の中で最大エントロピー法 (赤池 (1927–2009) の方法) はとても美しい方法です．セゲー (1895–1985) らの [8] にはその基礎が書かれています (問題 6.5 を参照)．

4. 制御理論の基本もまた線型代数です [9]．

5. 統計力学や場の量子論，それも経路積分的なアプローチでは行列式や跡 [10] はとても重要です．場の理論では，微分作用素の行列式が**指数定理**を通して幾何学と結びつきます [11]．

6. 量子情報は線型代数と量子力学の融合した学問と言えます [12]．

7. ソリトン等に代表される非線形可積分系でも行列は重要です．τ 関数と呼ばれる関数が行列式できっちりと書き下すことができます [13]．行列という視点を通して τ 関数，2 次元量子重力理論，(ランダム) 行列理論，直交多項式，統計力学の模型が美しく対応します [14]．

8. 経済学においても投入産出分析などで行列式は重要です [15]．一種の最適化問題を解こうとしているのですから，ある点での線型応答などを考えれば行列式が現われるのは自然なことです．

第5章 行列式と跡のはなし

Tip of the Day

[13]は現代の古典となりましたが，1950年代から始まるソリトン理論の中で**広田の方法**で知られる手法を，構築した本人が力強く語った名著だと思います[16]．行列式が生き生きと活躍する様は計算することの喜びを教えてくれます．

参考文献

[1] 後藤武史 小松彦三郎 17世紀日本と18–19世紀西洋の行列式，終結式及び判別式 数理解析研究所講究録 (2004) 1392 117–129．

[2] J. ダービーシャー（松浦俊輔訳） 代数に惹かれた数学者たち 日経BP 2008年

[3] 本間泰史 有限群の表現，対称群の表現の基礎
http://www.f.waseda.jp/homma_yasushi/homma2/download/representation.pdf

[4] S. ラング（芹沢正三訳）ラング線形代数学 上，下 ちくま文庫 2010年

[5] 伊理正夫 線形代数 I,II （岩波講座応用数学）1993, 4

[6] 志村五郎 数学をいかに使うか ちくま文庫 2010年

[7] 髙木貞治 代数学講義 改訂新版 共立出版 1965年

[8] U. Grenander, G. Szegö, Toeplitz Forms and Their Applications, Chelsea Publ., 1955．

---

[16] 広田の**双線型作用素**というものに関してはベーカー（1866–1956）によって閉リーマン面上のアーベル関数から微分方程式（KdV階層）へ向う際に1903年には既に発見されています [16,p49]．[16]で終わる19世紀のアーベル関数の理論はアーベル関数から微分方程式への道のりであったと言えます（コラム6, 10を参照）．他方，20世紀後半のアーベル関数の理論は微分方程式からアーベル関数への道のりと見ることができます．後半の道のりにおいて広田の発見は大きな飛躍を与えました．ディラック（1902–1984）がディラック方程式の名の下で見つけた代数がクリフォード（1845–1879）の見つけた代数の再発見であったとしても，誰もがディラックの功績を疑わないように，また同時にハミルトン（1805–1865），グラスマン（1809–1877），クリフォード，ディラックの(断絶した)系譜を感じるように，現代の和算とも称された[13]の深さ，楽しさ，重要さは変わるものではありません．

［9］大住晃　線形システム制御理論　森北出版 2003 年

［10］J. W. Negele, H. Orland, Quantum Many－Particle Systems, Addison Wesley, 1988.

［11］P. V. Nair, Quantum Field Theory: A Modern Perspective, Springer, 2005.（日本語訳があります）

［12］M. Nakahara, T. Ohmi, Quantum Computing: From Linear Algebra to Physical Realizations, Inst. of Physics Pub Inc 2008.

［13］広田良吾 直接法によるソリトンの数理 岩波書店 1992

［14］K. Sogo, *Time−Dependent Orthogonal Polynomials and Theory of Soliton Applications to Matrix Model, Vertex Model and Level Statistics* J. Phys.Soc. Jpn. **62** (1993) 1887−1894.

［15］武隈愼一 石村直之　経済数学　新世社　2003 年

［16］H. F. Baker, Multiply Periodic Functions,　Cambridge Univ. Press, 1907.

第5章 行列式と跡のはなし

問題 5.1

$V = \mathbb{R}^n$ として、外積代数の次元 $\dim \Lambda_V^{(m)}$ を計算せよ．このとき、$\dim \Lambda_V^{(n-m)} = \dim \Lambda_V^{(m)}$ となる事を確かめよ．この事より線型写像 $\eta_n : \Lambda_V^{(n-m)} \to \Lambda_V^{(m)}$ で全単射なものが存在する．この全単射は幾何学で**ポアンカレ双対**(13.7節)を誘導する．

問題 5.2

$\mathbb{R}^3$ の直交基底(2章2.2節を視よ)を e_1, e_2, e_3 とし、$W := \mathbb{R}e_1 \oplus \mathbb{R}e_2 \oplus \mathbb{R}e_1 \wedge e_2$ とし、$u = u_1 e_1 + u_2 e_2$ 及び $v = v_1 e_1 + v_2 e_2$ に対して、u と v による平面内の平行四辺形を $\{0, u, u+v, v\}$ という4点から定める．このとき、$\mathbb{R}^3$ と W とを同一視することで、つまり、$\iota : W \to \mathbb{R}^3$ を $\iota(e_1 \wedge e_2) = e_3$ とすると、平行四辺形の面積 A がユークリッド内積(6.2.2節)により $A = (e_3, \iota(u \wedge v))$ となる事を確かめよ．**これが通常，物理等で教育される3次元空間に特化した×で書かれる外積である**．但し、5.7節より一般の K ベクトル空間 V の元 $a, b \in V$ に対する $\wedge$ 積の性質として、$a \wedge a = 0$ や $a \wedge b = -b \wedge a$ がある．これらを利用せよ．(この対応 ι を伴った積×を外積の定義とする教科書も多いが、これは3次元の特有の現象である．この定義はハミルトンの幾何代数や四元数 [1章:2] に始まり、ベクトルの起源という意味では由緒正しいものであるが、高次元等に向かう中ではあまり有用でないために、本書も含め、現代的な幾何学の本では外積の定義としていない．)

問題 5.3 ☆

一次方程式の解法に関わる問題として [5 章 :7]，

$$A:=\begin{pmatrix} a_{11} & \cdots & a_{1n} \\ \vdots & \ddots & \vdots \\ a_{n1} & \cdots & a_{nn} \end{pmatrix}, \; v:=\begin{pmatrix} v_1 \\ \vdots \\ v_n \end{pmatrix} \; b:=\begin{pmatrix} b_1 \\ \vdots \\ b_n \end{pmatrix}$$

に対して $Av=b$ を解くことは，$v=A^{-1}b$ と v を b から書き下すことである．このとき不定元からなる集合 $c=(c_1, c_2, ..., c_{n+1})$ に対して形式的な行列を

$$A_{b,c}:=\begin{pmatrix} a_{11} & \cdots & a_{1n} & b_1 \\ \vdots & \ddots & \vdots & \vdots \\ a_{n1} & \cdots & a_{nn} & b_n \\ c_1 & \cdots & c_n & c_{n+1} \end{pmatrix},$$

と定義し $f_{A,b}(c):=\dfrac{\det A_{b,c}}{\det A}$ とする．$f_{A,b}(c)=c_{n+1}-\sum_{i=1}^{n}u_i c_i$ として係数 u_i を定めると $u_i=v_i$ となる事を示せ．

Column 5

言葉としての数学

ライプニッツ

ニュートン（1642-1727）が現代言われているような $\frac{d^2}{dt^2}x = f(x)$ の形のニュートン方程式を提示しなかったという事実はあまり知られていません[コラム 3:1]．この微分方程式を式として提示したのはオイラー（1707-1783）です．ニュートンはその個人の秀でた能力をベースに基本的に式を使わず，微積分を問題ごとに幾何学的問題として巧妙に解いてゆきました．ライプニッツ（1646-1716）は当時の数学，物理の様々な問題でニュートンと競った仲ではありますが，ニュートンの輝きの前ではやや影が薄いように思います．しかし，ライプニッツの功績は微分や積分の記号化にあります[1,2]．**微分や積分を「言葉」にしたのです．**そのお陰で，ライプニッツの後を追ったベルヌーイ一家，オイラーは，微分や積分の概念を自由に操り，流体力学，弾性体論，微分幾何，代数幾何，解析力学等を次々と発展させることができました．

　実際，ニュートンのプリンピキア（1687年）は式を極力使わない図式解法のために，読み解くことが極めて困難です．一方，ほぼ同時期に書かれたヤコブ・ベルヌーイ（1654-1705）やオイラーの文献は，現在利用しているものと大差ない記法の数式で記載されており，概要を理解する際の簡便さはニュートンの比ではありません．ニュートンは厳密化のために幾何学の代数化に批判的でしたが，ニュートンの記述したものと，ベルヌーイやオイラーの文献と比較すると，微分積分の記法の背景にあるその概念の情報量の多さに驚きます．**言葉（代数的）にすることで多量な情報が汎用化されコンパクトな**

記号に押し込められ，後になれば不必要と気付く瑣末な個別の事情は削ぎ落とされたのです．ライプニッツの発明した微積分に関する様々な記法がなければ18世紀の様々な発見は存在しなかったと思われます．

　ライプニッツのこのアプローチは，実際に自然現象や社会現象などをモデル化し記述してゆく際に，極めて示唆的なものを与えてくれます．

　例えば，コンピュータ言語を利用してそれらの現象を数値的に模擬（シミュレート）するソフトウエアを作成し，複数人で改良，利用することを考えましょう．コンピュータ言語は言葉です．何を一つのまとまりとするのか，何を計算原語の意味での関数（つまり，写像）とするのかが極めて重要です．作成者だけが理解できるようなものではなく，複数人が理解できるプログラムを開発するためには，適度な抽象化と，適切な名前，そして，それらの関係が整然と見えるものでなければなりません．つまり，**計算機シミュレータの作成は脚本家が脚本を書く作業とよく似ています**．舞台を設定し，その上で演じる役者の役割，その名前，その性質，またそれらの間の関係などを定め，それらの間の関数を定義してゆくのです．更には，その際瑣末な個別の事情を削ぎ落とし，普遍的な写像や普遍的な対象を定めます．もちろん，何を普遍的なものと見るかは極めて困難な作業です．しかし，普遍化した対象と普遍化した写像の組を抽出しておきそれらの**原型となるツールを分離，蓄積**しておけば，**何が個別事情で，何が普遍的な構造かを理解すること**ができます．同時に，個々の問題への対応は，それらの原型が蓄積されればされるほど，**蓄積された原型の上に立った応用問題**となります．作成時間が短縮でき，適用できる対象の範囲が大きく広がります．それは個々の問題に対して，その都度プログラムを一から組み立てるのとは大きく異なるのです．これらの考え方は，大勢で利用できる道具を整備することで多くの発見を可能にさせたライプニッツのやり方と全く同質です．つまり，上で紹介したライプニッツとニュートンの対比の中にはこれらの模範となる話があり，それらは迷った際に，何をすべきか，どのように進めばよいかの示唆を与えてくれるのです．

[1] 酒井潔　ライプニッツ (Century Books―人と思想)　清水書院　2008年
[2] 志賀浩二　数学が歩いてきた道　PHP新書　2009年

第6章 内積のはなし

　本章は内積のあるベクトル空間についての話です．ようやく内積です．内積においても，3次元の高次元化という直感的な立場ではなく抽象的に内積を定義してゆきます．抽象化により，内積という概念をどこまでは拡張でき，どこからかは不自然となるのかが，自明に判ります．一人で寡黙に問題に対峙する際，表層的な，あるいは直感的な定義ではなく，内積の本質を理解しているか否かは大きな違いとなります．内積では実数が大切なので本章は K ベクトル空間の K を主に $\mathbb{R}$ とします．

　内積の本質を知るために 3 章と 4 章に述べた線型写像，双線型写像，双対空間の定義を思い出しておきましょう．

　2つの K ベクトル空間 V と W に対して，写像 $f:V \to W$ が **K 線型写像**とは，1) 任意の $v_1, v_2 \in V$ に対して $f(v_1+v_2)=f(v_1)+f(v_2)$ と　2) 任意の $a \in K$ と $v \in V$ に対して $f(av)=af(v)$ とが成り立つことでした．このとき，V と W を固定して，このような線型写像全体を $\mathrm{Hom}_K(V, W)$ と記すこととしました．

　また，K ベクトル空間 U, V, W に対して，写像 $g:U \times V \to W$ が **K 双線型写像**とは，1) 任意の $u \in U$ に対して $g:\{u\} \times V \to W$ と，2) 任意の $v \in V$ 対して $g:U \times \{v\} \to W$ とがそれぞれ K 線型写像であることでした．

　次は**双対空間**についてです．V を K ベクトル空間としたとき，双対空間 V^* は $V^* := \mathrm{Hom}_K(V, K)$ と定義しました．ペアリングと称する操作として，

$$\langle\,,\,\rangle : V^* \times V \to K \qquad (1)$$

が，$u \in V^*$ と $v \in V$ に対して $\langle u, v \rangle := u(v)$ として与えられます．V が有限の n 次元空間の場合は，例えばその基底を $\{e_i\}$，つまり

$$V = Ke_1 + Ke_2 + \cdots + Ke_n$$

としたとき，V^* の基底 $\{b_i\}$ を $b_i(e_j) = \delta_{ij}$ と取ることが可能です．つまり，$\langle b_i, e_j \rangle = \delta_{ij}$ とすることです．$u \in V$ を縦ベクトル $u = \begin{pmatrix} u_1 \\ \vdots \\ u_n \end{pmatrix}$，$v \in V^*$ を横ベクトル $v = (v_1, \cdots, v_n)$ とすると

$$\langle u, v \rangle = u_1 v_1 + \cdots + u_n v_n$$

となります．これは内積に似てはいますが，**u と v の住んでいる空間が違うので，内積ではありません．**

6.1 内積

6.1.1 計量と広義の内積

ペアリングは (1) の形ですが，**内積は $V \times V \to K$ とする K 双線型写像の**ことです．そこで V を無限次元の場合も含め，**計量**という単射である線型写像

$$m : V \to V^*, \quad (\text{つまり } m \in \mathrm{Hom}_K(V, V^*))$$

を考えます[1]．V が有限次元 n の場合，m は転置(縦ベクトル u を横ベクトル u^t に)して行列 $M_m = (m_{ij}) \in \mathrm{Mat}_K(n)$ を右側から掛けるという操作 ($u \in V$ に対して，$m(u) \equiv u^t M_m \in V^*$) に相当します．$m$ が計量という場合，通常 $M_m = M_m^t ((m_{ij}) = (m_{ji}))$ となる**対称行列**であることも要請します

---

[1] 単射は 1 対 1 である写像のことです．単射性は定義 6.1 の**非退化条件に対応します．**m の像に限定すれば，逆写像 m^{-1} が存在します．有限元の場合は $\dim_K V^* = \dim_K V$ より m は全単射となります．

第6章 内積のはなし

が，M_m は必ずしも単位行列 I_n に一致しません[2]．

このとき，$(\,,\,)_m : V \times V \to K$ として

$$V \times V \xrightarrow{m \otimes \mathrm{id}} V^* \times V \xrightarrow{\langle\,,\,\rangle} K$$

が定義できます[3]．つまり，u と v を V から取ってきて，$M_m = (m_{ij})$ に対して

$$(u, v)_m = \sum_{i=1}^n \sum_{j=1}^n u_i m_{ij} v_j$$

となります．これが**広義の内積**と呼ばれるものです．計量を使わずに次のように定義もできます．

定義 6.1 K 双線型写像 $(\,,\,) : V \times V \to K$ が**広義の内積**であるとは以下を満たす：[4]

(1) 任意の元 $u, v \in V$ に対して，$(u, v) = (v, u)$

(2) 任意の元 $u \in V$ に対して，$(u, v) = 0$ となるのは $v = 0$ に限る．

(2) を**非退化条件**という．

(1) の対称性が対称行列 $M_m = M_m{}^t$ に対応します．(2) が m の単射性に対応します．(1) や (2) の条件を抜かしても多くの事は成立します．

6.1.2 正定値内積とエルミート内積

V を $\mathbb{R}$ ベクトル空間とします．狭義の内積とは特別な計量を使うことで

---

[2] K ベクトル空間 V と V^* の次元が同じ n なので，両者は同型，つまり全単射となる線型写像 f が存在します．$f \in \mathrm{GL}(K, n)$ は両者の基底の間に関係を与えますが，I_n とは限りません．

[3] $m \otimes \mathrm{id}$ は左側の V に m を作用させ，右側の V には何もしないという意味です．id は恒等写像を意味しています．

[4] 双線型写像：$(au_1 + bu_2, v) = a(u_1, v) + b(u_2, v)$ であり $(u, av_1 + bv_2) = a(u, v_1) + b(u, v_2)$ であるということです．

$\sqrt{(u, u)}$ が**ノルム**[5]となることを課したものです．（9.6 節のミンコフスキー空間のミンコフスキー計量はノルムとならない計量を持ちます．）通常以下の正定値内積を単に**内積**と呼びます[6]．

定義 6.2　$\mathbb{R}$ 双線型写像 $(\,,\,):V\times V\to\mathbb{R}$ が**正定値内積**であるとは以下を満たすことである：
(1) 任意の元 $u, v\in V$ に対して，$(u, v) = (v, u)$
(2) 任意の元 $u\in V$ に対して，$(u, u)\geqq 0$ であり，$(u, u) = 0$ となるのは $u = 0$ に限る．

$z\in\mathbb{C}$ の複素共役を $\bar{z}$ とし，$\mathbb{C}$ ベクトル空間 W に対し通常 $(u, v)_H = \bar{u}_1 v_1 + \cdots + \bar{u}_n v_n$ とするエルミート内積を定義しましょう．これは $\mathbb{C} = \mathbb{R} + \mathbb{R}\sqrt{-1}$ として W を $\mathbb{R}$ ベクトル空間と捉えたものです．

定義 6.3　$\mathbb{C}$ ベクトル空間 W に対して，$\mathbb{R}$ 双線型写像 $(\,,\,)_H:W\times W\to\mathbb{C}=\mathbb{R}+\mathbb{R}\sqrt{-1}$ が**エルミート内積**であるとは以下を満たすことである：
(1) 任意の元 $u, v\in W, a\in\mathbb{C}$ に対して，$(u, v)_H = \overline{(v, u)_H}$, $(\bar{a}u, v)_H = (u, av)_H = a(u, v)_H$ [7],
(2) 任意の元 $u\in W$ に対して，$(u, u)_H \geqq 0$ であり，$(u, u)_H = 0$ となるのは $u = 0$ に限る．

エルミート内積の計量行列 (m_{ij}) は $(\overline{m_{ji}}) = (m_{ij})$ を満たす**エルミート行列**[8]となります．本書の定義に従うと更に (2) の正定値性も満たしています．

---

[5] ノルムとはユークリッド空間の距離を一般化したものです．写像 $\|\ \|:V\to\mathbb{R}$ で，1) 正定値性：$\|v\|\geqq 0$, 2) 非縮退性：$\|v\| = 0$ ならば $v = 0$, 3) 斉次性：$\|av\| = |a|\|v\|$, 4) 劣加法性：$\|u+v\| \leqq \|u\| + \|v\|$ を満たすものを**ノルム**と呼びます．
[6] 9 章に示すように特殊相対性理論では我々の時空は正定値内積でない内積を持つ空間です．p.101 の対角化によって対角成分が全て正ならば正定値です．
[7] これは物理屋の慣習です．数学書では $(au, v)_H = (u, \bar{a}v)_H = a(u, v)_H$ とします．
[8] **エルミート行列** $A = (a_{ij})\in\mathrm{Mat}_\mathbb{C}(n)$ とは $A^* \equiv (\bar{a}_{ji}) = (a_{ij}) = A$ となる行列のことです．

第6章 内積のはなし

6.2 内積空間と直交性

K ベクトル空間 V には（計量 m に依存して）様々な内積が入ることを見ました．その内積のひとつ $(\,,\,)$ を選び，$(V, (\,,\,))$ のペアのことを**内積空間**と呼びます．V が有限次元の場合は**ヒルベルト空間**とも呼びます．無限次元の場合は**前ヒルベルト空間**と呼び，ノルムから定まる位相（付録 A を参照）による自然な拡張（完備化）によって**ヒルベルト空間**と呼ばれるものになります．内積空間には**直交**という概念が定義できます．V の要素 u と v が直交するとは $(u, v) = 0$ を意味します．V の部分ベクトル空間 U の**直交補空間** $U^\perp \subset V$ も定義でき，$U^\perp := \{v \in V | (u, v) = 0, \forall u \in U\}$ となります．これは双対空間 V^* の部分空間である**直交双対空間** $U^{*\perp} := \{v \in V^* | \langle v, u \rangle = 0, \forall u \in U\}$ と似て非なるものです．つまり，住んでる場所が違います．

6.2.1 グラム・シュミットの直交化

正定値内積を持った $\mathbb{R}$ ベクトル空間 $(V, (\,,\,))$ の一次独立な元達，つまり基底 $\{u_1, u_2, \cdots, u_n\}$ に対して，

$$v_1 := u_1, \quad v_2 := u_2 - \frac{(u_2, v_1)}{(v_1, v_1)} v_1, \quad \cdots, \quad u_\ell := u_\ell - \sum_{r=1}^{\ell-1} \frac{(u_\ell, v_r)}{(v_r, v_r)} v_r, \quad \cdots$$

及び $e_j := v_j / \sqrt{(v_j, v_j)}$ により，**正規直交基底** $\{e_j | j = 1, \cdots, n\}$

$$(e_i, e_j) = \delta_{i,j}$$

を得ることができます[9]．この直交化の手続きを**グラム・シュミットの直交化**と呼びます[10]．

---

[9] 物理では「正規直交」を「規格直交」と呼ぶことがあります．
[10] グラム（1850-1916）の 1883 年の論文よりヒルベルトの弟子のシュミット（1876-1959）が見つけた事からです．

6.2.2 ユークリッド内積

正規直交基底 $\{e_i\}$ より，通常よく知られた**ユークリッド内積**が定義されます．つまり，$u=\oplus_{i=1}^n u_i e_i$, $v=\oplus_{i=1}^n v_i e_i$ に対して（M_m を単位行列として）ユークリッド内積とは

$$(u, v) = u_1 v_1 + u_2 v_2 + \cdots + u_n v_n$$

のことです．このように我々の3次元空間では当たり前である**ユークリッド内積というものは，実は面倒な手続きの果に得られるもの**なのです[11]．このとき $\sqrt{(u, u)}$ を**ユークリッド距離**と呼びます．脚注5のノルムはこの距離を一般化したものです．

6.3 有限要素法

直交化を行わずに意味ある計算ができる例として，有限要素法の最も単純な例を紹介します．計量が単位行列にならない例です．関数を有限線型空間で近似し，その範囲でエネルギー積分を最小化するというシンプルな考え方が有限要素法のベースとなるものです．所謂，**最小原理**です．

6.3.1 有限要素法の最も単純な例

図6-1のように $[0, Na) \subset \mathbb{R}$ の両端を繋げた領域 S^1 とその上での関数の基底 φ_n を考えます．但し，$a\ (>0)$ は適当な実数で N は自然数とします．

$$\varphi_n(x) := \begin{cases} x - a(n-1), & x \in [a(n-1), an) \\ a(n+1) - x, & x \in [an, a(n+1)) \\ 0 & \text{それ以外} \end{cases}$$

φ_n により連続関数全体 $C^0(S^1, \mathbb{R})$ の部分集合，

---

[11] 逆にいうと，直交はとても奥深い概念なのです．

第6章 内積のはなし

$$\Omega := \left\{ \sum_{n=1}^{N} \alpha_n \varphi_n \mid \alpha_n \in \mathbb{R} \right\}$$

を定義します．φ_n の非零となる部分 $(a(n-1), a(n+1))$ が有限領域である事が有限要素法の基底の特徴です．$\Gamma := S^1 \setminus \cup_{n=0}^{N-1}\{an\}$ に制限すると[12]微分可能です．そこで，φ_n 達の微分に対応する．

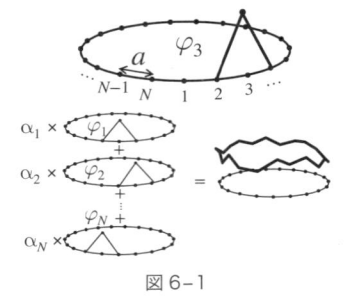

図 6-1

$$d\Omega := \left\{ \sum_{n=1}^{N} \beta_n \chi_n \mid \beta_n \in \mathbb{R} \right\}, \quad \chi_n(x) := \begin{cases} 1, & x \in [a(n-1), an) \\ -1, & x \in [an, a(n+1)) \\ 0 & \text{それ以外} \end{cases}$$

も導入しましょう．自然な対応により $\frac{d}{dx} : \Omega \to d\Omega$ とします．

内積: $\Omega \times \Omega \to \mathbb{R}$ として汎関数[13]を

$$E(f, g) := \frac{1}{2} \int_\Gamma \left(\left(\frac{d}{dx} f\right)\left(\frac{d}{dx} g\right) + \mu f g \right) dx \tag{2}$$

とします．$\mu > 0$ として $E(f, g)$ は正定値内積となります．有限要素法ではこれを直交化することなく計算します．$f = \sum \alpha_n \varphi_n$ とし $E(f, f)$ の変分問題を考えます．積分

$$\int_0^a x^2 dx = \frac{1}{3} a^3, \quad \int_0^a x(a-x) dx = \frac{1}{6} a^3, \quad \int_0^a dx = a$$

を考慮すると $E(f, f)$ は

$$E(f, f) = a \sum_{n=1}^{N} \alpha_n(\alpha_n - \alpha_{n+1}) + \frac{a^3}{6} \mu \sum_{n=1}^{N} \alpha_n(2\alpha_n + \alpha_{n+1})$$

となります．ここで最小原理に従って $E(f, f)$ の極値を得る α_n 達を同定しましょう．つまり，

$$\frac{\partial E(f, f)}{\partial \alpha_m} = 0$$

という極値問題を考えます．これは

---

[12] $A \setminus B := \{a \in A \mid a \notin B\}$．（付録 B.3.1 節参照）
[13] 関数空間を定義域とする関数（$\mathbb{R}$ への写像）を汎関数と呼びます．

$$\frac{a_{m+1}-2a_m+a_{m-1}}{a^2}-\mu\frac{a_{m+1}+4a_m+a_{m-1}}{6}=0 \tag{3}$$

となります．Na を固定して極限 $a\to 0$ を取ると

$$-\frac{d^2}{dt^2}f+\mu f=0$$

となります．式 (3) はこの微分方程式の近似となっています．これが有限要素法の考え方です．

有限要素法は (2) のようなエネルギーに相当する不変量が存在すれば何にでも適用可能ですし，格子の形状や間隔は自由に選べます [1, 2, 3]．このような自由度のお陰で有限要素法は産業的にも成功した計算技術でもあります[14]．

6.4 直交多項式

直交化により意味ある計算ができる例として，直交多項式の話をします [4, 5, 6, 7]．実数を係数に持つ多項式全体を $\mathbb{R}[x]$ として，$U\subset\mathbb{R}$ 上で定義された正値の重み関数 w により多項式 $f\in\mathbb{R}[x]$ に対して

$$\langle f\rangle_w:=\int_U f(x)w(x)dx$$

とすると，内積が以下のように定義できます：

$$(\ ,\ ):\mathbb{R}[x]\times\mathbb{R}[x]\to\mathbb{R},\ (f,g):=\langle fg\rangle_w.$$

$\mathbb{R}[x]$ の基底は $\mathbb{R}$ ベクトル空間として $\{1,x,x^2,\cdots\}$ であった事を思い出して，以下基底が x^ℓ と書けるときに直交化が簡単になることを見ましょう．

---

[14] コラム 6 で述べるように有限要素法は飛行機の構造力学から生まれました．構造力学の有限要素法プログラムとして NASTRAN という商用のソフトウエアがあります．NASA の宇宙開発に向け 1968 年にその最初のバージョンが NASA に収められたものです．

宇宙開発において，旧ソ連が 1961 年にガガーリン (1934-1968) を飛ばした際には，解析解と摂動論をベースにその軌道計算からロケットの構造計算，設計を行ったと思われます．1969 年 7 月の初の月面人類着陸に間に合ったとは思いませんが，1961 年のケネディ大統領 (1917-1963) の「米国が 60 年代の終わりまでに月着陸を実現させたい」という米国の宇宙計画に従って，NASA は有限要素法プログラムの作成まで準備し，遂行していたのだということに米国らしさを感じます．大事業を前に道具を磨くことから始めるというシステム化した科学と技術の幾つかの神話の 1 つの例を良くも悪くも，この宇宙事業に見ることができます．

第6章 内積のはなし

そのために $\tau_n \in \mathbb{R}$ と $\psi_n \in \mathbb{R}[x]$ を導入します．

$$\tau_n := \begin{vmatrix} \langle 1 \rangle_w & \langle x \rangle_w & \cdots & \langle x^n \rangle_w \\ \langle x \rangle_w & \langle x^2 \rangle_w & \cdots & \langle x^{n+1} \rangle_w \\ \vdots & \vdots & \ddots & \vdots \\ \langle x^n \rangle_w & \langle x^{n+1} \rangle_w & \cdots & \langle x^{2n} \rangle_w \end{vmatrix},$$

$\tau_{-1} = 1$．また，行列式の定義に従って形式的に

$$\psi_n := \frac{1}{\sqrt{\tau_{n-1}\tau_n}} \begin{vmatrix} \langle 1 \rangle_w & \langle x \rangle_w & \cdots & \langle x^n \rangle_w \\ \langle x \rangle_w & \langle x^2 \rangle_w & \cdots & \langle x^{n+1} \rangle_w \\ \vdots & \vdots & \ddots & \vdots \\ \langle x^{n-1} \rangle_w & \langle x^n \rangle_w & \cdots & \langle x^{2n-1} \rangle_w \\ 1 & x & \cdots & x^n \end{vmatrix},$$

とします．ψ_n は n 次の多項式です．このとき次が言えます．

> **命題 6.4** (1) $(\psi_n, \psi_m) = \delta_{m,n}$, $\mathbb{R}[x] = \bigoplus_{n=1}^{\infty} \mathbb{R}\psi_n$,
> (2) $a_{n+1}\psi_{n+1} + b_n\psi_n + a_n\psi_{n-1} = x\psi_n$,
> 但し，$a_n := (x\psi_n, \psi_{n-1})$, $b_n := (x\psi_n, \psi_n)$.

(1)より $\{\psi_n\}$ は $\mathbb{R}[x]$ の**正規直交基底**である事が判ります．(2)はそれらを逐次的に与えます．

証明：基底になっていることは ψ_n の次数より自明です．$\langle \psi_n x^\ell \rangle_w$ は

$$\frac{1}{\sqrt{\tau_{n-1}\tau_n}} \begin{vmatrix} \langle 1 \rangle_w & \langle x \rangle_w & \cdots & \langle x^n \rangle_w \\ \vdots & \vdots & \ddots & \vdots \\ \langle x^{n-1} \rangle_w & \langle x^n \rangle_w & \cdots & \langle x^{2n-1} \rangle_w \\ \langle x^\ell \rangle_w & \langle x^{\ell+1} \rangle_w & \cdots & \langle x^{n+\ell} \rangle_w \end{vmatrix}.$$

行列式の性質より $n > \ell$ の場合にゼロとなります．従って，$n > \ell$ に対して $\langle \psi_n \psi_\ell \rangle_w = 0$ となります．$\langle \psi_n \psi_\ell \rangle_w = \langle \psi_\ell \psi_n \rangle_w$ より，$n < \ell$ の場合もゼロとなります．$n = \ell$ のとき

$$\langle \psi_n \psi_n \rangle_w = \left\langle \psi_n \frac{\tau_{n-1}}{\sqrt{\tau_{n-1}\tau_n}} x^n \right\rangle_w = 1$$

となります．分子の τ_{n-1} は行列式の x^n の係数より来ます．これより(1)は証明されます．$x\psi_n$ は次数を考えると $x\psi_n = \sum_{j=0}^{n+1} c_j \psi_j$ と展開できます．(1)を利用して，ψ_i を左から掛けて，内積を取ることで $a_{n+1} = c_{n+1}$, $b_n = c_n$, $a_{n-1} =$

c_{n-1}, $c_j = 0$ $(j < n-1)$ である事が判り (2) が証明できます．■

> **補題 6.5**　$0 \leq \ell \leq k$, $1 \leq n$ に対して
> $$\int_U \frac{d}{dx}\Big(x^\ell \frac{d^{n-1}}{dx^{n-1}} \widehat{w}(x)\Big)dx = 0$$
> と仮定した場合，$f(x)$ を k 次の多項式とした際に
> $$(-1)^n \Big\langle \frac{d^n}{dx^n} f(x) \Big\rangle_{\widehat{w}} = \Big\langle f(x) \frac{1}{\widehat{w}} \frac{d^n}{dx^n} \widehat{w} \Big\rangle_{\widehat{w}}.$$

証明：右辺 $\int_U f(x) \frac{d^n}{dx^n} \widehat{w}(x) dx$ は

$$= \int_U \Big[\frac{d}{dx}\Big(f(x) \frac{d^{n-1}}{dx^{n-1}} \widehat{w}(x)\Big) - \Big(\frac{d}{dx} f(x)\Big) \frac{d^{n-1}}{dx^{n-1}} \widehat{w}(x)\Big] dx$$

$$= -\Big\langle \Big(\frac{d}{dx} f(x)\Big) \frac{1}{\widehat{w}} \frac{d^{n-1}}{dx^{n-1}} \widehat{w}(x)\Big\rangle_{\widehat{w}}.$$

これを利用すると得られます．■

6.4.1 直交多項式の例

1. ルジャンドル多項式 [4]　$P_n(x)$, $(w(x) = 1, U = (-1, 1))$:

$$P_n(x) = \sqrt{\frac{2}{2n+1}} \psi_n(x)$$

$$= \frac{1}{2^n} \sum_{k=0}^{\lfloor \frac{n}{2} \rfloor} (-1)^k x^{n-2k} \frac{(2n-2k)!}{k!(n-k)!(n-2k)!}$$

$$= \frac{1}{2^n n!} \frac{d^n}{dx^n} (x^2 - 1)^n,$$

微分の等式は別の重み関数により得られます[15]．

$$P_0(x) = 1, \quad P_1(x) = x, \quad P_2 = \frac{1}{2}(3x^2 - 1), \cdots$$

$\widehat{w}_0(x) := (1 - x^2)$ として

$$E = \int_U \widehat{w}_0 \Big(\Big(\frac{d}{dx} \phi\Big)^2 - \frac{n(n-1)}{\widehat{w}_0(x)} \phi^2\Big) dx$$

---

[15] 補題 6.5 で $f(x) = d^k(x^2-1)^k/dx^k$，新たな重み $\widehat{w}(x) = (x^2-1)^n$ を考えればよいのです．

第6章 内積のはなし

が重要な不変量となりますし，$L = -\dfrac{1}{w_0}\dfrac{d}{dx}\widehat{w_0}\dfrac{d}{dx}$ の固有方程式と関連することとなります．また，母関数は

$$\frac{1}{\sqrt{1-2tx+t^2}} = \sum_{n=0}^{\infty} t^n P_n(x)$$

となります[16]．

2. エルミート多項式 [4] $H_n(x), (w(x) = e^{-x^2}, U = (-\infty, \infty))$:
$H_n(x) = (-1)^n e^{x^2} \dfrac{d^n}{dx^n} e^{-x^2}$．母関数は $e^{-t^2+2xt} + \displaystyle\sum_{n=0}^{\infty} \dfrac{H_n(x)}{n!} t^n$ です．

その他，**ラゲール多項式** $(w(x) = e^{-x}, U := (0, \infty))$ や**チェビシェフ多項式** $(w(x) = (1-x^2)^{-1/2}, U := (-1, 1))$ などが直交多項式として知られています[4]．**ベッセル関数**も工夫をすることで，直交多項式として理解することができます．固有値の数値的解法等への直交多項式の応用は[7]にあります．

6.5 多重ガウス積分

ファインマン (1918-1988) によって得られた経路積分という手法は汎関数積分という考え方を産み，素粒子論，統計力学を始め場の理論として世界を記述する数学的手法 (数学的に完全に正当化されているわけではありませんが) を提供してくれます[8]．それらの基本は以下の積分です．

定理 6.6 正定値内積を与える計量 $A \in \mathrm{Mat}_{\mathbb{R}}(n)$ と $\beta > 0$ に対して，
$$Z[A] := \int du_1 du_2 \cdots du_n \exp(-\beta u^t A u)$$
を定義すると，以下のように計算される．
$$Z[A] = \sqrt{\frac{\pi^n}{\beta^n \det A}}.$$

---

[16] $\mathbb{R}^2$ の元 u と v を $u = (r_u, \theta_u)$, $v = (r_v, \theta_v)$ と半径と角度による極座標表示します．この時，$t := r_v/r_u$ より，$(u-v, u-v) = r_u^2(1 - 2t\cos(\theta_u - \theta_v) + t^2)$ となります．$x = \cos(\theta_u - \theta_v)$ とすることで，母関数と深く関わります．

この証明をしましょう．まずは，基本的なガウス積分を考えましょう．

> **補題 6.7** $\alpha > 0$ に対して，
> $$\int dx \exp(-\alpha x^2) = \sqrt{\frac{\pi}{\alpha}}.$$

証明：少し，テクニカルです．左辺の二乗を考えます．x は被積分変数ですので，一つを y とすると $e^{-\alpha x^2} e^{-\alpha y^2} = e^{-\alpha(x^2+y^2)}$ より $\left(\int dx e^{-\alpha x^2}\right)^2 = \int dx dy \, e^{-\alpha(x^2+y^2)}$
$= \int_0^{2\pi} d\theta \int_0^\infty r dr \, e^{-\alpha r^2} = \pi \int_0^\infty dt e^{-\alpha t} = \frac{\pi}{\alpha}$． ∎

5章のヤコビ行列式の説明より次は自明です．

> **補題 6.8** $\det U = 1$ となる変換 $v = Uu$ に対して
> $$du_1 \cdots du_n \equiv du_1 \wedge \cdots \wedge du_n = dv_1 \wedge \cdots \wedge dv_n.$$

定理 6.6 の証明：対称行列 $A = A^t$ に対し，$U^t = U^{-1}$ かつ $D = UAU^{-1}$ で
$$D = \begin{pmatrix} d_1 & & & \\ & d_2 & & \\ & & \ddots & \\ & & & d_n \end{pmatrix}$$
となる U が存在することが知られています．**対角化**と呼ばれるものです．対角線以外はゼロで，正定値性により $d_i > 0$ です．$v = Uu$ とすることで，$u^t A u = \sum_i d_i v_i^2$ となり，定理が証明されます． ∎

6.3 節の有限要素法と組み合わせ $\xi_n := \alpha_n \varphi_n \in \Omega$ を $\alpha_n \in \mathbb{R}$ と同一視して，
$$Z_\infty := \lim_{N \to \infty} \left(\prod_{k=1}^N d\xi_k\right) e^{-\beta \sum_{i,j=1}^N E(\xi_i, \xi_j)}$$
なるものが定義できるとしたとき，適当な f, g に対して $E(f, g) = \frac{1}{2} \int_{S^1} f\left(-\frac{d^2}{dx^2} + \mu\right) g$ と書ける事より，Z_∞^2 が $\frac{1}{\det\left(-\frac{d^2}{dx^2} + \mu\right)}$ に比例すると見るのが場の理論の基礎です．$E(f, f)$ **の最小値のみではなくすべての状態を取り扱うという，場の理論の思想が垣間見えます**．同じ立場で，そのグ

101

第6章 内積のはなし

ラスマン数版なるものを $Z_G^2 := \det\left(-\dfrac{d^2}{dx^2}+\mu\right)$ と定義します．（問題 9.2 を参照）

> **Tip of the Day**
>
> ポポフ（1937–1994）の本 [8] を独学で読むことは難しいかもしれませんが，[8] は「数学」という言葉で表現する理論物理の醍醐味を与えてくれます．現代流の厳密な数学ではありませんが，単純な自由エネルギーと定理 6.6，そしてそのグラスマン数版を使うことで，場の理論の基礎から，超流動，超伝導など現実の物理現象が数学で記述されます．それはアルキメデス（287–212 B.C.），デカルト（1596–1650），ベルヌーイ一家，オイラー，リーマン，ディラック（1902–1984）の延長線にある「**自然を記述する数学の力**」を感じさせてくれます．

参考文献

[1] 藤井大地 Excel で簡単にシミュレーション！建築デザインと最適構造 丸善 2008 年
[2] 菊地文雄，岡部政之 有限要素システム入門 日科技連出版社 1986 年
[3] 五十嵐一，亀有昭久，加川幸雄，西口磯春，A. ボサビ，新しい計算電磁気学 培風館 2003 年
[4] 時弘哲治 工学における特殊関数 共立出版 2006 年
[5] K. Sogo, *Time-Dependent Orthogonal Polynomials and Theory of Soliton Applications to Matrix Model, Vertex Model and Level Statistics* J. Phys.Soc. Jpn. 62（1993）1887–1894．
[6] U. Grenander, G. Szegö, Toeplitz Forms and Their Applications, Chelsea Publ., 1955．
[7] 中村佳正 可積分系の機能数理 共立出版 2006 年
[8] V. N. Popov, Functional Integrals and Collective Excitations (Cambridge Monographs on Mathematical Physics) 1991

問題 6.1

$\mathbb{R}$ ベクトル空間 $\mathbb{C} = \mathbb{R} \oplus \mathbb{R}\sqrt{-1}$ に対して $\mathbb{R}^2$ から定まるユークリッド内積を定義し，内積と角度の関係，またエルミート内積との対応，更に問題 5.2 との対応を考えよ．

問題 6.2

周期条件を課した実軸上の $\mathbb{C}$ 値連続関数 $f, g \in \mathcal{C}^0(S^1, \mathbb{C})$ に対して積分 $(f, g)_H := \int_{S^1} ds \, \overline{f(s)} g(s)$ を考える．

1) $(f, g)_H$ は $\mathbb{C}$ への $\mathbb{R}$ 双線型写像であり，エルミート内積の定義 6.3 (1) を満たす事を示せ．

2) 非負値連続関数全体を $\mathcal{C}^0(S^1, \mathbb{R}_{\geq 0})$ とするとき，$f \in \mathcal{C}^0(S^1, \mathbb{C})$ に対して $\overline{f(s)} f(s) \in \mathcal{C}^0(S^1, \mathbb{R}_{\geq 0})$ を示せ．

3) もしも，非負値連続関数 $h \in \mathcal{C}^0(S^1, \mathbb{R}_{\geq 0})$ に対して $\int_{S^1} ds \, h(s) = 0$ ならば h が 0 値関数とある種の同値関係があり，付録 B.2 節の意味で $h = 0$ と見なすことができると仮定すると，$(f, g)_H$ はエルミート内積の定義 6.3 の (2) を形式的に満たす事を確かめよ．つまり，$(f, g)_H$ は仮定の下では形式的にエルミート内積である．（同値関係，同値類については付録 B.2 節，この測度に関わる同値関係については付録 A.9 節を参照のこと）

4) $A \in \mathcal{C}(S^1, \mathbb{R})$ に対して，$(f, g)_A := (f, Ag)_H$ が上記の意味で形式的にエルミート内積となる条件を示せ．このとき，それらの集合はベクトル空間とならない事を示せ．

第6章 内積のはなし

問題 6.3

周期条件を課した実軸上の $\mathbb{C}$ 値 2 回微分可能関数 $\mathcal{C}^2(S^1, \mathbb{C})$ は，問題 6.2 と同様に $f, g \in \mathcal{C}^2(S^1, \mathbb{C})$ に対し $(f, g)_H$ とする形式的エルミート内積を持つ．このとき，$(f, g)_{-\frac{d^2}{ds^2}} := \left(f, -\frac{d^2}{ds^2}g\right)_H$ も問題 6.2 と同様の意味でエルミート内積となる事を確かめよ．

問題 6.4 ☆

多項式 $\mathbb{R}[x]$ は $\mathbb{R}$ ベクトル空間となり，その部分空間 U_n を $U_n := \bigoplus_{i=1}^{n} \mathbb{R} x_i$ とする．このとき任意の有限の数列 $(x_a)_{a=1,...,n}$ と $(y_a)_{a=1,...,n}$ を用意し，$f(x_a) = y_a$ となる $(n-1)$ 次多項式 $f(x) = \sum_{i=0}^{n-1} a_i x^i \in U_n$ を求める問題を考える．そのために，次の行列 V_n，ベクトル a, y を定義する：

$$V_n := \begin{pmatrix} 1 & 1 & \cdots & 1 \\ x_1 & x_2 & \cdots & x_n \\ x_1^2 & x_2^2 & \cdots & x_n^2 \\ \vdots & \vdots & \ddots & \vdots \\ x_1^{n-1} & x_2^{n-1} & \cdots & x_n^{n-1} \end{pmatrix}, \quad a := \begin{pmatrix} a_0 \\ a_1 \\ a_2 \\ \vdots \\ a_{n-1} \end{pmatrix}, \quad y := \begin{pmatrix} y_1 \\ y_2 \\ y_3 \\ \vdots \\ y_n \end{pmatrix}.$$

1) $\det V_n$ を van der Monde 行列式と呼ぶ．$\det V_n = \prod_{i<j}(x_i - x_j)$ を示せ．

2) $X := (1, x, x^2, ..., x^{n-1}) \in U_n$，$V_n^t$ は V_n の転置行列とし，ブロック行列表示（それぞれの位置に上記の行列を当てはめる）として

$$V_{n,x} := \begin{pmatrix} V_n^t & y \\ X & x^n \end{pmatrix}$$

を定義した際，$h(x) := \det V_{n,x} / \det V_n$ は $h(x) = x^n - f(x)$ となる事を確かめよ．問題 5.3 を参照せよ．

3) $h(x) = x^n - \sum_{i=1}^{n} \dfrac{y_i \prod_{j \neq i}(x - x_j)}{\prod_{j \neq i}(x_i - x_j)}$ となる事を確かめよ．等式 $f(x) =$

$\sum_{i=1}^{n} \frac{y_i \prod_{j \neq i}(x - x_j)}{\prod_{j \neq i}(x_i - x_j)}$ は**ラグランジュ補間**と呼ばれ，点列 $(x_a, y_a)_{a=1,\ldots,n}$ を補間する補間関数として知られている．

問題 6.5 ☆

複素関数論によると $n \in \mathbb{Z}$ に対して $\langle z^n \rangle := \frac{1}{2\pi\sqrt{-1}} \oint \frac{dz}{z} z^n = \delta_{n,0}$ である事が知られている．$\mathbb{C}$ 係数多項式環 $\mathbb{C}[z] \equiv \left\{ \sum_{n=0}^{N} a_n z^n \mid a_n \in \mathbb{C}, N \text{ は有限} \right\}$ の対となる空間として $\mathbb{C}[z^{-1}]$ を導入し，$m: \mathbb{C}[z] \to \mathbb{C}[z^{-1}]$ を $m := \sum a_n z^n \mapsto \sum \overline{a}_n z^{-n}$ とする．

1) $f, g \in \mathbb{C}[z]$ に対して，$(f, g) := \langle m(f) g \rangle$ はエルミート内積となる事を示し，問題 6.2 と比較せよ．

2) z を $|z| = 1$ に制限し，$z = \mathrm{e}^{\sqrt{-1}\theta}$ として上記を書き直せ．

3) $w = \sum \overline{b}_n z^{-n} \in \mathbb{C}[z^{-1}]$ に対して，$\langle z^n \rangle_w := \langle w z^n \rangle$ とした際の 6.4 節の τ の類似のものを書き下せ．これは最大エントロピー法等で重要となるテープリッツ形式 [5 章:8] と関連する．

Column 6

有限要素法と最小原理を巡るはなし

リーマン

最小原理(変分原理)と有限要素法を巡ってはあまり知られていませんが,純粋数学,応用数学を横断する面白い歴史的な背景があります.少し長い話ですが,紹介しましょう.

6.3 節の有限要素法で取り上げたエネルギー汎関数 (2) とは少し異なりますが,汎関数 $\int dz d\bar{z} (\partial f)(\bar{\partial} f)$ を最小にすることにより**調和関数(ラプラス方程式** $\bar{\partial}\partial f = 0$ **の解** f)を特徴付ける手法を**リーマン**(1826–1866)はディリクレの原理と呼びました [1]. この事実の発見は,**ディリクレ**(1805–1859)に帰するものではなく,ガウス(1777–1855)やトムソン(1824–1907)達もすでに知っていたようですが [1],ディリクレの原理と今日でも呼ばれています.調和関数のはしりです.

リーマンは 1857 年の論文で**閉リーマン面上アーベル関数の理論**を構築し,リーマン面上の関数の存在定理をこのディリクレ原理による最小原理から証明しました.他方,リーマンのような直感的でかつ見通しのよいものではなかったのですが,**ワイエルシュトラス**(1815–1897)は 1854 年に精密な議論をし,特殊な閉リーマン面である超楕円曲線に関するものだけについて同種の理論を提出していました.その影響があったかどうかは不明ですが,ワイエルシュトラスはリーマンのディリクレ原理の証明にギャップがある事を指摘しました.関数の極限については慎重な取り扱いが必要である事を指摘したのです.例えば,無限回微分可能な関数のある極限は微分不可能な関数となり得るのです.ワイエルシュトラスは証明には不満を述べましたが,リー

マンの存在定理は正しいと信じ，関数の厳密な定義やアーベル関数の整備を行い，同時に弟子のシュヴァルツ（1843–1921）に別証明を目指すように提言するなど，証明を試みました．（シュヴァルツの使った手法は現在，有限要素法等の数値計算の高速計算手法であるシュヴァルツ法として知られている方法です．）結局ディリクレ原理に従ったアプローチでの証明はヒルベルト（1862–1943）が 1900 年に完成させます．この証明は，代数幾何学的にはワイル（1885–1955），ホッジ（1903–1975）らに受け継がれ，代数的関数のホッジ構造の研究に結びつき，現代代数幾何学の基礎となりました[2]．

他方，**有限要素法**の発見はボーイング社の Turner, Clough, Martin, Topp らの 1956 年の**構造力学**の論文によると言われています[4]．しかしながら，ヒルベルトは 1900 年以降も変分法の研究を**クーラント**（1888–1972）と引き続き進め，その延長線上でクーラントは 1942 年に有限要素法の原型を先んじて発見します[3]．Clough はクーラントらの仕事を 1960 年代まで知らなかったと明確に述べていますが[4]，1953 年に Martin がクーラントの流れを汲む Prager をワシントン大学に招いて Turner, Clough, Martin らが関連する講義を受けたという話[6 章:1] や，Martin の遺品にはクーラントの講義録が残されていた[6 章:2] 等の話があるようです．真実は判りませんが，**ディリクレ原理の系譜としての有限要素法を眺めることは不自然ではない**かもしれません．少なくも，その後の有限要素法の基礎となったリッツ（1878–1909）やガレルキン（1871–1945）らの研究は系譜と認められます[5]．

また，**ディリクレ原理の原型**は 1738 年にダニエル・ベルヌーイ（1700–1782）がオイラー（1707–1783）に送った手紙にあります．それは梁の曲げの形状を求める問題（エラスティカ問題：10.2.3 節）の研究時の発見で，変分法の発見のきっかけとなり，楕円積分やレムニスケート曲線の発見のきっかけともなりました[6]．つまり，**少なくとも最小原理の発見と普及において構造力学が重要な役割を果たした**のです．これは純粋数学と実用数学との関係を考える上で，とても面白い事実です[6,7]．

このように数学の発展を歴史や社会と共に眺めることは数学に深みと広がりを与えます[8]．何の為にどのような人々が構築した理論かを知ることで，その自然さ，強み弱みも判るようになるのです．

［1］F. クライン（石井省吾, 渡辺弘訳）　クライン：19 世紀の数学　共立出版 1995 年
［2］S-T. Yau, *Complex geometry : Its brief history and its future*, Science in China Ser. A Math. 48, (2005) 47–60.
［3］F. Williamson Jr., *R. Courant and the finite element method*, Hist. Math., 7, (1980) 369–78.
［4］R. W. Clough and E. L. Wilson, *Early finite element research at Berkeley*, Proc. 5th US National. Conf. Comp. Mech., Boulder, 1999.
［5］M. J. Gander and G. Wanner, *From Euler, Ritz and Galerkin to Modern Computing*, SIAM Review 54, (2012) 627–666.
［6］C. Truesdell, *The Influence of Elasticity on Analysis : The Classic Heritage*, Bull. Amer. Math. Soc. 9 (1983) 293–310.
［7］A. ヴェイユ（足立恒雄, 三宅克哉）数論—歴史からのアプローチ　日本評論社　1987 年
［8］しみずともこ, 山下純一　数学は燃えているか　現代数学社　2011 年

第7章 線型変換群のはなし

本章では K ベクトル空間 V の**線型変換**を考えます[1]．その例として**SO(3)のオイラー表現**や $\mathrm{SL}(2,\mathbb{R})$ の応用として**ガウス光学**の話をします．

V の線型変換とは線型写像 $f:V\to V$ のことで，**自己準同型写像**とも呼びました．全ての自己準同型写像を集めた集合を $\mathrm{End}_K(V)$ と記し，V が n 次元の場合は $\mathrm{End}_K(V)$ は $n\times n$ の K 係数行列全体である $\mathrm{Mat}_K(n)$ と同一視できました．

$f,g\in \mathrm{End}_K(V)$ に対し，写像の合成 $f\circ g$ を fg と考えることで，$\mathrm{End}_K(V)$ には掛け算が定義できます．K ベクトル空間(加法群)でかつ積が自然に定義されるものを K 代数(環)と呼びますので[2]，$\mathrm{End}_K(V)$ は K 代数であり，V が n 次元の場合は，$\mathrm{Mat}_K(n)$ と同一視して行列代数あるいは行列環と呼びます．

本章の話では主にこの掛け算のみに着目してその深みを体感しましょう．たし算のことは以下の**リー環**というところ以外では忘れることにします．

7.1 準備

7.1.1 群

掛け算に着目することで**線型変換から定まる群の構造**を眺めることを目指します．何度かしている群の定義を再度ここでしておきます．

---

[1] K は実数全体 $\mathbb{R}$ か複素数全体 $\mathbb{C}$ か有理数全体 $\mathbb{Q}$ です．
[2] 付録 B.1 節を参照．

第7章 線型変換群のはなし

定義7.1 集合 G と演算 $*$ のペア $(G, *)$ が**群**とは，任意の $g_1, g_2 \in G$ に対し $g_1 * g_2$ が G の元となり，任意の $g_1, g_2, g_3 \in G$ に対し $(g_1 * g_2) * g_3 = g_1 * (g_2 * g_3)$ となり，以下を満たす場合である．略して G を群と呼ぶ．

1) 全ての $g \in G$ に対し $g * e = e * g = g$ となる G の元 e が存在し，(e を**単位元**と呼ぶ．)

2) 全ての $g \in G$ に対し $g * h = h * g = e$ となる G の元 h が各 g に対して唯一存在する．h を g の**逆元**と呼び，$h = g^{-1}$ と記す．

7.1.2 線型変換群

無限次元も含め V を K ベクトル空間とします．合成写像を積，恒等写像を単位元として，$\mathrm{End}_K(V)$ の内，逆写像が存在する元の集合（つまり，全単射な元全体がなす部分集合）は群となります．それを

$$\mathrm{GL}(V) := \{ f \in \mathrm{End}_K(V) \mid f^{-1} \in \mathrm{End}_K(V) \}$$

と記し，**一般線型変換群**（**一般線型群**）と呼びます．問題3.2や12.1節に示すように，無限次元の場合も含め線型空間の性質は次元のみで多くは定まります．しかし，具体的な問題を取り扱う際には同じ次元を持つベクトル空間間の基底の変換は極めて重要です．その際，活躍するのがこの一般線型変換群です．

V が有限の n 次元空間のときは逆写像は逆行列のことですから

$$\mathrm{GL}(n, K) := \{ A \in \mathrm{Mat}_K(n) \mid \det A \neq 0 \}$$

とすることで $\mathrm{GL}(V)$ と $\mathrm{GL}(n, K)$ とが同一視できます．行列式は $\det(AB) = \det(A)\det(B)$ という性質のために，$\mathrm{GL}(V)$ は積に関して閉じています．従って，積のみの性質をしばらく眺めます．

因みに，$\mathrm{GL}(V)$ はたし算に関しては閉じていません．例えば，$\det\left(\begin{pmatrix} 1 & 0 \\ 0 & 1 \end{pmatrix} + \begin{pmatrix} 0 & 1 \\ 1 & 0 \end{pmatrix}\right) = 0$ です．

7.2 リー群の例

リー群とは,ラフに言って群でかつ『微分可能な多様体』のことです[3][1].(『微分可能な多様体』の最低限のことに関しては 13 章を参照.)

ここではもう少し素朴な**古典リー群**と呼ばれるものを紹介します[1].これらは,ベクトル空間のある種の性質をそれぞれ保存する線型変換群の特別なものとして現れます.コマの運動,ロボットの制御,分子動力学,量子力学等,様々なものに有用です.

$A := (a_{ij}) \in \mathrm{Mat}_K(n)$ に対して**転置** $A^t := (a_{ji})$ や[4], $B := (z_{ij}) \in \mathrm{Mat}_{\mathbb{C}}(n)$ に対して**エルミート共役** $B^* := (\overline{z}_{ji})$ を利用して[5],それらの定義を正確にまずは与えておきましょう.

1. 特殊線型変換群(特殊線型群):

$$\mathrm{SL}(n, K) := \{A \in \mathrm{GL}(n, K) \mid \det A = 1\}.$$

2. ユニタリー群:

$$\mathrm{U}(n) := \{A \in \mathrm{GL}(n, \mathbb{C}) \mid A^* = A^{-1}\}.$$

$\mathrm{U}(n)$ はエルミート内積 $(,)_H$ を保存します.つまり,$u, v \in \mathbb{C}^n, A \in \mathrm{U}(n)$ に対して,$(u, v)_H = (Au, Av)_H$ となります.

3. 特殊ユニタリー群:

$$\mathrm{SU}(n) := \{A \in \mathrm{U}(n, \mathbb{C}) \mid \det A = 1\}.$$

---

[3] より正確には演算が微分可能になることも必要です.

[4] 転置は物理では A^t,数学では $^t A$ と表示します.

[5] 数学では $z \in \mathbb{C}$ に対して複素共役は $\overline{z}$ と表現するのですが,物理では z^* を使ったりします.そのため,物理ではエルミート共役を $U^\dagger$ と書いたりします.本稿では数学の記法にあわせます.但し,エルミート積に関しては物理の方が自然なのでそちらを採用します.物理ではエルミート内積は $(u, v)_H := \sum_i \overline{u}_i v_i$ ですが,数学では $(u, v)_H = \sum_i u_i \overline{v}_i$ を主に使います.

第7章 線型変換群のはなし

4. 直交変換群（直交群）：

$$\mathrm{O}(n) := \{A \in \mathrm{GL}(n, \mathbb{R}) \mid A^t = A^{-1}\}.$$

$\mathrm{O}(n)$ はユークリッド内積 $(\,,\,)_E$ を保存します．つまり，$u, v \in \mathbb{R}^n$，$A \in \mathrm{O}(n)$ に対して，$(u, v)_E = (Au, Av)_E$ となります．

5. 特殊直交変換群（特殊直交群）：

$$\mathrm{SO}(n) := \{A \in \mathrm{O}(n) \mid \det A = 1\}.$$

$\mathrm{SO}(n)$ は更に向きを保存します．つまり，$A \in \mathrm{SO}(n), u_1, \cdots, u_n \in \mathbb{R}^n$ に対して $u_1 \wedge \cdots \wedge u_n = (Au_1) \wedge \cdots \wedge (Au_n)$ となります．

6. シンプレクティック群：

$$\mathrm{Sp}(2n) := \{A \in \mathrm{GL}(2n, \mathbb{R}) \mid A^t J A = J\}.$$

但し，J は $J := \begin{pmatrix} 0 & I_n \\ -I_n & 0 \end{pmatrix}$ で，$I_m \in \mathrm{Mat}_{\mathbb{R}}(m)$ は単位行列です．シンプレクティック群は**シンプレクティック積**を保存し力学系や後で示す光学と深く関わります．$\mathbb{R}^{2n}$ の元 u と v をそれぞれ $\mathbb{R}^n$ の元 u_+, u_-, v_+, v_- により $u = (u_+, u_-), v = (v_+, v_-)$ とし，**シンプレクティック積** $(\,,\,)_S : \mathbb{R}^{2n} \times \mathbb{R}^{2n} \to \mathbb{R}$ として $(u, v)_S := (u_+, v_-)_E - (u_-, v_+)_E$ と定義します．このとき $A \in \mathrm{Sp}(2n)$ に対して $(u, v)_S = (Au, Av)_S$ となります．これらは，代数曲線符号や暗号等でも重要です．

7.3 SO(3)のオイラー表現とSU(2)の表現

直交変換群 $\mathrm{SO}(n)$ の構成方法について記します．

SO(2)：2次元直交変換群 $\mathrm{SO}(2)$ の元は適当なパラメータ $\theta \in \mathbb{R}$ を利用して，

$$G_\theta^{\mathrm{SO}(2)} = \begin{pmatrix} \cos\theta & -\sin\theta \\ \sin\theta & \cos\theta \end{pmatrix}$$

と表現できます．実際，計算してみると $(G_\theta^{SO(2)})^t G_\theta^{SO(2)} = I_2$，但し I_2 は単位行列です．2次元のデカルト座標の回転により正規直交基底を正規直交基底に変換します．つまり

$$G_\theta^{SO(2)} \begin{pmatrix} u_1 \\ u_2 \end{pmatrix} = \begin{pmatrix} u_1 \cos\theta - u_2 \sin\theta \\ u_1 \sin\theta + u_2 \cos\theta \end{pmatrix}$$

となり，$(u, v) = (G_\theta^{SO(2)} u, G_\theta^{SO(2)} v)$ となります．作用の前後で内積が保存しています．

SO(3)： SO(3) の任意の元 G に対して，$G = G_{\psi,\theta,\varphi}^{SO(3)}$ となる3つのパラメータ $\theta, \varphi, \psi \in \mathbb{R}$ が存在して，

$$G_{\psi,\theta,\varphi}^{SO(3)} := G_{x-y,\psi}^{SO(3)} G_{z-x,\theta}^{SO(3)} G_{x-y,\varphi}^{SO(3)},$$

$$G_{x-y,\varphi}^{SO(3)} := \begin{pmatrix} \cos\varphi & -\sin\varphi & \\ \sin\varphi & \cos\varphi & \\ & & 1 \end{pmatrix}, \quad G_{z-x,\theta}^{SO(3)} := \begin{pmatrix} \cos\theta & & \sin\theta \\ & 1 & \\ -\sin\theta & & \cos\theta \end{pmatrix},$$

と表現できます．つまり，図7-1(a)のように SO(3) の元は3軸での SO(2) の回転の順繰りの操作で表現されます．この表現を**オイラー表現（オイラー表示）**と呼びます．これはオイラー(1707-1783)がコマの運動を研究する際に見つけたというもの

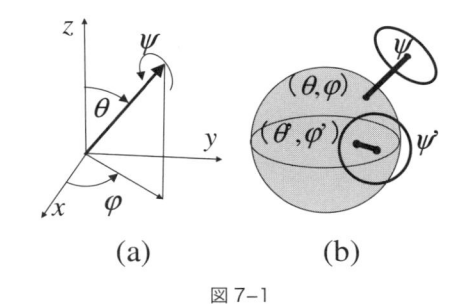

図 7-1

です．但し，$G_{y-z,\phi}^{SO(3)} := \begin{pmatrix} 1 & & \\ & \cos\phi & -\sin\phi \\ & \sin\phi & \cos\phi \end{pmatrix}$ とすると，$G_{y-z,\phi}^{SO(3)} G_{z-x,\theta}^{SO(3)} G_{x-y,\varphi}^{SO(3)}$

も SO(3) の任意の元を表現できます．

SU(2)：SU(2) の元は $G_{\alpha,\beta}^{SU(2)} = \begin{pmatrix} \alpha & \beta \\ -\overline{\beta} & \overline{\alpha} \end{pmatrix}$ となります．但し $\alpha = \alpha_1 + \alpha_2\sqrt{-1}$，$\beta = \beta_1 + \beta_2\sqrt{-1}$ は $\mathbb{C}$ の元で，$\det G_{\alpha,\beta}^{SU(2)} = 1$ の条件から $\overline{\alpha}\alpha + \overline{\beta}\beta = 1$ となります．つまり，$\alpha_1^2 + \alpha_2^2 + \beta_1^2 + \beta_2^2 = 1$ です．

第7章 線型変換群のはなし

7.4 リー群の指数関数表示とリー環

この節でのプロトタイプは1次元 $\mathbb{C}$ ベクトル空間 $\mathbb{C}$ の $\mathrm{End}_\mathbb{C}(\mathbb{C})$ の部分集合

$$\mathbb{C}^\times := \{z \in \mathbb{C} \mid z \neq 0\} \equiv \mathrm{GL}(1, \mathbb{C})$$

を考えることです．$\mathbb{C}^\times$ は掛け算に閉じており，掛け算に関する群となります．但し，たし算には閉じていません[6]．たし算のことをないがしろにして掛け算のみに着目します．この時，重要な写像が指数写像

$$\mathbb{C} \xrightarrow{\exp} \mathbb{C}^\times, \ (z \to \exp(z))$$

です．$z_1, z_2 \in \mathbb{C}$ に対して，$z_1 + z_2 \in \mathbb{C}$ より $\mathbb{C}$ はたし算の群（加法群）です．つまり，指数関数は

$$\exp(z_1)\exp(z_2) = \exp(z_1 + z_2)$$

により加法群と $\mathrm{GL}(1, \mathbb{C}) \equiv \mathbb{C}^\times$ とを結びつけます．この事実を一般化したのがリー環の話です．

7.4.1 指数関数表示

行列 $U \in \mathrm{Mat}_K(n)$ に関して，$\mathrm{e}^U = I_n + \frac{1}{1!}U + \frac{1}{2!}U^2 + \cdots = \sum_{j=0} \frac{1}{j!}U^j$

と定義します．これにより $\mathrm{SO}(2)$ をまず考えましょう．$G_\theta^{\mathrm{SO}(2)} \in \mathrm{SO}(2)$ は $G_\theta^{\mathrm{SO}(2)} = \exp\left(\theta\begin{pmatrix} 0 & -1 \\ 1 & 0 \end{pmatrix}\right)$ と書けます．この等号は $\begin{pmatrix} 0 & -1 \\ 1 & 0 \end{pmatrix}^2 = -\begin{pmatrix} 1 & 0 \\ 0 & 1 \end{pmatrix}$ を基とします．これと以下を**指数関数表示**と呼びます．

SO(3): の場合

$$G_{x-y,\varphi}^{\mathrm{SO}(3)} = e^{\varphi \ell_1}, G_{y-z,\phi}^{\mathrm{SO}(3)} = e^{\phi \ell_2}, G_{z-x,\theta}^{\mathrm{SO}(3)} = e^{\theta \ell_3},$$

但し，$\ell_1 := \begin{pmatrix} 0 & -1 & 0 \\ 1 & 0 & 0 \\ 0 & 0 & 0 \end{pmatrix}, \ \ell_2 := \begin{pmatrix} 0 & 0 & 0 \\ 0 & 0 & -1 \\ 0 & 1 & 0 \end{pmatrix}, \ \ell_3 := \begin{pmatrix} 0 & 0 & 1 \\ 0 & 0 & 0 \\ -1 & 0 & 0 \end{pmatrix}.$

SU(2): の場合

$$G_{\alpha,\beta}^{\mathrm{SU}(2)} = e^{\psi(\xi_1 j_1 + \xi_2 j_2 + \xi_3 j_3)},$$

---

[6] $z \in \mathbb{C}^\times$ に対して $z + (-z) \notin \mathbb{C}^\times$ です．

但し，$\xi_1^2+\xi_2^2+\xi_3^2=1$, $j_a:=\dfrac{\sqrt{-1}}{2}\sigma_a$, $(a=1;2;3)$, σ_a はパウリ行列と呼ばれ，以下のように定義されます．

$$\sigma_1:=\begin{pmatrix}0&1\\1&0\end{pmatrix},\quad \sigma_2:=\begin{pmatrix}0&\sqrt{-1}\\-\sqrt{-1}&0\end{pmatrix},\quad \sigma_3:=\begin{pmatrix}1&0\\0&-1\end{pmatrix}.$$

ここで $\alpha_1=\cos\psi/2$, $\alpha_2=\xi_3\sin\psi/2$, $\beta_1=-\xi_2\sin\psi/2$, $\beta_2=\xi_1\sin\psi/2$ と対応します．

7.4.2 SU(2) と SO(3) の関係

SO(3) を幾何学的な視点から眺めると図 7-1(a) で ψ の回転 SO(2) を止めると（つまり SO(3)/SO(2) は）球面 S^2 に一致しています．従って，図 7-1(b) のように SO(3) は幾何学的には S^2 の各点に円 $S^1\equiv$ SO(2) がくっついているようなものです．

他方，SU(2) は上記の指数関数表示により $(\psi,(\xi_1,\xi_2,\xi_3))\in\mathbb{R}\times S^2$ と対応します．これより SO(3) の元と SU(2) の元が 1 対 2 で対応していることがわかります．

7.4.3 リー括弧の満たす関係式

$[A,B]=AB-BA$ とする**リー括弧**と呼ばれる積により上記の ℓ_i や j_i は

$$[\ell_i,\ell_j]=\ell_k,\quad [j_i,j_j]=j_k \tag{1}$$

を満たすことが判ります．但し，$i,j,k=1,2,3$ の順で巡回的とします．

7.4.4 リー環の話

リー環とはリー群の指数関数表示において指数の肩に乗せた ℓ や j 達を基底とするベクトル空間で，かつ $[A,B]$ により積を導入したものです．つまり，ベクトル空間としては $\mathfrak{su}(2)=\mathbb{R}j_1+\mathbb{R}j_2+\mathbb{R}j_3$, $\mathfrak{so}(3)=\mathbb{R}\ell_1+\mathbb{R}\ell_2+\mathbb{R}\ell_3$ となり積は (1) とします．リー群に対してリー環は通常，小文字で記します．リー環の定義を列挙すると共にベクトル空間としての次元を示しておきます．

第7章 線型変換群のはなし

1. $\mathfrak{sl}(n, K) := \{X \in \mathrm{Mat}_K(n) | \mathrm{tr}\, X = 0\}$, $\quad \dim_K \mathfrak{sl}(n, K) = n^2 - 1$
2. $\mathfrak{su}(n) := \{X \in \mathfrak{sl}(n, \mathbb{C}) | X^* + X = 0\}$, $\quad \dim_\mathbb{R} \mathfrak{su}(n) = n^2 - 1$
3. $\mathfrak{so}(n) := \{X \in \mathfrak{sl}(n, \mathbb{C}) | X^t + X = 0\}$, $\quad \dim_\mathbb{R} \mathfrak{so}(n) = \dfrac{1}{2} n(n-1)$
4. $\mathfrak{sp}(2n) := \{X \in \mathrm{Mat}_\mathbb{R}(2n) | X^t J + JX = 0\}$, $\dim_\mathbb{R} \mathfrak{sp}(2n) = n(2n-1)$

7.5 ガウス光学と $\mathrm{SL}(2, \mathbb{R})$

　これらのリー群やリー環は空間内の変換(コマや分子の動きの表現，ロボットの制御，量子力学，力学系)で重要となります．このひとつの例としてガウス(1777-1855)の発見した幾何光学と $\mathrm{SL}(2, \mathbb{R})$ の関係を紹介しましょう[2,3]．

　図7-2のように光学とは通常，1次元ユークリッド空間 $\mathbb{E}^1$ である光軸という特別な軸が存在する系で光を取り扱う学問のことです．入力部分 V_1 や出力のスクリーン V_2 などの光軸に垂直な空間 V と光軸とにより光学系は $V \times \mathbb{E}^1$ と表されます．光軸は

$$\pi: V \times \mathbb{E}^1 \to \mathbb{E}^1, \quad ((x, z) \longmapsto z)$$

という射影により特徴付けされます．この構造はニュートン力学における時間と空間の関係と本質的に同じものです[7]．更には，V が光軸を原点とするベクトル空間であるとき**線型光学系**と呼び，$\dim_\mathbb{R} V = 1$ のとき**ガウス光学系**と呼びます．つまり $V = \mathbb{R}$ です．

　まず，図7-2のように，$V_i = \mathbb{R}, (i = 1, 2)$ の場合[8]を取り上げます．n を屈折率，$x_i \in \mathbb{R}$，光線の角度 $u_i = dx_i/dz$ に対し $p_i = nu_i$ とし

$$w_i := \begin{pmatrix} x_i \\ p_i \end{pmatrix} \in W_i = \mathbb{R}^2, \quad (i = 1, 2)$$

---

[7] 時空 $(x, t) \in \mathbb{E}^\ell \times \mathbb{E}^1$ に対して $(x, t) \to t \in \mathbb{E}^1$ とする時間 t がユニークに定まります．物理的には**同時**が定義できる系です．**同時**の定義が困難な相対性理論と比較するとよくわかります．13.2節のファイバー束の言葉を使うとファイバー V をもった $\mathbb{E}^1$ の $\mathbb{R}$ ベクトル束のことです．

[8] 逆像を利用して $V_i = \pi^{-1}(z_i) := \{q \in V \times \mathbb{E}^1 | \pi(q) = z_i\}$ と書けます．

を考えます．(x_i, p_i) の作る空間 W_i は力学系では**フェーズ（位相）空間**と呼び，数学では**シンプレクティック空間**と呼ぶものです．

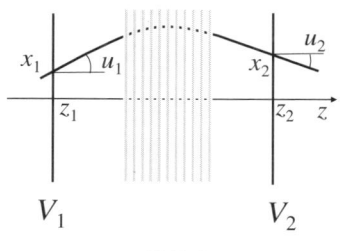

図 7-2

上記で述べた線型光学系では
$$u_i \sim \sin u_i \sim \tan u_i$$
となる近似が成り立つ事を仮定します．

ガウスは $\mathrm{SL}(2, \mathbb{R})$ によりこれらを制御できる形にします． 7.2 節より $\mathrm{SL}(2, \mathbb{R})$ は $\mathrm{Sp}(2)$ と一致し
$$\left\{ \begin{pmatrix} A & B \\ C & D \end{pmatrix} \middle| AD - BC = 1,\ A, B, C, D \in \mathbb{R} \right\}$$
と書き表されます．1次元の線型光学系においては，$\mathrm{SL}(2, \mathbb{R})$ の元 g が W_1 に作用し W_2 に投影され，
$$w_2 = g w_1$$
と表現できるというのがガウスの 1840 年の論文の主張です [2]．この事実を眺めていきましょう．

まず $\mathrm{SL}(2, \mathbb{R})$ の特殊な 2 つの元に対する作用を考えましょう：
$$\begin{pmatrix} x_1 + t p_1 \\ p_1 \end{pmatrix} = \begin{pmatrix} 1 & t \\ 0 & 1 \end{pmatrix} \begin{pmatrix} x_1 \\ p_1 \end{pmatrix}, \quad \begin{pmatrix} x_1 \\ p_1 - x_1 P \end{pmatrix} = \begin{pmatrix} 1 & 0 \\ -P & 1 \end{pmatrix} \begin{pmatrix} x_1 \\ p_1 \end{pmatrix}.$$
前者は傾き p_1 に応じて x の値が tp_1 分増加することを，後者は光軸からの距離 x_1 に応じて傾き p_1 の値が Px_1 分減少することを意味しています．この P をレンズのパワーと呼びます．これらは次の命題にまとめられます．

第7章 線型変換群のはなし

命題 7.2 1) $\mathcal{T} := \left\{ T_t := \begin{pmatrix} 1 & t \\ 0 & 1 \end{pmatrix} \in \mathrm{SL}(2, \mathbb{R}) \right\}$ は，図 7-3 (a) の**並進作用**に対応し，$T_{t_1} T_{t_2} = T_{t_1+t_2}$．

2) $\mathcal{P} := \left\{ L_P := \begin{pmatrix} 1 & 0 \\ -P & 1 \end{pmatrix} \in \mathrm{SL}(2, \mathbb{R}) \right\}$ は，図 7-3(b) のパワー P のレンズによる**角度の変更**に対応し，$L_{P_1} L_{P_2} = L_{P_1+P_2}$．

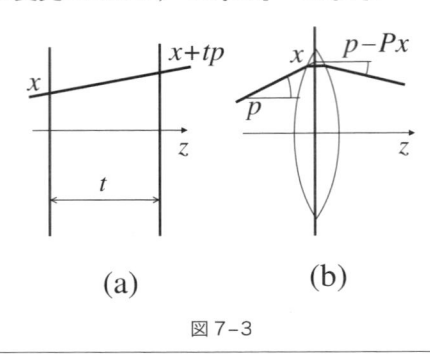

図 7-3

これにより次の定理が導かれます．

定理 7.3 $\mathrm{SL}(2, \mathbb{R})$ は $\mathcal{T}$ と $\mathcal{P}$ により生成される．つまり $\mathrm{SL}(2, \mathbb{R})$ の元 $g = \begin{pmatrix} A & B \\ C & D \end{pmatrix}$ は $C \neq 0$ の場合，

$$g = T_{t_1} L_{P_1} T_{t_2}$$

と表され，$C = 0$ の場合 $g = L_{P_1} T_{t_1} L_{P_2} T_{t_2}$ と表される．

証明：$C \neq 0$ では右辺が $\begin{pmatrix} 1-t_1 P_1 & t_1 - t_1 P_1 t_2 + t_2 \\ -P_1 & 1-P_1 t_2 \end{pmatrix}$ より，$C = -P_1$, $t_1 = (1-A)/P_1$, $t_2 = (1-D)/P_1$ となり，$\det g = 1$ より定まります．後者の $C = 0$ の場合は $B \neq 0$ のときは $t_2 = 0$ として $\begin{pmatrix} 1-t_1 P_2 & t_1 \\ -P_1 + P_1 t_1 P_2 - P_2 & 1-P_1 t_1 \end{pmatrix}$ より同様に定まります．$C = B = 0$ の場合は $P_1 \neq 0$, $P_2 \neq 0$ として $t_1 = (P_1+P_2)/(P_1 P_2)$, $t_2 = -(P_1+P_2)/(P_2^2)$ により $A = 1/D = P_1/P_2$

とします． ■

　この定理は，ガウス光学の範疇では**レンズの設置**と**距離を離すという操作**で任意の光学系が構成でき，各光学系が SL(2, $\mathbb{R}$) の元と1対1かつ上への写像で対応していることを意味します．また，光学系の配置に対する SL(2, $\mathbb{R}$) の元の具体的な計算にはガウス括弧と呼ばれる手法が使えます．ガウス括弧はガウスが2次方程式の解などを連分数で記述する際に，整数論の計算方法として開発した方法です．10.1.1 節の言葉を利用すると PSL(2, $\mathbb{Z}$) に関わるものです．

　2つの特殊な例について紹介しましょう．

1. 共役　図7-4(a)：(カメラや顕微鏡等)

$$g = \begin{pmatrix} A & 0 \\ C & D \end{pmatrix},$$
$$\begin{pmatrix} x_2 \\ p_2 \end{pmatrix} = \begin{pmatrix} Ax_1 \\ Cx_1 + Dp_1 \end{pmatrix} = g\begin{pmatrix} x_1 \\ p_1 \end{pmatrix}$$

において $B=0$ です．どんな方向 p_1 に対しても，x_2 は x_1 の A 倍と定まります．

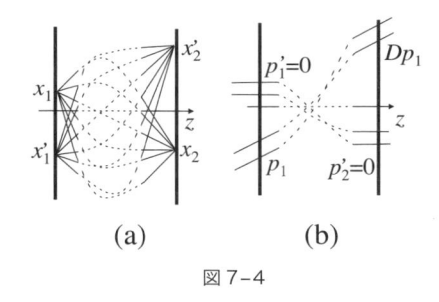

図7-4

2. アフォーカル系　図7-4(b)：(天体望遠鏡等)

$$g = \begin{pmatrix} A & B \\ 0 & D \end{pmatrix}, \begin{pmatrix} x_2 \\ p_2 \end{pmatrix} = \begin{pmatrix} Ax_1 + Bp_1 \\ Dp_1 \end{pmatrix} = g\begin{pmatrix} x_1 \\ p_1 \end{pmatrix}$$

において $C=0$ です．どんな位置にしても，p_2 は p_1 のみで定まります．また，無限遠方から来た光軸との平行光 $p_1=0$ は，平行 $p_2=0$ のまま，位置 x_2 は x_1 の A 倍となります．

　7.2節の説明により，$g \in \text{SL}(2, \mathbb{R})$ は，

$$(w_1, w_2)_S = x_1 p_2 - x_2 p_1$$

を保存します．つまり，$(w_1, w_2)_S = (gw_1, gw_2)_S$ です．この性質を**シンプレクティック構造**といいます．これらは力学系の**正準構造**としても知られていますが，その起源は光学にあります．ハミルトン(1805-1865)はハミルトン

第7章 線型変換群のはなし

力学系と呼ばれる力学の諸性質を光学の研究から得ました．表 7-1 がその現代的な対応です．

光学の**特性空間**とは，グラフ空間[9]

$$W_G := \{(w, gw) | w \in W_1\} \subset W_1 \times W_2$$

のことです．W_G の自由度は $\dim_{\mathbb{R}} W_1$ と同じですので，適当な 2 次元パラメータで記述できます．例えば，(x_1, x_2) で記述すると，**空間的特性**と呼ばれ，W_G 上の関数である**光路長** L は $p_1 = \dfrac{x_2 - Ax_1}{B}$ 及び $p_2 = \dfrac{Dx_2 - x_1}{B}$ よりシンプレクティック積に関連して[10]

$$\begin{aligned}
L &= \frac{1}{2}(x_2 p_2 - x_1 p_1) + n(z_2 - z_1) \\
  &= \frac{1}{2B}(Dx_2^2 - 2x_1 x_2 + Ax_1^2) + n(z_2 - z_1)
\end{aligned} \tag{2}$$

と定まります[3]．

表 7-1

項 目	線型光学	ニュートン力学
空 間	$\mathbb{R}^\ell \times \mathbb{E}^1$	$\mathbb{E}^\ell \times \mathbb{E}^1$
時 間	z	t
位 置	x^i	x^i
速 度	$\dot{x}^i = \frac{dx^i}{dz}$	$\dot{x}^i = \frac{dx^i}{dt}$
質 量	n 屈折率	m 質量
運動量	$p^i = n\dot{x}$	$p^i = m\dot{x}$

項 目	光軸のない光学	相対性理論
空 間	ユークリッド	ミンコフスキー
不変量 $\mathcal{L}$	$n\sqrt{1 + \sum (\dot{x}^i)^2}$	$m\sqrt{1 - \sum (\dot{x}^i/c)^2}$
$L = \int^z \mathcal{L}$	光路長：特性関数	作用

---

[9] 集合 X, Y と写像 $f : X \to Y$ に対して，$C := \{(x, f(x)) | x \in X\} \subset X \times Y$ を数学では**グラフ**と呼びます．

[10] 外積代数を利用して $\omega := dx \wedge dp, dz$ の双対基底を $\dfrac{\partial}{\partial z}$，$w_a := x_a \dfrac{\partial}{\partial x} + p_a \dfrac{\partial}{\partial p}$ とすることで $\int_{(x_1, p_1)}^{(x_2, p_2)} \omega$ を $x_2 p_2 - x_1 p_1$ と見なすのに対して $\omega(w_1, w_2) = x_1 p_2 - p_1 x_2$ という対応をします．$n\sqrt{dx^2 + dz^2} = n\sqrt{1 + u^2}\, dz$ を $n(1 + u^2/2)dz = (ndz + pdx/2)$ として関係付きます．

Tip of the Day

光学には不思議な現象がたくさんあります．その中でもデカルト(1596-1650)の虹の研究[4][11]の継承である**焦線**の理論はとても面白いものです．ニュートン(1642-1727)，エアリー(1801-1892)，ハミルトン(1805-1865)，ケーリー(1821-1895)の系譜．そして，ポアンカレ(1854-1912)もエアリーの研究を基にフェーズ(phase)異常[5,6,7]として焦点において光の波動のフェーズが$\pi/4$ズレる現象を研究しました[6,7]．このズレはヴェイユ(1906-1998)が1964年にシンプレクティック構造の一般化として構築した**メタプレクティック理論**[8,9]でのフェーズのズレと本質的に同じものです．メタプレクティック理論は整数論や量子力学の原理的な部分に関連しリーマン予想にも繋がるものです．ベリー(1941-)は焦線をカタストロフィー理論と組み合わせて研究しました[10]．19世紀，多くの数学が光学を起源として生まれたことが知られています[11,12]．[10]を眺めることで，光学が持っていた素朴な不思議さを感じながら数学の壮大な夢を想像するのは楽しいものです．(コラム7,8,9を参照)

参考文献

[1] 小林 俊行，大島 利雄，リー群と表現論　岩波書店 2005 年
[2] C. F. Gauss, Dioptrische Untersuchungen, Abhandlungen der Königlichen Gesellschaft der Wissenschaften in Göttingen, (1840) 1-34.
[3] V. Guillemin and S. Sternberg, Symplectic techniques in physics, Cambridge Univ. Press, Cambridge, 1984.
[4] R. デカルト デカルト著作集 1. 方法序説及び 3 つの試論　白水社　2001 年
[5] M. Born and E. Wolf, Principles of Optics, 7th edn. Pergamon, Oxford, 2001.
[6] L.S. シュルマン (高塚和夫) ファインマン経路積分 講談社 1995 年
[7] I H. Poincaré, Theorie mathematique de la lumiere, Vol. II (Paris, Georges Carre, 1892), pp. 168-174.
[8] A. Weil, *Sur certains groupes d'operateurs unitaries*, Acta Math. 11 (1964) 143-211.
[9] 志村五郎　数学をいかに使うか　ちくま文庫　2010 年
[10] M. V. Berry and C. Upstill, *Catastrophe Optics: Morphologies of Caustics and Their Diffraction Patterns*, Progress in Optics, XVIII (1980) 258-346.
[11] F. クライン (石井省吾，渡辺弘訳) クライン : 19 世紀的数学　共立出版　1995 年
[12] J. フォーベル，R. ウィルソン，R. フラッド (山下純一訳) メビウスの遺産—数学と天文学　現代数学社　1995 年

---

[11] コラム 7 を参照．

第7章 線型変換群のはなし

問題 7.1

$\mathbb{C}^n$ を $\mathbb{R}$ ベクトル空間と考え、$u=(u_{1+}+\sqrt{-1}\,u_{1-},...,u_{n+}+\sqrt{-1}\,u_{n-})\in\mathbb{C}^n$ を $u\equiv(u_+,\,u_-)\in\mathbb{R}^{2n}$ と記す。このとき、$u,v\in\mathbb{C}^n$ に対してエルミート内積 $(u,\,v)_H=\sum_{i=1}^n\overline{u_i}v_i$ とすると、この虚数部分 $\Im((u,\,v)_H)$ はシンプレクテック積となる事、即ち、$\Im((u,\,v)_H)=(u,\,v)_S$ である事を確かめよ。(問題6.1を参照)

問題 7.2 ★

$V:=\mathbb{R}^n=\bigoplus_{i=1}^n\mathbb{R}e_i$ とする。但し、ユークリッド内積 $(,):V\times V\to\mathbb{R}$ に対して e_i は規格直交基底とする。付録B.2 節に従い4.5 節の ($1\otimes_\mathbb{R}1=1$ と見なしている) テンソル代数 T_V に、$u,v\in V$ に対して $u\otimes_\mathbb{R}v+v\otimes_\mathbb{R}u=2(u,v)$ とする関係式を導入する。つまり、直交基底の関係としては $e_i\otimes_\mathbb{R}e_j+e_j\otimes_\mathbb{R}e_i=2(e_i,e_j)$ とする関係式を仮定していることとなる。以下 $\otimes_\mathbb{R}$ を略する。これによる同値類であり、11.2.8節のように環構造を持つ**クリフォード代数** $\mathrm{Cl}^K[V]$ とその部分集合を、

$$\mathrm{Cl}^K[V]:=\Big\{\sum_{i=0}^n\sum_{\ell_0<\cdots<\ell_i}a_{\ell_0,...,\ell_i}e_{\ell_0}\cdots e_{\ell_i}\,\Big|\,a_{\ell_0,...,\ell_i}\in K,$$

$$\text{各 } e_i \text{ は関係式を満たす}\Big\}$$

$$\mathrm{Cl}_+^K[V]:=\bigcup_{i=0}^{[\frac{n}{2}]}\mathrm{Cl}_{2i}^K,\ \mathrm{Cl}_m^K[V]:=\Big\{\sum_{\ell_1<\cdots<\ell_m}a_{\ell_1,...,\ell_m}e_{\ell_1}\cdots e_{\ell_m}\in\mathrm{Cl}^K[V]\Big\},$$

$$\mathrm{Cl}_0^K[V]:=K$$

として定義する。ここで $K=\mathbb{C}$ または $\mathbb{R}$ としている。$(2(e_i,e_j)-e_i\otimes e_j-e_j\otimes e_i)$ 達で生成される T_V の両側イデアル I があり、$\mathrm{Cl}^K[V]$ は $\mathrm{Cl}^K[V]\equiv T_V/I$ とも書け非可換な剰余環でもある(11.2節、11.3.2節を参照)。

1) $n=3$ のときの $\mathrm{Cl}^K[V]$ の元の中の関係式の例を挙げ、$n=2$ の元を挙げ

よ．

2) $\dim_{\mathbb{R}} \mathrm{Cl}^{\mathbb{R}}[V] = \dim_{\mathbb{R}} \Lambda_V$ を示せ．但し，Λ_V は 5.7 節の外積代数．これによりベクトル空間としては $\mathrm{Cl}^{\mathbb{R}}[V]$ と Λ_V は同値．つまり $f: \mathrm{Cl}^{\mathbb{R}}[V] \to \Lambda_V$ となる全単射となる $\mathbb{R}$ 線型写像が存在する．示せ．

3) $\gamma: \Lambda_V^{(1)} \equiv V \to \mathrm{Cl}_1^{\mathbb{R}}[V]$ は $\mathbb{R}$ 線型写像となる．γ を**相対論的量子力学**では**ガンマ**行列と呼ぶ．$u, v \in V$ に対して，$\gamma(u)\gamma(v)$ を具体的に書き下し，v のユークリッド長さ $\|v\| := \sqrt{(v, v)}$ は $\sqrt{\gamma(v)\gamma(v)}$ となることを確かめよ．例えば，$n=2$ のとき $\mathrm{Cl}_+^{\mathbb{C}}[\mathbb{R}^2]$ の環 $\mathrm{Mat}_{\mathbb{C}}(2)$ での行列表現として $\gamma(e_1) = \sigma_1, \gamma(e_2) = \sigma_2$ とできる．

4) $\mathrm{Cl}_+^{\mathbb{R}}[V]$ は $\mathrm{Cl}^{\mathbb{R}}[V]$ の部分環(付録 B.1 節)である事を確かめよ．

5) 全単射 $*: \mathrm{Cl}^{\mathbb{R}}[V] \to \mathrm{Cl}^{\mathbb{R}}[V]$ を $(e_{i_1} \cdots e_{i_r})^* := *(e_{i_1} \cdots e_{i_r}) := e_{i_r} \cdots e_{i_1}$ とすると，$*: \mathrm{Cl}_m^{\mathbb{R}}[V] \to \mathrm{Cl}_m^{\mathbb{R}}[V] (m=0, 1, \ldots)$ であることと，$\alpha, \beta \in \mathrm{Cl}^{\mathbb{R}}[V]$ に対して $(\alpha\beta)^* = \beta^*\alpha^*$ となる事を確かめよ．

6) $\mathrm{Cl}^{\mathbb{R}}[V]$ の乗法について群をなす最大のものを $\mathrm{Cl}^{\mathbb{R}}[V]^\times$ とするとき，$\Gamma_+(V) := \{\alpha \in \mathrm{Cl}_+^{\mathbb{R}}[V]^\times \mid$ 任意の $\nu \in \mathrm{Cl}_1^{\mathbb{R}}[V]$ に対して $\alpha^{-1}\nu\alpha \in \mathrm{Cl}_1^{\mathbb{R}}[V]\}$ を定義する．これを**特殊クリフォード群**と呼ぶ．このとき $\alpha \in \Gamma_+(V)$ に対して $\alpha^*\alpha = \alpha\alpha^* \in \mathrm{Cl}_0^{\mathbb{R}}[V]^\times = \mathbb{R}^\times := \mathbb{R}\setminus\{0\}$ となる事を示せ．但し，$\beta \in \mathrm{Cl}^{\mathbb{R}}[V]$ で，任意の $\nu \in \mathrm{Cl}_1^{\mathbb{R}}[V]\}$ に対して $\beta\nu = \nu\beta$ となるものは $\beta \in \mathrm{Cl}_0^{\mathbb{R}}[V]$ しかない事実を利用せよ．

7) $\alpha \in \Gamma_+(V)$ に対して $\alpha^{-1} = \dfrac{1}{\alpha^*\alpha}\alpha^*$ を示せ．

8) $v \in V$ に対して $\tau_\alpha(v) := \gamma^{-1}(\alpha^*\gamma(v)\alpha) = v_\alpha \in V$ とすると，$\|v_\alpha\| = |\alpha^*\alpha|\|v\|$ を示せ．つまり，$v_\alpha = g_\alpha v$ となる $g_\alpha \in \mathrm{GL}(V)$ が存在する．従って，**スピン群** $\mathrm{Spin}(V) := \{\alpha \in \Gamma_+(V) \mid \alpha^*\alpha = 1\}$ を導入すると $\alpha \in \mathrm{Spin}(V)$ に対して $g_\alpha \in \mathrm{O}(n)$ となる．より正確には $g_\alpha \in \mathrm{SO}(n)$ となっていることが知られている．$n=3$ のとき，$\mathrm{Spin}(\mathbb{R}^3) = \mathrm{SU}(2)$ となるので，7.4.1 節の $\mathrm{SU}(2)$ と $\mathrm{SO}(3)$ の関係に対応する．

Column 7

数学の源流としての光学

デカルト

デカルト（1596-1650）の**虹に関する研究**は，有名な「我思う故に我在り」が載った『方法序説と三つの試論』の本論の3つの試論の1つです［7章：4］．**ガリレイ**（1564-1642）の後を継いで，デカルトは『方法序説と三つの試論』で，科学的な検討方法，検討姿勢を序説として述べた後に，3つの試論をラテン語ではなくフランス語で展開します．1つめが**光の屈折**を考慮した眼鏡などの光学の検討，2つめが**気象**，3つめが**幾何学**です．2つめでは地上の法則を気象に当てはめ虹のできるメカニズムの基本を考察しました．これが**ニュートン**（1624-1727）**を目覚めさせ，地上の法則を天空まで広げた万有引力の発見や屈折率の色依存性の研究や色彩論に導いた**とも言えます．3番目の幾何ではデカルト座標と代数式が書かれています．デカルトの方法序説が，これら光学と代数方程式の研究を行うに当たって書かれたものであるということは注意すべき点です．その哲学的意味は重要ですが，哲学者のためのものというよりも科学者の科学を行う際の心構えであったということです．背景にはガリレイの裁判もあります．デカルトはガリレイの裁判の結果を伝聞により知り，新たな研究によって同様の災難が自分に降りかかる可能性に恐怖を感じていました［1］．方法序説に自分自身を奮い立たせるような言葉があるのはそのためではないかと感じます．

　デカルトの代数式による理解が**ライプニッツ**（1646-1716）に引き継がれ，

後の大陸の科学の発展につながります．また，デカルトの虹の研究の精緻化を進めることでニュートンは色に対する理解を深め，その物理的本質を理解しましたし，その後**エアリ**（1801–1892）によって，その波動光学的考察がなされ，ポアンカレ（1854–1912）の**位相異常**（phase anomaly: 焦点での波動関数の $\sqrt{-1}$ 因子のズレ）の研究へと繋がりました．

　光学の数学への貢献は想像以上に絶大です．力学への影響という面では，最小原理はフェルマー（1608–1665）が見つけ，その考えをその一世紀後，力学へ応用したのはダニエル・ベルヌーイ（1700–1782）とオイラー（1707–1783）でした（コラム 6, 10.2.3 節）．**ハミルトン**（1805–1865）の**ハミルトン力学**は光学の理解のためにありました．ガウス（1777–1855）も円柱対称のある系に対するガウス光学を確立するに当たって $SL(2, \mathbb{R}) \times SL(2, \mathbb{R}) \subset Sp(4, \mathbb{R})$ を研究し，生成元とその代数的性質を線型光学の研究を通してほぼ理解し，更には若い頃に関わった連分数の研究の際に利用したガウス括弧と呼ばれる手法を光学に応用しました．$SL(2, \mathbb{R})$ や $PSL(2, \mathbb{Z})$ を陰に理解していたのです．光学は数々の特殊関数の根源でもあり，複屈折の研究が初期の代数幾何の発展を助けました［コラム 6:1］．本文 6 章の末に述べたように，力学への道と波動への道が再度，出会うのが量子力学の発見の後ですが，それがヴェイユ（1906–1998）のメタプレクティック理論［5 章:6］にも繋がります．

[1] 佐々木力　デカルトの数学思想　東京大学出版会　2003 年

第8章 離散フーリエ変換と群の表現

　本章は**離散フーリエ変換**を**巡回群の表現論**[1]として理解することを目指しましょう．

　フーリエ変換はフーリエ（1768-1830）が熱の伝導に関わる**熱伝導方程式**を解く際に1807年頃に導入したものです．線型代数的には，関数空間を基底を明確にすることで**線型空間**として捉え，微分作用素等をより**代数的に取り扱える**ようにしたものです．

　離散フーリエ変換はフーリエ変換の離散版で，応用数学や実用数学でとても重要となる道具です．それを高速化した**高速フーリエ変換**は更に重要です．この高速フーリエ変換は1965年にCooleyとTukeyが発見した応用数学の金字塔です[2]．キラキラと輝いています．ネットには高速フーリエ変換のソフトウエアがたくさん転がっています．しかし，高速フーリエ変換のこころは何か？という問いに答えられる人はあまり多くいないかもしれません．一言で言えば，巡回群から定まる**群環の積構造を利用する**ということです．その高速フーリエ変換のこころを説明したいというのが本章の目的です．

　同時に，量子力学等で重要となる群の表現についても，そのこころも含めきっちりと理解したいと思っている人は多いと思います．

　そこで，両者の目的を一挙に解決するために「巡回群の表現論とその環構造」について述べたいと思います．標語的には**群の表現とは，群の作用を線型空間の行列（線型写像）として実現すること**です[1]．つまり，線型代数の応用なのです．

　更には高速フーリエ変換を（CooleyとTukeyのレベルではないのですが）

ガウス (1777-1855) が既に発見していたという話題に関連して**ガウスの和**の話と，フーリエ変換の故郷といえる熱伝導方程式に関して，その差分法を巡る**フォン・ノイマン**(1903-1957)**の安定性理論**とを紹介します．

8.1 離散フーリエ変換（DFT）

まずは離散フーリエ変換の説明からします．以下 $\zeta_n := e^{2\pi\sqrt{-1}/n}$ とします．

定義と命題 8.1 各 $f_i \in \mathbb{C}$ とする数列 $f := (f_i)_{i=0,1,\cdots,n-1}$ に対して，**離散フーリエ変換**とは

$$\hat{f}_j := \sum_{i=0}^{n-1} f_i \zeta_n^{-ij}, \quad (j = 0, 1, \cdots, n-1) \tag{1}$$

のことである．このとき

$$\frac{1}{n} \sum_{k=0}^{n-1} \zeta_n^{(i-j)k} = \delta_{i,j} \tag{2}$$

により[1]，次式が成り立つ．

$$f_i = \frac{1}{n} \sum_{j=0}^{n-1} \hat{f}_j \zeta_n^{ij}, \quad (i = 0, 1, \cdots, n-1) \tag{3}$$

(3) を (1) に対して**逆離散フーリエ変換**と呼ぶ．

8.2 巡回群

巡回群[2] $\mathfrak{C}_n$ を定義しましょう．集合としては

$$\mathfrak{C}_n := \{t_n^\ell \mid \ell = 0, 1, 2, \cdots, n-1\}$$

---

[1] $p(t) := t^n - 1$ を考えます．$p(t) = \prod_{i=0}^{n-1}(t - \zeta_n^i)$ より $p(\zeta_n^j) = 0$ です．また $p(t) = (t-1)(t^{n-1} + \cdots + t + 1)$ より (2) が得られます．

[2] 付録 B.1 節を参照．

第8章 離散フーリエ変換と群の表現

であり，元 t_n^ℓ を $\ell' = \ell \bmod n$ に対して[3]，$t_n^{\ell'}$ と同一視することで，t_n^m との積を $t_n^{\ell+m} = t_n^\ell t_n^m$ として導入したものが $\mathfrak{C}_n$ です．t_n^ℓ に対し逆元は $t_n^{n-\ell}$ ですし，単位元は $t_n^n \equiv t_n^0 \equiv 1$ より $\mathfrak{C}_n$ は確かに群です．

これから巡回群の表現論の話をします．それは離散フーリエ変換の話をすることと同じであることが後で判ります．**群の表現とは群の演算をベクトル空間上の行列の積として実現すること**です．**実現**とは群の演算が，ある集合への作用として存在することです．

群は極めて抽象的な対象であります．上記の定義に対しても，t_n を具体的に $e^{2\pi\sqrt{-1}/n}$ のことであると考えてしまうと以下の表現の話が全く判らなくなってしまいます[4]．従って，t_n は記号として取り扱うことにします．以下で t_n^j を g_j と読み換えると一般の有限群 G の表現論にも多くのことは対応します．

本章の話題の**有限群 G の表現とは群環 $\mathbb{C}[G]$ に対して $\mathbb{C}[G]$ 加群を見つけること**とも言えます．そこで**群環**，**加群**の紹介をしましょう．

8.3 群環と加群

8.3.1 群環

ここで，群環 $\mathbb{C}[\mathfrak{C}_n]$ なるものを定義します．

そのために，一般の有限群 $G := \{g_1, \cdots, g_r\}$ に対する群環 $\mathbb{C}[G]$ を先に定義したいと思います．群環 $\mathbb{C}[G]$ は環[5]の一種であり，$\mathbb{C}$ 代数[6]の一種です．

---

[3] 例えば5で割った余りを5の剰余と呼び $2 = 7 \bmod 5$ と書き，剰余が一致している際に $7 \equiv 12 \bmod 5$ と書きます．

[4] 代数を陳腐な例で理解しようとすると，始めは皮膚感覚でなんとか理解が進むのですが，ある時を境に代数の抽象的な理論の飛躍について行くことができなくなり，全く落ちこぼれてしまいます．代数の基本は綿100gも鉄の100gも x という文字に落として，代数方程式を解くというデカルトの考えに由来するものです．代数を扱う際には，皮膚感覚を捨てることが肝要です．

[5] 標語的には**環とは，積の定義された加法群です**（付録B.1を参照）．

[6] 環 R が K-ベクトル空間のとき **K 代数**と言います．

$\mathbb{C}[G]$ は，**$\mathbb{C}$ ベクトル空間**としては
$$\mathbb{C}[G] = \mathbb{C}g_1 \oplus \mathbb{C}g_2 \oplus \mathbb{C}g_3 \oplus \cdots \oplus \mathbb{C}g_r$$
とします．これに積構造を入れて $\mathbb{C}$ 代数としますが，**群環の積**は $\sum_i a_i g_i$, $\sum_{i'} b_{i'} g_{i'} \in \mathbb{C}[G]$ に対して，
$$\left(\sum_i a_i g_i\right)\left(\sum_{i'} b_{i'} g_{i'}\right) = \sum_{i,i'} a_i b_{i'} g_i g_{i'}$$
として導入します．$a_i b_{i'} \in \mathbb{C}$ ですし，$g_i g_{i'} \in G$ ですので，$g_i g_{i'} = g_{j_{ii'}}$ となる $j_{ii'} \in \{1, \cdots, n\}$ が存在します．つまり，右辺は $\sum_{i,i'} (a_i b_{i'}) g_{j_{ii'}} \in \mathbb{C}[G]$ となります[7]．よって $\mathbb{C}[G]$ は環かつ $\mathbb{C}$ 代数となります．

ここで $\mathbb{C}[G]$ の元 f は $\sum_i f_i g_i$ と書けます．f を定めるということは各 $g_i \in G$ に対して $f_i \in \mathbb{C}$ が定まる事を意味します．つまり，$f \in \mathbb{C}[G]$ を
$$f : G \to \mathbb{C} \quad (G \ni g_i \longmapsto f_i \in \mathbb{C})$$
と考えると f は G 上の $\mathbb{C}$ 値関数と見なすことができます．言い換えると**群環は G 上の $\mathbb{C}$ 値関数の集合**と見ることができます．

これにより $f \in \mathbb{C}[\mathfrak{C}_n]$ の元を巡回群上の関数として，t_n^i に対して数列の f_i を対応させます．つまり
$$f := f_0 1 + f_1 t_n + f_2 t_n^2 + \cdots + f_{n-1} t_n^{n-1} \in \mathbb{C}[\mathfrak{C}_n]$$
は定義 8.1 の f と同一視できます．

また，$h = \sum_{i=0}^{n-1} h_i t_n^i$ に対し，群環の積 fh は $fh = \sum_{i=0}^{n-1} \left(\sum_{j=0}^{n-1} f_{i-j} h_j\right) t_n^i$ となっています．ここで $\left(\sum_{j=0}^{n-1} f_{i-j} h_j\right)$ は**畳み込み積**と呼ばれるものです．

$\mathbb{R}[\mathfrak{C}_n]$ は以上の $\mathbb{C}$ を形式的に $\mathbb{R}$ に変えたものです．

---

[7] 群の表現の本の中では，群環や加群についての記述のないものがあります．例えば単位表現として $g_1 + g_2 + \cdots + g_r$ を考えますが，積の群において和を考えるとは群環を考えていることです．有限群の表現で群環や加群について言及しないのは微積を使わずに書かれた高校物理と同じ違和感があります．

8.3.2 加群

次に加群[8]の説明をします．**加群とは大まかに捉えると，体 K に対する K ベクトル空間において K を(適当な)環 R に換えたものです．**

定義 8.2 集合 M が環 R に対して，R 加群とは
1) M が**加法群**であり，
2) M と R に対して，**R 倍**が定義できて，即ち $a, b \in R, x \in M$ に対して，$a(bx) = (ab)x \in M$, $1x = x$ ($ax \in M$ を $aM \subset M$ と記す)，
3) **足し算と R 倍とが，整合性をもっている**，即ち $a, b \in R, x, y \in M$ に対して，$(a+b)x = ax + bx$, $a(x+y) = ax + ay$ となるものである．

8.4 有限群 G の表現と $\mathbb{C}[G]$ 加群

$\mathbb{C}[G]$ の $\mathbb{C} \cdot 1$ 倍を通して $\mathbb{C}$ 倍が定義でき，加法性より $\mathbb{C}[G]$ 加群 M は $\mathbb{C}$ ベクトル空間でもあります．標語的に言った「**有限群 G の表現とは群環 $\mathbb{C}[G]$ に対して $\mathbb{C}[G]$ 加群を見つけること**」の説明をします．

$\mathbb{C}[G]$ 加群 M は $\mathbb{C}$ ベクトル空間と見なせるので，$\mathbb{C}$ ベクトル空間としての M を V_M,

$$M = V_M = \mathbb{C}b_1 \oplus \cdots \oplus \mathbb{C}b_\ell \tag{4}$$

と書くこととします．定義 8.2 2) より $g \in G$ に対し $gM := \{gm \mid m \in M\} \subset M$ です．$g: M \to M$ は $\mathbb{C}$ 線型でもあるので，$\mathrm{End}_\mathbb{C}(V_M) \equiv \mathrm{Mat}_\mathbb{C}(\ell)$ の元と見なせます．この行列を H_g と書きましょう．2つの G の元 g_1, g_2 に対し，

---

[8] 加群と加法群は異なるものです．英語では前者は module，後者は additive group と言います．加群の例は環のイデアルというものです．例えば，$\mathbb{Z}$ は環ですが，$\mathbb{Z}$ 加群は例えば $n\mathbb{Z} := \{nj \mid j \in \mathbb{Z}\}$ です．定義 8.2 を満たすことが判ります．多項式環 $\mathbb{C}[x, y]$ の場合，$(y^2 - x^3 - 1) := \{(y^2 - x^3 - 1)f \mid f \in \mathbb{C}[x, y]\}$ は $\mathbb{C}[x, y]$ 加群です．11 章で $\mathbb{C}[x]$ の場合を取り上げます．

$(g_1g_2)M = g_1(g_2M)$ より

$$H_{g_1g_2} = H_{g_1}H_{g_2}$$

となります．つまり，**G の元 g_1 と g_2 の積が行列として実現できています**．これが**群の表現**です．

より数学的に述べましょう．

定義8.3 環 R と R' に対して，写像 $f:R \to R'$ が**環準同型**とは任意の $r_1, r_2 \in R$ に対して，

1-1) $f(r_1+r_2) = f(r_1)+f(r_2)$ と

1-2) $f(r_1r_2) = f(r_1)f(r_2)$

とを満たしていることである．また，全単射となる環準同型写像が存在する場合は R と R' を**環同型**と言う．

2) 群 G と G' に対して，写像 $f:G \to G'$ が**群準同型**とは任意の $g_1, g_2 \in G$ に対して，$f(g_1g_2) = f(g_1)f(g_2)$ を満たしているものである．また，全単射となる群準同型写像 f が存在する場合は G と G' を**群同型**と言う．

有限群の表現とは，群 G に対して，適当な ℓ 次元 K ベクトル空間 V があり，群環 $K[G]$ から $\mathrm{End}_K(V) \equiv \mathrm{Mat}_K(\ell)$ への環準同型のことです．

別の言い方をすると，群環 $K[G]$ に対して，$K[G]$ 加群 M を見つけ，加群としての $g \in G$ の M への作用 $gM \subset M$ を $\mathrm{End}_K(V_M)$ の元と眺めることでもあります．この**準同型写像 $\pi:K[G] \to \mathrm{End}_K(V_M)$ を G の表現**と呼びます[1]．

より限定的には環準同型 π から定まる一般線型変換群 $\mathrm{GL}(V_M) \subset \mathrm{End}_K(V_M)$ への写像 $\pi|_G : G \to \mathrm{GL}(V_M)$ のこと（**群準同型**）のみを**群の表現**と呼びます．

第8章 離散フーリエ変換と群の表現

8.5 $\mathbb{C}[\mathfrak{C}_n]$ 加群／$\mathbb{R}[\mathfrak{C}_n]$ 加群と離散フーリエ変換

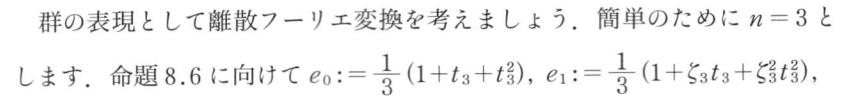

群の表現として離散フーリエ変換を考えましょう．簡単のために $n=3$ とします．命題 8.6 に向けて $e_0 := \frac{1}{3}(1+t_3+t_3^2)$，$e_1 := \frac{1}{3}(1+\zeta_3 t_3+\zeta_3^2 t_3^2)$，$e_2 := \frac{1}{3}(1+\zeta_3^2 t_3+\zeta_3 t_3^2)$ と定義しましょう．これより (4) の $\ell=1$ とする $\mathbb{C}[\mathfrak{C}_3]$ 加群を $C[\mathfrak{C}_3]e_i := \{ge_i \mid g \in \mathbb{C}[\mathfrak{C}_3]\}$ として 3 種類

$$M_0 := \mathbb{C}[\mathfrak{C}_3]e_0, \quad M_1 := \mathbb{C}[\mathfrak{C}_3]e_1, \quad M_2 := \mathbb{C}[\mathfrak{C}_3]e_2$$

を用意できます．加群であることは補題 8.4 でわかります．それを見るため作用を見ましょう．このとき，$\mathbb{C}[\mathfrak{C}_3]$ の元として t_3 の作用（左からの掛け算）に対し各 e_i は

$$t_3 e_0 = e_0, \quad t_3 e_1 = \zeta_3^{-1} e_1 \quad t_3 e_2 = \zeta_3^{-2} e_2$$

となります[9]．左辺は t_3 という作用素であり，右辺ではその作用の結果が $\mathbb{C}$ 値になります．従って，

$$t_3^\ell e_0 = e_0, \quad t_3^\ell e_1 = \zeta_3^{-\ell} e_1 \quad t_3^\ell e_2 = \zeta_3^{-2\ell} e_2 \tag{5}$$

となり，これより**離散フーリエ変換**と関係する次の補題が成り立ちます．補題より各 M_i は $\mathbb{C}[\mathfrak{C}_3]$ 加群で $V_{M_i} = \mathbb{C}e_i$ である事が判ります．また表現 $\pi_i: \mathbb{C}[\mathfrak{C}_3] \to \mathrm{End}_\mathbb{C}(\mathbb{C}) \equiv \mathbb{C}$ が各 M_i 毎に定まります．

補題 8.4 $\mathbb{C}[\mathfrak{C}_3]$ の任意の元 $f := f_0 1 + f_1 t_3 + f_2 t_3^2$ の e_j への作用は，$f e_j = \hat{f}_j e_j$ となる．但し，$\hat{f}_j$ は (1) の $\hat{f}_j := (f_0 1 + f_1 \zeta_3^{-j} + f_2 \zeta_3^{-2j}) \in \mathbb{C}$．

証明：左辺 $= (f_0 1 + f_1 t_3 + f_2 t_3^2)(1 + \zeta_3^j t_3 + \zeta_3^{2j} t_3^2)/3 = (f_0 1 + f_1 \zeta_3^{-j} + f_2 \zeta_3^{-2j})(1 + \zeta_3^j t_3 + \zeta_3^{2j} t_3^2)/3$. ∎

e_j と t^ℓ の間の関係は $\mathbb{C}[\mathfrak{C}_3]$ の中で次の補題より定まります．

---

[9] $t_3(1 + \zeta_3^j t_3 + \zeta_3^{2j} t_3^2) = t_3 + \zeta_3^j t_3^2 + \zeta_3^{2j} = \zeta_3^{2j}(1 + \zeta_3^j t_3 + \zeta_3^{2j} t_3^2)$ より確かめられます．

補題 8.5 $t^\ell = (e_0 + \zeta_3^{-\ell} e_1 + \zeta_3^{-2\ell} e_2) \in \mathbb{C}[\mathfrak{C}_3]$.

これらにより離散フーリエ変換が特徴付けられます．(1) 即ち補題 8.4 の $\hat{e}_i : f \longmapsto \hat{f}_i$ は双対ベクトル空間 $\mathbb{C}[\mathfrak{C}_3]^* := \mathrm{Hom}_{\mathbb{C}}(\mathbb{C}[\mathfrak{C}_3], \mathbb{C})$ の元の作用と見なせます．他方，$p_j : \mathbb{C}[\mathfrak{C}_3] \ni f \longmapsto f_j \in \mathbb{C}$ で定義される p_j も $\mathbb{C}[\mathfrak{C}_3]^*$ の元であり一次独立性から $\hat{e}_i$ の線型和で表現できます．それが補題 8.5 を利用した (3) となります．つまり，$p_j = \sum_i \zeta_3^{-ij} \hat{e}_i$．これが**逆離散フーリエ変換**です．フーリエ変換論においては通常，問題 6.5 に示すように内積を用意して，双対空間の作用の代わりに内積（積分）により $\hat{e}_j$ や p_j を実現します．

これより**離散フーリエ変換は以下の $\mathbb{C}[\mathfrak{C}_3]$ 加群としての分解についての命題に還元されます**．

命題 8.6 $\mathbb{C}[\mathfrak{C}_3] = M_0 \oplus M_1 \oplus M_2$，つまり
$$(f_0 1 + f_1 t_3 + f_2 t_3^2) = (\hat{f}_0 e_0 + \hat{f}_1 e_1 + \hat{f}_2 e_2).$$

$\hat{e}_i$ や p_j を両辺に作用させると離散フーリエ変換 (1) や (3) 式が得られます．これが離散フーリエ変換の正体です．また，この命題により，M_ℓ, $M_\ell \oplus M_{\ell'}$, $\mathbb{C}[\mathfrak{C}_3]$ はそれぞれ加群の定義を満たし $\mathbb{C}[\mathfrak{C}_3]$ 加群である事が判ります．この分解の成分 M_ℓ を**既約成分**と呼びます[10]．

定義 8.7 環 R 及び R 加群 M と M' に対し，写像 $f : M \to M'$ が **R 準同型**とは任意の $m_1, m_2 \in M$, $r \in R$ に対し以下の 2 条件を満たすときである：
1) $f(m_1 + m_2) = f(m_1) + f(m_2)$ を満たし，

---

[10] 既約は表現論の用語，加群では**単純**といいます．これ以上分解できないもの，つまり自分より小さい部分加群は 0 以外存在しないことです．

第8章 離散フーリエ変換と群の表現

2) $f(rm_1) = rf(m_1)$ を満たしている.

M から M' へ R 準同型の全体を $\mathrm{Hom}_R(M, M')$ と記す. 全単射となる準同型 f が存在するとき, M と M' は **R 同型**という.

$\mathbb{C}$ 線型写像としては $\mathrm{Hom}_{\mathbb{C}}(M_i, M_j) = \mathbb{C}$ ですが $\mathbb{C}[\mathfrak{C}_3]$ 準同型としては表現論で**シューアの補題** [1] として知られている次の命題で定まります.

命題 8.8 $\mathrm{Hom}_{\mathbb{C}[\mathfrak{C}_3]}(M_i, M_j) = \mathbb{C}\delta_{ij}$.

証明 準同型の定義 8.7 2) が重要です. $h: M_i \to M_j$ を考えます. $h(\hat{f}_i e_i) \in M_j$ より $h(\hat{f}_i e_i) = h_j e_j$ となる $h_j \in \mathbb{C}$ が存在します. 任意の $r = \sum_{\ell=0}^{2} r_\ell t_3^\ell \in \mathbb{C}[\mathfrak{C}_3]$ に対し定義 8.7 2) より $h(r\hat{f}_i e_i) = rh_j e_j$ です. $\hat{r}_\ell := \sum_{k=0}^{2} r_k \zeta_3^{-\ell k}$ と定義すると左辺は $h(\hat{r}_i \hat{f}_i e_i)$ ですが $\hat{r}_i \in \mathbb{C}$ より, $\hat{r}_i h(\hat{f}_i e_i)$ です. 他方, 右辺は $\hat{r}_j h_j e_j$ です. 両者の比較により $i = j$ の場合は $h_j \in \mathbb{C}$ となり, それ以外は $h_j = 0$ となります. ∎

より一般的に $t_n^n = 1$ とした巡回群 $\mathfrak{C}_n = \{t_n^i \mid i = 0, 1, \cdots, n-1\}$ に対して, $\mathbb{C}[\mathfrak{C}_n]$ の基底として $e_{n,j} := \frac{1}{n} \sum_{i=0}^{n-1} \zeta_n^{ij} t_n^i$ を用意し $\mathbb{C}[\mathfrak{C}_n]$ 加群

$$M_{n,j} := \mathbb{C}[\mathfrak{C}_n] e_{n,j}$$

が定義できます. $f \in \mathbb{C}[\mathfrak{C}_n]$ の元に対し, 1次元の行列 ($\mathbb{C} = \mathrm{End}_\mathbb{C}(M_{n,j})$ の元) $\hat{f}_i$ が定まります. これが表現論的な立場での離散フーリエ変換の理解です.

定理 8.9 $f = \sum_{i=0}^{n-1} f_i t_n^i \in \mathbb{C}[\mathfrak{C}_n]$ に対し**離散フーリエ変換** (1) により $f = \sum_{j=0}^{n-1} \hat{f}_j e_{n,j} \in \mathbb{C}[\mathfrak{C}_n]$ となり, $\mathbb{C}[\mathfrak{C}_n] = \oplus_{j=0}^{n-1} M_{n,j}$ という分解を持つ.

逆変換も定義できる事は自明です.

群 G の表現では $e:=\frac{1}{\#G}\sum_{g\in G}g$ は**恒等表現**として重要です．$\mathfrak{C}_n$ では $e_{n,0}$ に相当し，フーリエ変換の **DC(直流)成分**と呼ばれる $\hat{f}_0$ を与えます．

8.5.1 $\mathbb{R}[\mathfrak{C}_3]$ 加群

$\mathbb{C}$ を $\mathbb{R}$ に置き換え，$\mathbb{R}$ 表現を眺めると

$$e_j := \begin{pmatrix} 1 \\ 0 \end{pmatrix} + \begin{pmatrix} \cos(2j\pi/3) \\ \sin(2j\pi/3) \end{pmatrix} t_3 + \begin{pmatrix} \cos(4j\pi/3) \\ \sin(4j\pi/3) \end{pmatrix} t_3^2$$

$$t_3^i e_j := \begin{pmatrix} \cos(2\pi/3) & -\sin(2\pi/3) \\ \sin(2\pi/3) & \cos(2\pi/3) \end{pmatrix}^{-ij} e_j$$

とすることで 2 次元表現が得られます．

8.6　$\mathbb{C}[\mathfrak{C}_{mn}]$ 加群と高速フーリエ変換

8.6.1 $\mathbb{C}[\mathfrak{C}_{mn}]$ 加群と誘導表現

$\mathbb{C}[\mathfrak{C}_{mn}]$ 加群を知る上で，$\mathbb{C}[\mathfrak{C}_n]$ 加群や $\mathbb{C}[\mathfrak{C}_m]$ 加群の知識を利用するという試みの話をします．

t_{12}^4 と t_3 を同一視することで，$\mathfrak{C}_3 \subset \mathfrak{C}_{12}$ は部分群[11]として見なせます．$t_{12}^\ell \overline{\mathbb{C}[\mathfrak{C}_3]} := \mathbb{C} t_{12}^\ell + \mathbb{C} t_{12}^{\ell+4} + \mathbb{C} t_{12}^{\ell+8}$ とすることで，

$$\mathbb{C}[\mathfrak{C}_{12}] = 1\overline{\mathbb{C}[\mathfrak{C}_3]} + t_{12}\overline{\mathbb{C}[\mathfrak{C}_3]} + t_{12}^2\overline{\mathbb{C}[\mathfrak{C}_3]} + t_{12}^3\overline{\mathbb{C}[\mathfrak{C}_3]} \tag{6}$$

と $\mathbb{C}$ ベクトル空間としての等号を得ます．右辺は加法について閉じ，t_{12}^ℓ の作用に閉じているので (6) は $\mathbb{C}[\mathfrak{C}_{12}]$ 加群としての等号でもあることが判ります．

他方，$\overline{\mathbb{C}[\mathfrak{C}_3]}$ は $t_{12}^{4\ell}$ の積に不変です．また，$\mathfrak{C}_3$ を 1 に対応させることで，(6) は $\mathbb{C}[\mathfrak{C}_4]$ 加群

---

[11] 部分群とは群の部分集合であり，群であるものです．

第8章 離散フーリエ変換と群の表現

$$\mathbb{C}[\mathfrak{C}_4] = \mathbb{C}1 + \mathbb{C}t_4 + \mathbb{C}t_4^2 + \mathbb{C}t_4^3$$

と同一視できます．定理8.9より $\mathbb{C}[\mathfrak{C}_4] = \bigoplus_{j=0}^{3} \mathbb{C}e_{4,j}$ より $\mathbb{C}[\mathfrak{C}_{12}] = \bigoplus_{j=0}^{3} \widetilde{\mathbb{C}[\mathfrak{C}_3]}e_{4,j}$ と書けます．他方 $\widetilde{\mathbb{C}[\mathfrak{C}_3]}$ は $\mathbb{C}[\mathfrak{C}_3]$ と同一視され命題8.6により分解します．このように $M_{12,3i+4j}$ を $M_{3,j}$ や $M_{4,i}$ より構成できます．この構成法を**誘導表現** [1] と呼びます[12]．

8.6.2　$\mathbb{C}[\mathfrak{C}_{nm}]$ 加群，高速フーリエ変換の原理

高速フーリエ変換の本質は上記の誘導表現にあるというのが，ここでの主張です [3]．$\mathbb{C}[\mathfrak{C}_{12}]$ 加群を $\mathbb{C}[\mathfrak{C}_4]$ 加群と $\mathbb{C}[\mathfrak{C}_3]$ 加群から構成するというものが高速フーリエ変換の原理でもあります[13]．まず，$j_{12} = j_4 3 + j_3$ とし，$i_{12} = i_3 4 + i_4$ と分解するとします．$(i_3, j_3 \in \{0,1,2\}, i_4, j_4 \in \{0,\cdots,3\}, i_{12}, j_{12} \in \{0,\cdots,11\})$．

このとき $f \in \mathbb{C}[\mathfrak{C}_{12}]$ に対し $\hat{f}_j := f e_{12,j}$ は

$$\hat{f}_j = \sum f_i \zeta_{12}^{ij} \tag{7}$$

ですので，

$$i_{12} j_{12} \equiv i_4 j_4 3 + i_3 j_3 4 + i_4 j_3 \mod 12$$

より，$\zeta_{12}^{i_{12}j_{12}} = \zeta_4^{i_4 j_4} \zeta_3^{i_3 j_3} \zeta_{12}^{i_4 j_3}$，つまり

---

[12] 有限群に限らず群 G とその部分群 H を考え，誘導表現ではヘッケ環 $\mathbb{C}[H]\backslash\mathbb{C}[G]/\mathbb{C}[H]$ が重要になります．整数論では，G として $\mathrm{SL}(2,\mathbb{Z})$ を取り上げ様々な H に対してとても面白い性質を提供します．また，可積分系では，G として置換群に関するものが解ける量子場の理論や統計力学のモデルと関連して重要となります．

[13] 3 と 4 は互いに素であるので，もう少しエレガントで，直接誘導表現との関係が判りやすい方法がありますが，通常，高速フーリエ変換は $n = 2^\ell$ となることを考え，互いに素でない場合の計算方法を紹介します．

$$\hat{f}_{j_{12}} = \sum_{i_4=0}^{3} \sum_{i_3=0}^{2} f_{i_{34}+i_4} \zeta_{12}^{i_{12}j_{12}}$$

$$= \sum_{i_4=0}^{3} \left[\zeta_{12}^{i_4 j_3} \left(\sum_{i_3=0}^{2} f_{i_{43}+i_3} \zeta_{4}^{i_3 j_3} \right) \right] \zeta_{4}^{i_4 j_4}$$

となります．これにより計算量が削減されます[14]．これが高速フーリエ変換の原理です．

8.7 ガウスの和

高速フーリエ変換はガウス(1777-1855)が1805年の関数の補間方法に関する論文で既に発見しているという話があります[4]．[4]では補間関数のみについて書かれていますが，ガウスはその当時以下の**ガウスの和**(9)を研究していた事が知られています．つまり，以下に示すようにガウスは**離散フーリエ変換を環構造の中で眺めていた**ので，高速フーリエ変換の着想を得たと考えるべきです[3]．そこでガウスの和の話をします．これは整数論，特に類体論へのステップで重要な役割を果たします．また，量子力学と整数論との関係を探る上でも重要と考えています．

整数論の基本的な問題として，**平方剰余**の問題があります．オイラー(1707-1783)，ルジャンドル(1752-1833)を追って，ガウスがその研究を受け継ぎ，ガウスの和の研究をしました．

素数 s に対して，ルジャンドル記号

$$\left(\frac{p}{s} \right) := \begin{cases} +1, & m^2 = p \bmod s \text{となる整数 } m \text{ が存在するとき,} \\ -1, & \text{それ以外} \end{cases} \tag{8}$$

とし，素数 s_j に対する合成数 $q = s_1 \cdots s_n$ に対して，ヤコビ記号を

---

[14] (7)では各 j (12個) について i の12項の和の計算に対し，各 (j_3, j_4) について途中で i_3 の和と i_4 の和を計算します．総計算量は $\frac{(3+4)12}{12^2}$ 程度の，$n = 2^\ell$ では $\frac{n \log n}{n^2}$ 程度の減少となります．

第8章 離散フーリエ変換と群の表現

$\binom{p}{q} := \binom{p}{s_1}\binom{p}{s_2}\cdots\binom{p}{s_n}$ とします．平方剰余には相互法則

$$\binom{p}{q}\binom{q}{p} = (-1)^{\frac{p-1}{2}\frac{q-1}{2}}$$

という整数の環としてのとても不思議な関係があります．奇数 q の場合のガウスの和とは，

$$\sum_{n=0}^{q-1} e^{\frac{2\pi\sqrt{-1}}{q}n^2} = \sum_{n=0}^{q-1}\binom{n}{q}e^{\frac{2\pi\sqrt{-1}}{q}n} = \begin{cases} \sqrt{q}, & (q \equiv 1 \bmod 4), \\ \sqrt{-q}, & (q \equiv 3 \bmod 4). \end{cases} \tag{9}$$

のことです．等式の平方根の前にマイナスが付くか否かを決めるためにガウスは 1801 年から 1805 年に (9) の研究を行ったと言われています[3][15]．

8.8 差分方程式と安定性

フォン・ノイマンの安定性理論について，差分法の教科書では離散フーリエ変換を利用して記載しているので，その概要を紹介して本章の話を終えることにします．これはフーリエ変換の故郷である熱伝導方程式に関する差分化の話です．フォン・ノイマンは第二次世界大戦時に偏微分方程式の差分化について考察しました．**線型作用素**の環構造を研究していた彼にとっては自明だったかもしれません．実際，論文公表には積極的でなかったようです[5]．

差分方程式を考えますが，少し格好よく考えてみます．$X := t_n$ と書いて，$V := \mathbb{R}[\mathfrak{C}_n]$ を考えます[16]．V から V への線型写像の繰り返しを考えます．これを時間発展として認識したいので気分を出すために不定元 T を使って無限次元ベクトル空間

$$\mathcal{V} := V \oplus VT \oplus VT^2 \oplus VT^3 \cdots$$

---

[15] コラム 8 を参照．
[16] 気分は $V := \mathbb{R}[X]/(1-X^n)\mathbb{R}[X]$ を考えています（11.2.8 節を参照）．

を導入して，線型写像 $\mathfrak{T}: VT^m \to VT^{m+1}$ を考えましょう．V の元 $f^{(m)}(X) = \sum_{\ell=0}^{n-1} f_\ell^{(m)} X^\ell$ に対して $\mathfrak{T}(f^{(m)}(X)T^m)$ を

$$\left(1 + \frac{\epsilon}{a^2}(X^{-1} - 2 + X)\right) f^{(m)}(X) T^{m+1} =: f^{(m+1)}(X) T^{m+1} \tag{10}$$

と定義します．成分で書くと

$$\frac{f_\ell^{(m+1)} - f_\ell^{(m)}}{\epsilon} = \frac{f_{\ell+1}^{(m)} - 2f_\ell^{(m)} + f_{\ell-1}^{(m)}}{a^2} \tag{11}$$

です．$an = L$ が一定になるように $a \to 0$, $\epsilon \to 0$, $n, m \to \infty$, $t := m\epsilon$, $x := \ell a$ とすることで，

$$\frac{\partial}{\partial t} f(x, t) = \frac{\partial^2}{\partial x^2} f(x, t)$$

と見なすことができるので，(11)は熱伝導方程式の差分化とみることができます．

安定性とは，($\mathfrak{T}$を行列表示して) $\mathfrak{T}$ のスペクトルノルム $|\mathfrak{T}|_{op}$ が 1 より大きいか否かを考えることです．但し，スペクトルノルムとはある行列 $A = \mathrm{Mat}_{\mathbb{C}}(n)$ に対して，$|A|_{op} := \sup_{\lambda \in \mathrm{Spect}\, A} |\lambda|$ と定義します．ここで，$\mathrm{Spect}\, A := \{\lambda \in \mathbb{C} \mid \det(\lambda I_n - A) = 0\}$ としました．

1) $|\mathfrak{T}|_{op} > 1$ ならば，$\lim_{m\to\infty} |\mathfrak{T}^m|_{op} = \infty$ となり $\lim_{m\to\infty} \mathfrak{T}^m$ が定義不能．
2) $|\mathfrak{T}|_{op} \leq 1$ ならば，$\lim_{m\to\infty} |\mathfrak{T}^m|_{op} \leq 1$ となり $\lim_{m\to\infty} \mathfrak{T}^m$ が定義可能．

前者を不安定とよび，**後者を安定**と呼びます．

(5)と同様に

$$\mathfrak{T} e_{n,\ell} T^m = \left(1 + \frac{\epsilon}{a^2}(\zeta_n^\ell - 2 + \zeta_n^{-\ell})\right) e_{n,\ell} T^{m+1}$$

となります．簡単な n が偶数の場合を考えますと，適当な条件下では $|\mathfrak{T}|_{op} = \max(1, |1 - 4\epsilon/a^2|)$ となります．従って，1) $\epsilon/a^2 > 1/2$ の場合 $\mathfrak{T}$ は**不安定**であり，2) $\epsilon/a^2 \leq 1/2$ の場合 $\mathfrak{T}$ は**安定**です．

$\epsilon/a^2 = 1/2$ のとき(11)は $f_\ell^{(m+1)} = \frac{1}{2}(f_{\ell+1}^{(m)} + f_{\ell-1}^{(m)})$ となります．これは隣接点の値の平均化という熱伝導方程式の本質を表現した式でもあります．

第8章 離散フーリエ変換と群の表現

Tip of the Day

[3]は一般の有限群を含めてですが,有限フーリエ変換のみを話題にした442ページの本です.内容は整数論から信号処理までとても豊富です.このような視点からの本があるということだけで晴れやかな気持ちになります.

参考文献

[1] J-P. Serre, (L. Scott 英訳) Linear Representations of Finite Groups, Springer 1977

[2] J. W. Cooley, J. W. Tukey, *An algorithm for the machine calculation of complex Fourier series*, Math. Comput. **19** (1965) 297–301.

[3] A. Terras, Fourier Analysis on Finite Groups and Applications LMSST 43 Cambridge 1999

[4] M. Heideman, D. Johnson, C. Burrus, *Gauss and the history of the fast Fourier transform*, IEEE ASSP Magazine **1** (1984) 14–21.

[5] J. Crank, P. Nicolson, *A Practical Method for Numerical Evaluation of Solutions of Partial Differential Equations of Heat Conduction Type*, Proc. Camb. Phil. Soc. **43** (1947) 50–67.

問題 **8.1**

適当な n と k に対して $(f_0^{(0)}, f_1^{(0)}, ..., f_n^{(0)})$ を $f_\ell^{(0)} = \delta_{k\ell}$ とする．このとき，
$$f_\ell^{(m+1)} = \left(1 - 2\frac{\epsilon}{a^2}\right)f_\ell^{(m)} + \left(\frac{\epsilon}{a^2}\right)(f_{\ell+1}^{(m)} + f_{\ell-1}^{(m)})$$
として，n 個の数列の $(m \geq 0)$ に関する時間発展を数値計算せよ．

問題 **8.2**

$f, g \in \mathbb{C}[\mathfrak{C}_n]\left(f = \sum_{i=0}^{n-1} f_i t_n^i = \sum_{i=0}^{n-1} \hat{f}_i e_{n,i}\ \text{及び}\ g = \sum_{i=0}^{n-1} g_i t_n^i = \sum_{i=0}^{n-1} \hat{g}_i e_{n,i}\right)$ に対して $(f, g)_l := \sum_{i=0}^{n-1} f_i \overline{g_i},\ (f, g)_r := \frac{1}{n}\sum_{i=0}^{n-1} \hat{f}_i \overline{\hat{g}_i}$ とする．このとき**プランシェレル・パーセバルの関係式**
$$(f, g)_l = (f, g)_r,\ \sum_{i=0}^{n-1} f_i \overline{g_i} = \frac{1}{n}\sum_{i=0}^{n-1} \hat{f}_i \overline{\hat{g}_i}$$
を満たすことを示せ．特に $(f, f)_r = (f, f)_l$ となる事は重要である．

問題 **8.3**

$f \in \mathbb{C}[\mathfrak{C}_{nm}]\left(f = \sum_{i=0}^{nm-1} f_i t_{nm}^i = \sum_{i=0}^{nm-1} \hat{f}_i e_{nm,i}\right)$ に対して，次を示せ．
$$\sum_{j=0}^{n-1} f_{i+jm} = \frac{1}{nm}\sum_{j=0}^{m-1} \hat{f}_{jn} \zeta_{nm}^{ijn}$$
これが有限次元版の**ポアソン総和則**である．

問題 **8.4**★

n 次巡回群に対する離散フーリエ変換の n 無限大のある極限が連続のフーリエ変換に対応することが知られている．4.6.5 節によると n 次巡回群では t^{ℓ_1} を $t^{\ell_1\ell_2}$ とする操作 t^{ℓ_2} が回転の対称性を表す．n が無限大となるフーリエ変換では並進移動に対応する．従って，それらの対称性が崩れた場合は機能しない．ところが，多くの物理現象でフーリエ変換が利用されている場合でも必ずしも無限の彼方まで空間が等質であるということはないにも関わらずフーリエ変換により情報が得られることが多い．実際にフーリエ変換を利用した経験がある場合はその状況を振り返り，そうでない場合は適当な問題を想定し，なぜフーリエ変換が物理において有効なのかを考察せよ．

Column 8

ガウスの世界

ガウス

ガウス（1777–1855）や**オイラー**（1707–1783）の研究の本当の広さを語ることができる人は現存するのかどうかとても疑問に感じることがあります．ヴェイユ（1906–1998：コラム 9）は**数学の研究を行っている者でなければ数学史は語れない**と述べましたが，もしもそうであるとすると，ガウスの真の姿は数学だけではなく，**技術開発を行い，物理屋としての研究をし，天文の軌道計算を行った者でなければ語れない**ということになります．ヴェイユとてガウスやオイラーの真の姿を語る資格がないということです．つまり，ガウスやオイラーの全体の姿を語れる人はどこにもいないかもしれません．

　断片をもって全てと考えることは問題です．断片を断片として眺めているという意識をもつことが大変重要だと感じます．高速フーリエ変換の発見が約 160 年前のガウスに遡るという 8 章の文献［4］の指摘も，数値解析的な視点だけではなく 8.7 節で述べたように整数論的な視点がなければ単なるオーパーツ（時代錯誤遺物）となってしまいます．他方，整数論的な研究を幾ら極めても，高速フーリエ変換の威力を体感したことがないのなら，その意味することやガウスの中にあったであろう動機は判らないかもしれません．ガウスは「**数学は科学の女王であり，算術は数学の女王である．この女王は威張ることなく，天文学やその他の科学を助けるが，すべての関係の中で，この女王は第一級の価値を与えられている**」と述べました［コラム 6:8］．自然法則

が全て数学によって記述できるという意味ですが，数学が実学も含めた自然法則を支配し，算術，つまり整数論が，他の数学分野の模範として中心に存在しているというのが**ガウスの数学観**と考えられます．高速フーリエ変換の発見の事実はその一つの表れとみるべきです[1]．

このように整数論はガウスの数学の中心にありました．ガウスは，8.7節のガウスの和（それも前の因子）の証明を 5 つ行ったといわれています．整数論の基本関係式は互いに素な整数 p と q に対して，適当な $p', q' \in \mathbb{Z}$ により，$p'q - q'p = 1$ にできるというものです．ガウスの和にしても最終的にはこの関係の上に成り立っています（11.1節を参照）．これは $SL(2, \mathbb{Z}) = \left\{ \begin{pmatrix} a & b \\ c & d \end{pmatrix} \middle| ad - bc = 1 \right\}$ の元を意味します．7 章で紹介したガウス光学は $SL(2, \mathbb{R})$ の話でした．両者の同一性や差異を意識していたか否かは控えめに言えば不明ですが，ガウスの頭の中で両者は同時期に存在していました．ヴェイユ(1906–1998)は 1964 年の論文 [7 章：8] [5 章：6] で $SL(2, \mathbb{R})$ と $SL(2, \mathbb{Z})$ を単なる部分群としての扱いではなく融合させます．8 章の (9) 式であるガウスの和の $\sqrt{\pm q}$ の位相 $\sqrt{\pm 1}$ は，コラム 7 で述べた焦点での光の波動の**位相異常**（phase anomaly）と呼ばれるものと関連し，量子論の $pq - qp = \sqrt{-1} \hbar$ とも関連します（問題 14.1 を参照）．これはガロア(1811–1832)が決闘による死の前日にシュヴァリエへの手紙の中で $E'F'' - E''F' = \frac{\pi}{2} \sqrt{-1}$ と予言した関係式にも繋がります[2]．更にはコラム 10 の超楕円曲線や 10 章のリーマン面，7 章の**シンプレクティック群**や，**ジゲール**(1896–1981)が行った深い研究とも結びついたりもします[3]．

ガウスの数学観は今も現代数学の根底で低く響いているように感じます．

[1] G.W. ダニングトン （銀林浩，田中勇，小島穀男訳）ガウスの生涯―科学の王者　東京図書 1985 年

[2] N. H. アーベル, É. ガロア（足立恒雄，長岡亮介，杉浦光夫編，　高瀬正仁訳）アーベル / ガロア 楕円関数論　朝倉書店 1998 年

[3] 飯高茂，浪川幸彦，上野健爾　デカルトの精神と代数幾何　日本評論社；増補版 1993 年

第9章 線型代数に関わる空間たち

　レオナルド・ダ・ヴィンチ（1452–1519）は，**遠近法**を始めとするルネッサンスまでに開発された絵画手法を注ぎ込んで『最後の晩餐』（1495–8）を完成させました．**透視図法**とも呼ばれる遠近法では平行線が，遠方にゆく程に画面上でのその距離を縮め，**消失点**と呼ばれる点で交わります．『最後の晩餐』では1977年から1999年の大改修において，イエスの顔の近くに消失点の釘跡が見つかりました．遠近法は1400年代初め，建築家ブルネレスキ（1377–1446）により発見され，ガリレイ（1564–1642）も私設学校で教えていたように，一つの学問となりました．消失点は無限の遠方（無限遠点）に対応するものです．ディラック（1902–1984）は製図の作成を通して，射影空間を理解し，その理解を通して量子力学の数学的構築を行ったとも言われます．

　本章は線型代数に関わる空間の話をします．ユークリッド空間，アフィン空間，無限遠点を含む射影空間，射影空間の故郷とも呼べる遠近法，グラスマン多様体，そして最後に6章で予告したミンコフスキー空間について話をします．

9.1 ユークリッド空間と変換群

　1章でも触れた実ユークリッド空間 $\mathbb{E}^n$ を考えましょう．$\mathbb{E}^n$ は我々の知っている3次元空間を一般化したものです．

$\mathbb{E}^n$ の各点には内積 $(\,,\,)$ をもった[1] n 次元実ベクトル空間 $(\mathbb{R}^n, (\,,\,))$ が付随しています．つまり，$\mathbb{E}^n$ の任意の 2 点 P, Q に対し，差 $u := P - Q \in \mathbb{R}^n$ が定義でき，それが $(\mathbb{R}^n, (\,,\,))$ を定めています [1]．

更に $u \in \mathbb{R}^n$ に対し $\mathbb{E}^n$ の各元 P には和 $P + u \in \mathbb{E}^n$ が定義でき，u による平行移動が定義されます．これを**並進**と以下呼びます．並進操作のために $\mathbb{R}^n$ と異なり $\mathbb{E}^n$ は原点のような特別な点を持ちません[2]．

クライン (1849–1925) は 23 歳でエルランゲン大学の教授に就任する際に新たな幾何学の研究方法を提唱しました．ガロア (1811–1832) の**群による方程式の研究手法**を幾何学へ拡張した**幾何学対象に作用する変換群により幾何学を研究する方法**です．**エルランゲン・プログラム** [1] と呼ばれるものです．

$(\mathbb{R}^n, (\,,\,))$ の内積を保存する n 次元直交変換
$$\mathrm{O}(n) := \{U \in \mathrm{GL}(n, \mathbb{R}) \mid U^T = U^{-1}\}$$
を考えましょう．つまり $g \in \mathrm{O}(n)$ と $u, v \in (\mathbb{R}^n, (\,,\,))$ に対して，$(u, v) = (gu, gv)$ となります．また，$\mathrm{SO}(n) := \{U \in \mathrm{O}(n) \mid \det U = 1\}$ とします．

変換群に着目すると $\mathbb{E}^n$ は並進と鏡映・回転により特徴付けられます．つまり，$u \in \mathbb{R}^n$ に対して，
$$\text{並進}: T_u : \mathbb{E}^n \to \mathbb{E}^n, \quad (P \mapsto P + u)$$
と[3]，$g \in \mathrm{O}(n)$ の元と適当な点 $Q \in \mathbb{E}^n$ に対して
$$\text{鏡映・回転}: R_{g,Q} : \mathbb{E}^n \to \mathbb{E}^n, (P \mapsto g(P - Q) + Q)$$
とが $\mathbb{E}^n$ に作用し，それぞれ全単射となります．特に $\mathbb{E}^n$ の**長さ** $\|P - Q\| := \sqrt{(P-Q, P-Q)}$ **や角度の絶対値** $|\cos^{-1}((P-Q, P'-Q)/\|P-Q\|\|P'-Q\|)|$

---

[1] ここで述べる $\mathbb{R}$ ベクトル空間 V の内積とは正確には**正定値内積**とも呼ばれるものです (6.1.2 節，6.2 節を参照)．特に $(e_1, \cdots, e_n)$ を V の直交基底とすると $u = \sum_i u_i e_i$, $v = \sum_i v_i e_i$ に対して，$(u, v) = \sum_i u_i v_i$ となります．この内積を**ユークリッド内積**と呼びます．

[2] $\mathbb{E}^n$ は位置ベクトルの集合のことです．位置ベクトルでも基準となる原点が必須ですが，原点は $\mathbb{E}^n$ のどの点に取ってもよいということに対応します．

[3] T_u が群であることは $u, v \in \mathbb{R}^n$ に対して $T_u T_v = T_{u+v}$ となる事実と $\mathbb{R}^n$ が加法群である事実より判ります．

第9章 線型代数に関わる空間たち

は並進や $O(n)$ の作用によって影響を受けず，不変となります．この不変性が $\mathbb{E}^n$ を特徴付けます [1]．

中学時代に習った**図形の合同**の問題はこのユークリッド空間 $\mathbb{E}^n$ の特徴に基づく幾何学の問題と見なせます．合同を格好よく書いてみましょう．

定義9.1 2次元ユークリッド空間 $\mathbb{E}^2$ において2つの m 角形 $(P_1, \cdots, P_m)$ と $(P'_1, \cdots, P'_m)$ に対し，適当な点 $Q \in \mathbb{E}^2$ と $g \in \mathrm{SO}(2)$ と並進 $u \in \mathbb{R}^2$ で各 $i = 1, \cdots, m$ に対し $P_i = g(P'_i - Q) + u$ となる組 $((g, Q), u)$ が1つ存在するとき，両者を**合同**と呼ぶ．

更に，2つの図形が**相似**とは，合同変換に適切な拡大縮小の作用による2つの図形の一致も含めることです．

9.2 K アフィン空間と K 射影空間

ユークリッド空間より一般的なアフィン空間，更には射影空間を紹介した後に再度，ユークリッド空間を見直しましょう [1]．K は $\mathbb{R}$ または $\mathbb{C}$ とします．

9.2.1 K アフィン空間

ユークリッド空間では並進群が重要でしたが，K ベクトル空間 K^n による並進群 $\mathfrak{T}_K := \{T_u \mid u \in K^n\}$ のみに着目したのが K です．全単射 $T_u : A_K^n \to A_K^n$ を $P \longmapsto P + u$ とします．

A_K^n における並進操作 T_u は線型写像ではありませんし，A_K^n は線型空間でもありません[4]．従って，定数倍は定義できず，0倍もないので，原点なる特

---

[4] $u \in K^n, (u \neq 0)$ を一つ選んで，写像 $T_u : A_K^n \to A_K^n$ を $v \longmapsto v + u$ とします．$T_u(v_1 + v_2) = v_1 + v_2 + u$ ですが，$T_u(v_1) + T_u(v_2) = v_1 + v_2 + 2u$ より，両者は一致しません．つまり，3.4節の3で示したように T_u は線型写像とはなり得ません．従って，**集合として A_K^n は K^n と一致しますが，K^n とは本書では書かないこと**としました．代数幾何等では厳密に区別する場合もありますが，幾つかの分野では区別しない場合もあります．

別な点がありません．各点が平等なのです．

A_K^n に付随する K^n には $\mathbb{E}^n$ と異なり内積のような特別な構造を付加しません．つまり，$\mathbb{E}^n$ を特徴付けた $\mathrm{O}(n)$ に対応するものは $\mathrm{GL}(n, K)$ です．A_K^n の変換群は $\mathrm{GL}(n, K)$ と $\mathfrak{T}_K$ となります．

9.2.2　K 射影空間 PK^n

A_K^n は遠近法で重要となる無限遠点は含みません．A_K^n に無限遠点を含み，より線型空間との関係が密接な K 射影空間 PK^n を紹介します．K 射影空間 PK^n は素粒子論，暗号・符号理論，コンピュータ・ビジョン，CT スキャン，代数幾何や微分幾何で重要となります．

K 射影空間 PK^n は $K^{n+1\times} := K^{n+1} \backslash \{(0,\cdots,0)\}$ の要素 [5]
$$(X_0, X_1, \cdots, X_n) \in K^{n+1\times}$$
に対して，その成分の比 $[X_0:X_1:X_2:\cdots:X_n]$ によって定まるものです．比が同じならば，同じ点と見なします．つまり，K 射影空間 PK^n は
$$PK^n := \{[X_0:\cdots:X_n] \mid (X_0,\cdots,X_n) \in K^{n+1\times}\}$$
と抽象的に定義できます．$K^{n+1\times}$ には $g \in \mathrm{GL}(n+1, K)$ が全単射
$$g : K^{n+1\times} \to K^{n+1\times} \tag{1}$$
として自然に作用します．これを通して g は PK^n に作用します．これを**射影変換**と呼びます．

9.2.3　K 射影空間 PK^1

$P\mathbb{R}^1$ の場合，$(X_0, X_1) \in \mathbb{R}^{2\times}$ に対して，その比 $[X_0:X_1]$ が $P\mathbb{R}^1$ の点となります．図 9-1 (a) の (X_0, X_1) と (Y_0, Y_1) が原点を通る直線 ℓ 上であ

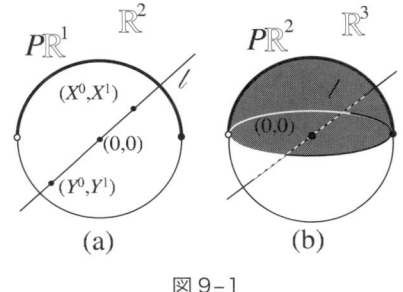

図 9-1

---

[5]　$A \backslash B := \{a \in A \mid a \notin B\}$ のことです．ここで，$K^{n\times}$ がベクトル空間ではないことも重要です．集合の差 $A \backslash B$ は定義から $A \backslash B = A \backslash (B \cap A)$ となる等式が成り立ちます．

れば比が等しい為 $P\mathbb{R}^1$ では同じ点に対応します．$a \in \mathbb{R}^\times$ に対して (X_0, X_1) と $a(X_0, X_1)$ も $P\mathbb{R}^1$ の同一点に対応します．それらの同一の点を代表する点として，図 9-1(a) の半円と直線 ℓ との交点を見ることができます．従って $P\mathbb{R}^1$ は図 9-1(a) の太線として図示できます．$P\mathbb{R}^2$ も図 9-1(b) に示すように定まります．

9.2.4 射影空間とアフィン空間の関係

もう少し具体的に PK^n を眺めましょう．$K^{n+1\times}$ の元 $(X_0,\cdots,X_n)$ の成分 X_i のいずれかは $K^{n+1\times}$ の定義より非零です．例として $X_0 \neq 0$ の場合を考えます．このとき，

$$\left(1, \frac{X_1}{X_0}, \frac{X_2}{X_0}, \cdots, \frac{X_n}{X_0}\right) \tag{2}$$

は $\left(\dfrac{X_1}{X_0}, \cdots, \dfrac{X_n}{X_0}\right) \in A_K^n$ と見なすことができます．

つまり，各 $X_i \neq 0$ に対し A_K^n は PK^n の中に埋め込まれています．逆に言うと**アフィン空間 A_K^n を張り合わせたものが射影空間 PK^n である**と見えます．(2) で表される A_K^n にとって $X_0 = 0$ は無限遠(無限超平面)に相当します．

9.2.5 アフィン空間 A_K^n と $\mathrm{GL}(n+1, K)$

X_0 を特別視して (2) によって A_K^n を埋め込み，線型変換でない並進操作も含めて，一般線型変換として表現しましょう．まずは (1) と全く同じものですが，$\mathrm{GL}(n+1, K)$ の元の $K^{n+1\times}$ への作用($K^{n+1\times}$ 間の写像)を

$$\begin{pmatrix}t'\\x'\end{pmatrix} = \begin{pmatrix}b & v\\u & A\end{pmatrix}\begin{pmatrix}t\\x\end{pmatrix} \tag{3}$$

と表記します．但し，$t, t' \in K$, $x, x' \in K^n$, $v \in \mathrm{Mat}_K(1, n)$, $u \in \mathrm{Mat}_K(n, 1)$, $A \in \mathrm{Mat}_K(n, n)$, $b \in K$ としました．

ここで $v = 0$, $b = 1$ とすると**アフィン変換**

$$\mathfrak{A}_K^n := \left\{ \begin{pmatrix} 1 & 0 \\ u & a \end{pmatrix} \middle| u \in K^n, A \in \mathrm{GL}(n, k) \right\}$$

が定義できます．実際 $t=1$ とすれば (3) はアフィン空間間の変換 $x' = Ax + u$, $(x, x' \in A_K^n)$ を与えています．

更に K を $\mathbb{R}$ として，$x \in \mathbb{E}^n$ とみると $\mathbb{E}^n$ 間の変換である**ユークリッド変換**が

$$\mathfrak{A}_{\mathbb{E}^n} := \left\{ \begin{pmatrix} 1 & 0 \\ u & A \end{pmatrix} \middle| u \in \mathbb{R}^n, A \in \mathrm{O}(n) \right\}$$

と定まります．これによりユークリッド幾何が特徴付けられるのです．

9.3 遠近法と射影幾何

$n=3$ とします．$P\mathbb{R}^3$ の中では $X_0 \to 0$ の極限が存在します．$A_\mathbb{R}^3$ の代わりに $\mathbb{E}^3$ を埋め込むことで $P\mathbb{R}^3$ を $\mathbb{E}^3$ と**無限遠点**を集めた無限平面 U_∞ とを合わせたもの $P\mathbb{R}^3 \approx \mathbb{E}^3 \cup U_\infty$ と考え，遠近法について眺めましょう [2]．

その前にピンホールカメラについて紹介します．カメラとはラテン語で「暗い部屋」を意味するカメラ・オブスクラから来たものです [3]．肖像画等を大量生産するために，まず暗室の箱の壁に小さな穴(図 9-2 の O)を作り，暗室内の面(図 9-2 の S)にガラスと薄紙を置き，紙に映る像をトレースして，デッサンの狂いのない絵の下書きとします[6]．1826 年頃にこれを化学反応を利用してそのまま媒体に写せないかと考えたのが，フランスのニエプス(1765–1833)です．その後ダゲール(1787–1851)と銅版に直接写すダゲレオタイプと呼ばれる写真技術を 1836 年に開発しました．ネガを得た後，印画紙にポジを焼き付けるカロタイプの写真技術を独立に発明したのが，イギリスのタルボット(1800–1877)です[7]．

---

[6] ダ・ヴィンチもアトランティコ手稿に書き残しています．

[7] タルボットは光学の干渉現象であるタルボット効果でも有名です．タルボット効果を一般化した分数タルボット効果は 8.7 節のガウスの和とも結びつきます．(コラム 9)

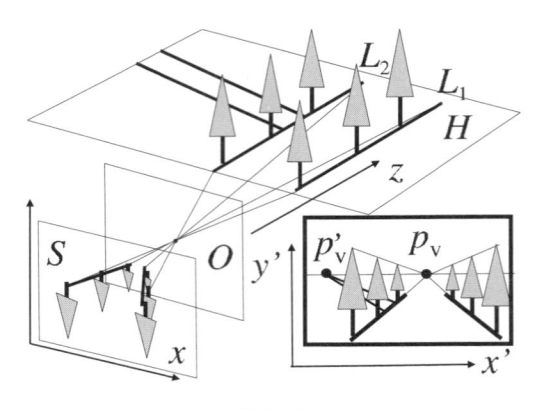

第9章 線型代数に関わる空間たち

図9-2

　それでは，$P\mathbb{R}^3$ と遠近法について述べます．

　以下の議論のために $P\mathbb{R}^3$ の点を $(T:X:Y:Z)$ と記法を少し変更します．そのアフィン部分 $\mathbb{E}^3$ を $T \neq 0$ での $(x, y, z) = \left(\dfrac{X}{T}, \dfrac{Y}{T}, \dfrac{Z}{T}\right)$ とします．また $T = 0$ が $\mathbb{E}^3$ の**無限平面** U_∞ に相当します．

　慣例に従って，光軸を z 軸とします．ピンホール O を $(1:0:0:0)$ とし，ガラス板やカメラのフィルム面（CCD 面）に相当する S を $(T:X:Y:-z_0 T)$ とします．$\mathbb{E}^3$ の内の z 成分が正となる半空間 $\mathbb{E}^3_{z>0}$ を主に考えますが，$(x, y, z) \in \mathbb{E}^3$ の点は，$x:y:z = -\dfrac{xz_0}{z} : -\dfrac{yz_0}{z} : -z_0$ より S 上では $\left(-\dfrac{xz_0}{z}, -\dfrac{yz_0}{z}\right) \in \mathbb{E}^2$ に射影されます．これを $\pi : P\mathbb{R}^3 \equiv \mathbb{E}^3 \cup U_\infty \to \mathbb{E}^2$ と書きましょう．つまり $\pi : (T:X:Y:Z) \longmapsto -\left(\dfrac{z_0 X}{Z}, \dfrac{z_0 Y}{Z}\right)$ です．

　今，S に平行でなく，ピンホール O を通らない超平面 H を考えます．図9-2 では H は地面に相当する平面です．$X := (T, X, Y, Z)^t \in \mathbb{R}^{4\times}$ と $\alpha := (d, a, b, c) \in \mathbb{R}^{4\times}$ とに対し，H の $\mathbb{R}^{4\times}$ の対応物を

$$\widetilde{H} = \{X \mid \alpha \cdot X = aX + bY + cZ + dT = 0\} \tag{4}$$

と表現します．（今の場合は $a = c = 0$, $b \neq 0$, $d \neq 0$ の状況を考えていま

す．）この超平面 H 上の平行な直線 L_1, L_2 を考え，図9-2の道の両端がなぜ遠近法では**消滅点** p_v で交わるのかを眺めましょう．L_a の方向を示す $\nu = (0, e_x, e_y, e_z) \in \mathbb{R}^{4\times}$ とすると

$$\alpha \cdot \nu = 0 \tag{5}$$

を満たします．$L_a \subset P\mathbb{R}^3$ の $\mathbb{R}^{4\times}$ の対応物を

$$\widetilde{L_a} = \{(T, x_a T, y_a T, z_a T) + s\nu \mid s \in \mathbb{R}\} \subset \mathbb{R}^{4\times}$$

とします．$P \in L_a$ は $T \neq 0$ では $(1, x_a, y_a, z_a) + \frac{s}{T}\nu$ となり $T = 0$ で無限遠点まで延びています．S では

$$\pi(P) = -z_0 \left(\frac{x_a T/s + e_x}{z_a T/s + e_z}, \frac{y_a T/s + e_y}{z_a T/s + e_z} \right) \tag{6}$$

と表されます．$T \to 0$ 又は $s \to \infty$ に対し $\pi(L_a)$ は

$$-z_0 \left(\frac{x_a T/s + e_x}{z_a T/s + e_z}, \frac{y_a T/s + e_y}{z_a T/s + e_z} \right) \to -z_0 \left(\frac{e_x}{e_z}, \frac{e_y}{e_z} \right)$$

となります．**平行線は直線の方向のみに依存して同じ点に収束します．** $\pi(P|_{T=0})$ は図の**消滅点** p_v です．

やや議論が必要ですが，(4)で無限遠点 $(T=0)$ に対して π により $H_{T=0}$ の像は水平線（$p'_v p_v$ 線）

$$\{(x', y') \in \mathbb{E}^2 \mid ax' + by' + c = 0\} \tag{7}$$

に相当します．これを遠近法では**消失線**と呼びます．(5)より，L_a の消失点は消失線上にいます．つまり，**遠近法の中には無限平面や射影空間の概念が内在されていたのです．「無限を理解するということは人類の一つの大きな目標であった」**[8] [6] と考えると遠近法は数学的にもとても重要なのです．

射影幾何学は遠近法を基にフランスの数学者デザルグ（1591–1661）が発見し，その発見の影響を受けパスカル（1623–1662）が研究し，その後忘れられ

---

[8] 例えば，無限遠点の特徴付けとしては $\infty + 1 = \infty$ や $\infty = n\infty$ と並進操作や n 倍数に対する不動な点と考えることができます．そのような視点の起源としては神の存在証明などが時代的背景としてあるとも考えられます [7]．（付録B.3節を参照）

第9章 線型代数に関わる空間たち

た1世紀を経てポンスレ (1788–1867)[9] が完成しました．それがエルランゲン・プログラムに昇華されたのです．

9.4 エピポーラ幾何と3D表示

両眼によって我々人間は3次元空間を認識します．デカルト (1596–1650) もそれに対する記述は行っていないものの，図9-3のような絵により両眼による視差の効果を認識していました．

3Dを取り扱うために両眼の視差の効果を表現しましょう．そのために図9-4の右下のように2つのピンホール O_a とスクリーン

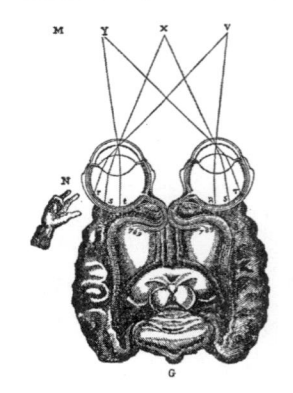

図9-3　7章[4]「方法序説及び3つの試論」より

S_a ($a = 1, 2$) が必要です．図9-4の左上のように O_a に対して点対称な面を S'_a と記し，S'_a を図示しています．

図9-4のピラミッドを立体視することを考えます．先の π のように $P_\mu = (T : X_\mu : Y_\mu : Z_\mu)$ ($\mu = 1, 2, \cdots, r$) に対して，それぞれの S'_a に対して
$$\pi_a : P_\mu \longmapsto Q_{\mu, a} \in S'_a$$
とする射影が判れば，基本的な3D画像が構築できます．このような幾何学をコンピュータ・ビジョンでは**エピポーラ幾何**と呼びます．

---

[9] ポンスレは力学における仕事の概念を導入したり，ポンスレの閉形定理というとても美しい定理を示したりしました．

エピポーラ幾何では P_μ, O_1, O_2 により定まる平面 Σ_μ を**エピポーラ面**と呼びます．空間の様々な点はいずれかのエピポーラ面上にあるという事を意味します．それぞれのエピポーラ面 Σ_μ 達は，O_1 と O_2 を結んだ直線 L_{O_1,O_2} を共通の交線として持ちます．$\{\Sigma\}$ と L_{O_1,O_2} とは射影幾何ではペンシル（束）と呼ば

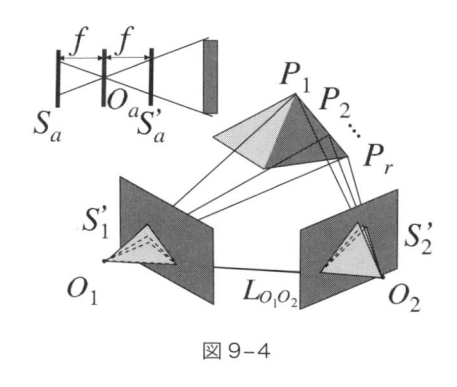

図 9-4

れ，幾何学的に面白い対象です．エピポーラ幾何では初等代数幾何が活躍することになります．

9.5 グラスマン多様体

9.5.1 射影空間とグラスマン多様体

射影空間の一般化としては，グラスマン多様体があります[10]．(問題 9.1 を参照)

図 9-1 において，(X_0, X_1) を 1 つ決めると $H_{(X_0, X_1)} := \{(Z_0, Z_1) | X_0 Z_0 + X_1 Z_1 = 0\}$ として，原点を通る直交した直線 $H_{(X_0, X_1)}$ が一つ決まります．パラメータ (X_0, X_1) は比のみで定まります．つまり，射影空間 $P\mathbb{R}^1$ の点 $[X_0 : X_1]$ は $\mathbb{R}^2$ の直線の埋め込みを定めると同時にそれに直交する直線 $H_{(X_0, X_1)}$ の埋め込みも定めます．

同様に $P\mathbb{R}^2$ は $\mathbb{R}^3$ への直線の埋め込み $[X_0 : X_1 : X_2]$ とも，直交する平面 $H_{(X_0, X_1, X_2)} := \{(Z_0, Z_1, Z_2) | X_0 Z_0 + X_1 Z_1 + X_2 Z_2 = 0\}$ の $\mathbb{R}^3$ への埋め込

---

[10] グラスマン (1809-1877) は線型代数の基本を作った数学者の一人です．線型代数の応用を語るとき，このグラスマン多様体を取り上げないわけにはいかないと考えています．

みとも考えられます．

つまり，射影空間は埋め込みのパラメータ空間と見ることができます．色々と未定義のままですが $P\mathbb{R}^n = \mathrm{O}(n+1)/\mathrm{O}(n)\mathrm{O}(1)$ と記すことが可能です．

幾何学のパラメータの空間を数学では**モデュライ空間**と呼びます．とても複雑ですが面白い数学対象です[11]．射影空間を平面や(超)平面の埋め込みのモデュライ空間と眺める立場では，その一般化として，m 次元 K ベクトル空間に n 次元 K ベクトル空間を埋め込む埋め込み方も幾何学になると考えるのは自然です．**グラスマン多様体**とはその埋め込みのモデュライ空間です．上記の記法に従って

$$\mathrm{Gr}(m,\ n,\ \mathbb{R}) := \frac{\mathrm{O}(m)}{\mathrm{O}(n)\mathrm{O}(m-n)}$$

と表現できます．

グラスマン多様体の応用に関しては様々なものが挙げられます．その一つには非線型可積分系としてのソリトン理論があります [8]．

9.5.2　グラスマン多様体と量子化学

量子化学とは，量子力学の基本原理によって，化学的対象である(有機)化合物の量子力学的性質を予測・解明する学問です．

量子化学では無限次元空間である関数空間を局所的な関数基底を利用することで有限次元で近似し，計算機で計算可能にします．ベンゼン環の安定な状態を計算する場合，電子の数 N_e が 42 に対して，その基底の数 N_b を100 個程度とします．

第 0 近似としては多体系の電子は線型空間で記述されますので，グラスマン多様体 $\mathrm{Gr}(N_b, N_e, \mathbb{R})$ を取り扱うことになります．電子はフェルミオンと呼ばれるもので，**スレータ行列式**なる行列式で記述されます．それは代数

---

[11] 工学でも形状の最適化の視点から実質的にモデュライ空間の研究をしています．が，学問の分化のためか，工学と幾何学の両者に交流があるようには見受けられません．

幾何で知られる $Gr(N_b, N_e, \mathbb{R})$ の点の表現である**プリュッカー座標**と本質的に同一です．(問題 9.1 を参照) フェルミオンは場の理論では**グラスマン数**により記述されますが，その起源はグラスマン多様体であると考えることができます．それらを量子化学においては計算機上で触れることができるのです．

9.6 特殊相対性理論とミンコフスキー空間

アリストテレス (BC384-322) 以降天空と地上とが異なるものであったものが，デカルト (1596-1650)，ニュートン (1642-1727) らによって，地上の法則と天空の法則が同じものに従っている事が判明しました [9]．ガリレイの相対性原理は空間と速度空間が共にユークリッド空間であるということを示しました．このような空間の統一が科学の歴史であったと見ることができます [9]．

アインシュタイン (1879-1955) は，特殊相対性理論において，観測者と対象物は全く相対的であるとして，時間と空間を実ベクトル空間 $\mathbb{R}^4$ であるとしました．特殊相対性理論では，正定値でない計量

$$\eta := \begin{pmatrix} 1 & & & \\ & -1 & & \\ & & -1 & \\ & & & -1 \end{pmatrix}$$

が重要となります．観測者あるいは粒子が存在する位置を O とし，観測する物体または他の粒子との位置を P とするとき PO の相対位置を $\Delta \tau := (c\Delta t, \Delta x_1, \Delta x_2, \Delta x_3)^t$ と書きましょう．c は光速度です．その自分自身の内積は $(\Delta \tau, \Delta \tau)_\eta := (c\Delta t)^2 - (\Delta x)^2 - (\Delta y)^2 - (\Delta z)^2$ となります．つまり，(時間間隔)^2−(長さ)^2 です．$\sqrt{(\Delta \tau, \Delta \tau)_\eta}$ は**固有時間**と呼ばれる不変量です．この非正定値計量 η を持つ（広義）内積空間 $\mathbb{M}^4 := (\mathbb{R}^4, (,)_\eta)$ を発見者であるミンコフスキー (1864-1909) の名により**ミンコフスキー空間**と呼びます．

$(\mathbb{R}^4, (,))$ において $O(n)$ が長さが不変な変換であったように (7.2 節参

第9章 線型代数に関わる空間たち

照），$\mathbb{M}^4$ においてこの $(\Delta\tau, \Delta\tau)_\eta$ を保存する変換（「回転」）が重要です．例えば，$U_2 := \begin{pmatrix} \cosh\alpha & \sinh\alpha \\ \sinh\alpha & \cosh\alpha \end{pmatrix}$ とする際に，$U := \begin{pmatrix} U_2 & o \\ 0 & I_2 \end{pmatrix}$ に対して $(\Delta\tau, \Delta\tau)_\eta = (U\Delta\tau, U\Delta\tau)_\eta$ です．I_2 は単位行列です．ここで $\tanh\alpha = v/c$ とすると U は特殊相対性理論での x 方向の相対速度 v の相対運動を意味します．つまり，$\gamma := 1/\sqrt{1-(v/c)^2}$ とすることで，例えば $\Delta\tau' := U\Delta\tau$ は

$$c\Delta t' = \gamma(c\Delta t - v\Delta x/c), \quad \Delta x' = \gamma(-v\Delta t + \Delta x), \quad \Delta y' = \Delta y, \quad \Delta z' = \Delta z$$

となります．v が c に近づくと γ は発散しますので，これらが**時間の遅延や，長さの伸び縮み**の現象である**ローレンツ収縮**として解釈されます．$v/c \to 0$ でガリレイ変換に漸近します．このような $\mathbb{M}^4$ の「回転」変換を**ローレンツ変換**と呼び，並進群も含めた変換群をポアンカレ（1854－1912）の先見的な仕事に敬意を表して**ポアンカレ群**と呼びます．

また，$(\Delta\tau, \Delta\tau)_\eta$ の値が零か正か負かで $\mathbb{M}^4$ は分類されます．$(\Delta\tau, \Delta\tau)_\eta = 0$ となる $\Delta\tau$ は正定値内積の場合と違って，無限に存在します．それらは自分自身と直交しています．このような空間は**双曲型の空間**と呼び豊かな数学的性質を持っています．

このような正定値でない計量を持つベクトル空間での計算は一般にややこしものとなります．そのために通常は例えば，$V := \mathbb{R}^n$ と一般の計量 $g := (g_{ij})$ を持つ内積空間に対し，**V と双対空間 V* の元を添字の上下で区別**します．例えば，$u := (u^i)_{i=1,\cdots,n} \in V$ に対して，$w_i := \sum_{j=1}^n g_{ij} u^j \in V^*$ とする慣習（convention）を採用します．これにより内積などは $(v, u)_g = \sum_{i,j} g_{ij} v^i u^j = \sum_i v^i w_i$ のように，添字の上下が揃ったところで和が取られる様子（**縮約**という）が見えます．そのため，13.1節で紹介するように**アインシュタイン規約**という Σ 記号を省略する慣習が導入できます．これによりミンコフスキー空間の取り扱いも極めて楽になります．

> *Tip of the Day*
> [1]は古典的な幾何を易しく書いた本です．幾何学のベーシックな面白さを教えてくれます．きらびやかではありませんが，きっちり理解しなさいと教えてくれているように感じます．

参考文献

[1] 村上信吾　幾何概論　裳華房　1984 年
[2] 佐藤淳　コンピュータビジョン—視覚の幾何学　コロナ社　1999 年
[3] P. ニューホール（小泉定弘, 小斯波泰訳）　写真の夜明け　朝日ソノラマ 1996 年
[4] M. V. Berry and S. Klein, *Integer, fractional and fractal Talbot effects*, J. Mod. Opt., (1996) 2139–2164.
[5] A. Weil, *Sur certains groupes d'operateurs unitaries*, Acta Math. **11** (1964) 143–211.
[6] 玉野研一　なっとくする無限の話　講談社 2004 年
[7] 八木雄二　神を哲学した中世：ヨーロッパ精神の源流　新潮選書　2012 年
[8] 三輪哲二, 伊達悦朗, 神保道夫　ソリトンの数理　岩波書店 2007 年
[9] 菅野禮司　物理革命はいかにしてなされたか　講談社 1976 年

第9章 線型代数に関わる空間たち

問題 9.1 ★

$m > n > 0$ となる整数 m, n に対し，$V := K^m$，$W := K^n$ を考え，W を V へ埋め込む K 線型写像 $\iota : W \to V$ を固定する．（様々な線型の埋め込み ι の集合がグラスマン多様体 $\mathrm{Gr}(m, n, K) \equiv \{\iota\}$ となる．）外積代数 $\Lambda_V^{(n)}, \Lambda_W^{(n)}$ に対して $\dim_K \Lambda_V^{(n)} = {}_m C_n$，$\dim_K \Lambda_W^{(n)} = 1$ より，ι は $\iota^\# : \Lambda_W^{(n)} \to \Lambda_{\iota(W)}^{(n)} \subset \Lambda_V^{(n)}$ を誘導し，1 次元 K ベクトル空間 $\Lambda_W^{(n)}$ の ${}_m C_n$ 次元 K ベクトル空間 $\Lambda_V^{(n)}$ への埋め込み $\iota^\#$ を定めている．（$\iota : W \to V$ を変更した際に $\iota^\#$ は射影空間 $P(\Lambda_V^{(n)})$ の点を定める．つまり，グラスマン多様体が K 射影空間の中の部分空間として定まる．代数幾何では射影空間の部分空間か否かが重要なので，$\iota^\#$ は極めて重要となる．）

V の基底を $\{e_i \mid i = 1, ..., m\}$，$W$ の基底を $\{b_i \mid i = 1, ..., n\}$ とすると，$w = \sum w_i b_i \in W$ に対して $\iota(w) = \sum_{i=1}^n \iota(w)_i e_i = \sum_{i,j} w_j \iota(b_j)_i e_i$ となる．このとき，$\iota^\#(b_1 \wedge \cdots \wedge b_n)$ は $\sum_{i_1, ..., i_n} \iota(b_1)_{i_1} \cdots \iota(b_n)_{i_n} e_{i_1} \wedge ... \wedge e_{i_n}$ となる．添え字の集合 $\{1, ..., m\}$ の部分集合 $J := \{j_1..., j_n\}$ を一つ選んだ際，埋め込み $\iota^\#(b_1 \wedge \cdots \wedge b_n)$ の $e_{j_1} \wedge \cdots \wedge e_{j_n}$ の成分は $n \times n$ の行列の行列式

$$\sum_{\sigma : J \to J : 全単射} \epsilon(\sigma) \iota(b_1)_{\sigma(i_1)} \cdots \iota(b_n)_{\sigma(i_n)}$$

の形で表される．これを**プリュッカー座標**と呼び，この埋め込み $\iota^\#(b_1 \wedge \cdots \wedge b_n)$ を**プリュッカー埋め込みと呼ぶ．V を複素値の関数空間としたときに，n 個の電子などのフェルミオンは $W = \mathbb{C}^n$ でパラメタ化され，その配位空間はプリュッカー座標で表現され，それをスレータ行列**と呼ぶ．

1) $(m, n) = (5, 2)$ の場合のプリュッカー座標を一例，書き下せ．

2) $\begin{vmatrix} a & b \\ c & d \end{vmatrix} \begin{vmatrix} e & f \\ g & h \end{vmatrix} = \begin{vmatrix} a & e \\ c & g \end{vmatrix} \begin{vmatrix} b & f \\ d & h \end{vmatrix} + \begin{vmatrix} a & f \\ c & h \end{vmatrix} \begin{vmatrix} e & b \\ g & d \end{vmatrix}$ を確かめよ．（この関係式は**シルベスターの関係式**で知られている式の特殊なものである．）このような関係からプリュッカー座標の間には関係が存在する．$(5, 2)$ の場合の一例を提示せよ．この関係は**プリュッカー関係式**と呼ばれている．

問題 9.2

$V := \mathbb{R}^n \equiv \oplus_{i=1}^n \mathbb{R} e_i$ に対して，外積代数はベクトル空間として $\Lambda_V := \mathbb{R} \oplus V \oplus \Lambda_V^{(2)} \oplus \cdots \oplus \Lambda_V^{(n)}$ と書かれる．この双対空間を Λ_V^* とし，3.6.1 節に従ってこの元を積分の表示を援用して表示する．つまり，$\int de_{i_1} \cdots de_{i_\ell} : \Lambda_V \to \mathbb{R}$, $\Bigl(f = \sum_{j_1,\dots,j_r} a_{j_1,\dots,j_r} e_{j_1} \wedge \cdots \wedge e_{j_r}$ に対して $\int de_{i_1} \cdots de_{i_\ell} f = a_{i_1,\dots,i_\ell} \in \mathbb{R} \Bigr)$ とする．従って

$$\Lambda_V^* = \Bigl\{ \sum b_{i_1,\dots,i_\ell} \int de_{i_1} \cdots de_{i_\ell} \Bigr\} = \bigoplus_{\ell=0}^n \bigoplus_{i_1<\cdots<i_\ell} \mathbb{R} \int de_{i_1} \cdots de_{i_\ell}$$

とできる．但し，$\int de_{i_1} de_{i_2} = -\int de_{i_2} de_{i_1}$ のようになっている．これを(**グラスマン積分**)と呼ぶ．外積代数にはテンソル積として積が定義される．以下 $n = 2m$ とし，$A \in \mathrm{Mat}_\mathrm{C}(m)$ とするとき，

$$\int de_1 \ldots de_{2m} \exp\Bigl(\sum_{i=1}^m \sum_{j=1}^m e_1 A_{ij} e_{m+j} \Bigr) = \det(A)$$

を示せ．この関係式が 6.5 節の多重ガウス積分と対となる(**グラスマン数版の多重ガウス積分**)である．行列式が平方根を無視すると分母に現われるのが通常の多重ガウス積分で，分子に現われるのがグラスマン数版である．適当な分母と分子の積により定数となることからグラスマン数と通常の数に対応関係があると考えるのが，超対称性と呼ばれるものである．

Column 9

アリスの世界

ヴェイユ

9.3 節で紹介したカロタイプの写真技術を発明した**タルボット**（1800-1877）は，ケンブリッジで**アーベル**（1802-1829）や**ヤコビ**（1804-1851）が発展させた楕円関数の研究を行っていた数学者でもありました．楕円関数は 10 章で示す非線型方程式やその背景にある線型構造の研究に関連するものです．タルボットは数学の研究を行いながら，1830 年頃から光やカメラの研究も行いました．その研究の過程で 1836 年に後年「**整数タルボット効果**」と呼ばれる光学の現象を発見します．**ガウス**（1777-1855）はコラム 8 と 8.7 節に述べたガウスの和や楕円関数の研究を行うとともに，7 章で紹介した $SL(2, \mathbb{R})$ によるガウス光学を 1840 年に公開します．20 世紀の終わりにベリー（1941- ）らは，整数タルボット効果の一般化であり 1965 年に発見された分数タルボット効果がガウスの和により記述できることを示しました［9 章：4］．それはほぼ同時代をすごしたタルボットとガウスが光学のみならず深い所で通じていたことを意味します．更には $SL(2, \mathbb{R})$ と**ヴェイユ**（1906-1998）の 1964 年の**ユニタリー表現の論文**［9 章：5］というフィルターを通すと，**タルボットとガウスが関わった楕円関数と光学，そしてガウスの和が一つの視点から統一的に取り扱うことができる**ことが判ります．その根源がほぼ同時期の 1840 年頃に海峡を隔てて独立に発見されたことに科学史の面白さを感じます．

ヴェイユは 20 世紀を駆け抜けた 20 世紀を代表する数学者であります．主に整数論と代数幾何の研究を行い，20 世紀の数学の構築に大きく寄与し，**ブ

ルバキの著者名で1939年から出版された体系的数学書である「数学原論」の執筆者集団の主要メンバーでもありました．同時に，哲学者**シモーヌ・ヴェイユ**(1909–1943)の兄としても有名です．二人は早熟で幼い頃から文学的で哲学的な引喩を散りばめながら会話をかわし，10代前半で古代ギリシャ語をマスターした後にはそれも織り交ぜ二人にしか理解できない会話を楽しむような，異才を放った兄妹でした[1]．

ヴェイユの名のつく予想や定理，定義等々は思いつくだけでも，代数曲線上のモデル・ヴェイユ予想，ゼータ関数に関するリーマン予想の関数体版であるヴェイユ予想，閉リーマン面に対するヴェイユ・ピーターソン計量，代数曲線でのヴェイユ因子，ヴェイユ対応，ヴェイユ高さ，そして上記の量子力学にも関わるリー群の無限次元表現でありシンプレクティック群の拡大でもあるヴェイユ表現（メタプレクティック理論[9章:5]）等々，たくさんあります．整数論の研究者であったヴェイユが，整数論と代数幾何学に関わらない研究に対して深い興味を抱いていたとは思えません[2, 3]．しかしながら，ヴェイユは極めて多岐にわたる数学の分野に影響を与える非自明な発見を行いました．少なくとも，量子力学の基礎付けには極めて大きく影響を与えたと言えます．それは**数学の深さと広さによるものです**．

数学の洞窟を深く潜り，その後，近くの扉を開けると全く異なる数学的分野と繋がっていたりします．例えば，ヴェイユ予想に向けて開発された様々な圏論の道具が論理と深く関わっています[4]．**数理の扉を開けると不思議の国のアリスの世界のように，思わぬ世界が時空や分野を超えて繋がります．それが数理，数学の世界の醍醐味でもあるのです．**

[1] S. ヴェイユ (稲葉延子訳)アンドレとシモーヌ—ヴェイユ家の物語　春秋社　2011年
[2] A. ヴェイユ (稲葉延子訳)アンドレ・ヴェイユ自伝・上，下　シュプリンガー　丸善出版　2012年
[3] A. ヴェイユ，(杉浦光夫訳) 数学の創造—著作集自註　日本評論社　1983年
[4] 清水義夫　圏論による論理学　東大出版　2007年

第10章 非線型のはなし

　本章では線型に対峙するものとして非線型についての話をします．非線型というと線型よりやや高級であるという風潮がどこかにあるようですが，その風潮に対して，筆者はやや懐疑的です．非線型系を理解することは線型系をよく知ることであると思っているからです．

　他方，何かと言えば線型である『フーリエ変換のみ』というのもどうかとも感じています．万物に魂があるということを信じるわけではありませんが，数学や物理的対象の囁きにもう少し耳をそばだてるような手法もあるのではないかと考えています．

　その耳をそばだてるという精神をオイラー (1707-1783)，リーマン (1826-1866)，ポアンカレ (1854-1912) の研究に感じます．非線型とも関わる研究の一部をおおらかな立場[1]で紹介します．

10.1　シュワルツ微分と SL(2, $\mathbb{C}$)

　まずはポアンカレからです．

---

[1] ここで言うおおらかとは発散とか収束とはあまり厳密に考えず，形式的に計算をすることです．ここの内容は頑張れば数学的に正当化されます．

図10-1(a) は $H:=\{z\in\mathbb{C}\,|\,|z|<1\}$ で，微小長さ $\frac{|dz|}{1-|z|^2}$ を持つポアンカレ円盤と呼ばれるものです．ポアンカレは H への離散群 $\Gamma\subset\mathrm{SL}(2,\mathbb{Z})\subset\mathrm{SL}(2,\mathbb{C})$ の作用と，作用に不変な領域の関数と幾何とを研究しました．

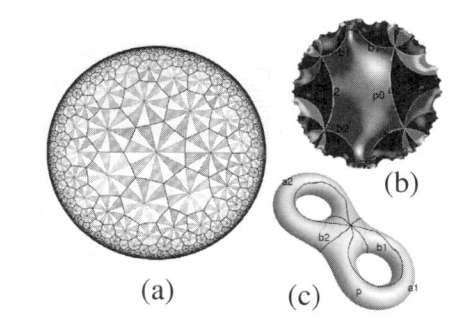

図10-1: (a)[1], (b)と(c)[2]

特殊な Γ を選ぶことで図10-1(b)のように Γ による折り返しパターンを描けます．Γ に不変な領域は図10-1(c)に示すような，2つ以上の穴の空いたドーナツである閉リーマン面と見なせたりします．近傍にある2点を，自然な軌道（測地線）に沿って動かすとどんどん分離してゆくという**カオス**の特徴を持ちます．

この話のほんの触りとして $\mathrm{SL}(2,\mathbb{C})$ の $\mathbb{C}P^1$ への作用とそれに不変な関数の話をしましょう．

10.1.1　1次元複素射影空間

9章の射影空間の応用です．図10-2(a)のような1次元複素射影空間を考えます．つまり，$(\psi_1,\psi_2)\in\mathbb{C}^{2\times}:=\mathbb{C}^2\backslash\{0\}$ に対して [2] その比 $[\psi_1:\psi_2]$ を $\mathbb{C}P^1$ の元とします．後々のために"ψ"を $\mathbb{C}^2$ の座標としています．9章に示しましたが，$\mathbb{C}P^1$ を $\mathbb{C}\cup\{\infty\}$ と考え，$\psi_2=0$ の場合も含め，形式的に $\gamma=\psi_1/\psi_2$ と書きます [3]．この対応を $\pi:\mathbb{C}^{2\times}\to\mathbb{C}P^1((\psi_1,\psi_2)\longmapsto\gamma=\psi_1/\psi_2)$ と記します．

---

[2] 集合 A と B に対して $A\backslash B$ は，$\{a\in A\,|\,a\notin B\}$ です．
[3] 正確には $\psi_2=0$ のときは $\psi_1\neq 0$ より $\psi_2=0$ の周りでは $\gamma_w=\psi_2/\psi_1$ とし，$\psi_1\neq 0, \psi_2\neq 0$ に対しては $\gamma=1/\gamma_w$ とします．

第10章 非線型のはなし

このとき，複素特殊線型変換群 $\mathrm{SL}(2,\mathbb{C})$ の元 m

$$m = \begin{pmatrix} a & b \\ c & s \end{pmatrix} \in \mathrm{SL}(2,\mathbb{C}) := \left\{ \begin{pmatrix} a & b \\ c & d \end{pmatrix} \middle| \begin{array}{l} ad-bc=1 \\ a,b,c,d \in \mathbb{C} \end{array} \right\}$$

は $\mathbb{C}^2$ の元に作用し，π により**射影変換**（**メビウス変換**ともいう）g_m として $\mathbb{C}P^1$ に作用します．つまり，

$$g_m : \gamma \longmapsto \frac{a\gamma + b}{c\gamma + d}.$$

この $\mathbb{C}P^1$ への作用全体を $\mathrm{PSL}(2,\mathbb{C})$ と記します．

10.1.2 シュワルツ微分： $\gamma \rightsquigarrow \{\gamma, z\}_{\mathrm{SD}}$

γ を $\mathbb{C}$ 上の $\mathbb{C}P^1$ の値を持った関数 $\gamma : \mathbb{C} \to \mathbb{C}P^1$ $(z \longmapsto \gamma(z))$ とします．図10-2(b)の状況です．

$\mathrm{PSL}(2,\mathbb{C})$ の作用に不変なものとして，**シュワルツ微分**なるものを考えます．関数 γ が与えられた際にシュワルツ微分は次で定義されます[2,3]：

$$\{\gamma, z\}_{\mathrm{SD}} := \partial_z \kappa - \frac{1}{2}\kappa^2,$$

但し $\kappa := \partial_z \log \partial_z \gamma = \partial_z^2 \gamma / \partial_z \gamma$, $\partial_z := \partial/\partial z$.

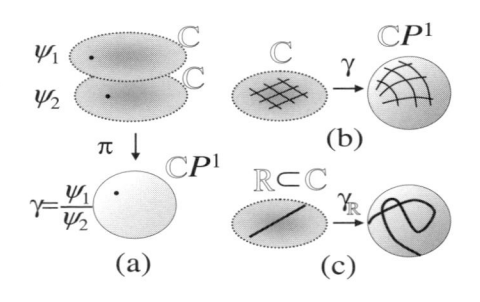

図 10-2

このとき次が言えます：

命題 10.1 $g_m \in \mathrm{PSL}(2,\mathbb{C})$ に対して，$\{\gamma, z\}_{\mathrm{SD}}$ は不変である．つまり，$\{\gamma, z\}_{\mathrm{SD}} = \{g_m(\gamma), z\}_{\mathrm{SD}}$.

証明 $\partial_z g_m(\gamma) = \partial_z \dfrac{a\gamma+b}{c\gamma+d} = \dfrac{a(\partial_z\gamma)(c\gamma+d) - c(a\gamma+b)\partial_z\gamma}{(c\gamma+d)^2} = \dfrac{(\partial_z\gamma)(ad-cb)}{(c\gamma+d)^2}$

$= \dfrac{\partial_z\gamma}{(c\gamma+d)^2}$ より $\partial_z \log \partial_z g_m(\gamma)$ は $\partial_z(\log(\partial_z\gamma) - 2\log(c\gamma+d)) = \dfrac{\partial_z^2\gamma}{\partial_z\gamma} - $

$2\dfrac{c\partial_z\gamma}{(c\gamma+d)}$ となります．従って，$\partial_z\left(\dfrac{\partial_z^2 g_m(\gamma)}{\partial_z g_m(\gamma)}\right)= \partial_z\dfrac{\partial_z^2\gamma}{\partial_z\gamma}-2\partial_z\dfrac{c\partial_z\gamma}{(c\gamma+d)}$,

と $\left(\dfrac{\partial_z^2 g_m(\gamma)}{\partial_z g_m(\gamma)}\right)^2=\left(\dfrac{\partial_z^2\gamma}{\partial_z\gamma}\right)^2-4\partial_z\dfrac{c\partial_z\gamma}{(c\gamma+d)}$. これらより命題は証明されます．■

10.1.3 線型微分方程式：$\{\gamma, z\}_{\text{SD}} \rightsquigarrow \gamma$

面白いことに $\{\gamma, z\}_{\text{SD}}$ が与えられた際に γ を得ることが可能です．**2階の線型常微分方程式**

$$\left(-\partial_z^2 - \frac{1}{2}\{\gamma, z\}_{\text{SD}}\right)\psi = 0 \tag{1}$$

を考えましょう．2階の常微分方程式においては2つの解 ψ_1, ψ_2 が独立なものとして存在することが知られています．独立というのは

$$\det(\psi, \partial_z\psi) \equiv \det\begin{pmatrix} \psi_1 & \partial_z\psi_1 \\ \psi_2 & \partial_z\psi_2 \end{pmatrix}$$

がゼロでないということです．この行列式を**ロンスキー行列式**と呼び，$\partial_z \det(\psi, \partial_z\psi) = 0$ となります．

この時，(1) が**線型**と言われる所以ですが，任意の $m \in \text{SL}(2, \mathbb{C})$ と (1) の解 ψ_1, ψ_2 に対し，

$$\psi' := \begin{pmatrix} \psi_1' \\ \psi_2' \end{pmatrix} := m\psi, \quad \psi := \begin{pmatrix} \psi_1 \\ \psi_2 \end{pmatrix}$$

とすると，ψ_1' と ψ_2' も (1) の解となり，$\det(\psi, \partial_z\psi) = \det(\psi', \partial_z\psi')$ を満たします．この ψ と ψ' を**相似**と呼びましょう．逆にロンスキー行列式が一致する (1) の独立な解 ψ や ψ' に対し，両者を変換で結びつける $\text{SL}(2, \mathbb{C})$ の元が存在することもわかります．

次の定理より，(1) の特殊な解を得ます．

定理 10.2 $\psi_\gamma := \begin{pmatrix} \psi_{\gamma,1} \\ \psi_{\gamma,2} \end{pmatrix} := \begin{pmatrix} \sqrt{-1}\,\gamma/\sqrt{\partial_z\gamma} \\ \sqrt{-1}/\sqrt{\partial_z\gamma} \end{pmatrix}$ は (1) の特殊解であり，$\det(\psi_\gamma, \partial_z\psi_\gamma) = 1$ を満たす．

第10章 非線型のはなし

証明：直接計算すれば良いのです．$\partial_z(1/\sqrt{\partial_z\gamma}) = -\frac{1}{2}\frac{\partial_z^2\gamma}{\partial_z\gamma}\frac{1}{\sqrt{\partial_z\gamma}}$ より，$-\partial_z^2(1/\sqrt{\partial_z\gamma})$ が $\{\gamma,z\}_{\text{SD}}\times(1/\sqrt{\partial_z\gamma})/2$ となります．$\frac{\gamma}{\partial_z\gamma}$ も同様です．∎

これらより $\{\gamma,z\}_{\text{SD}}$ が与えられたとき，(1)を考え，(1)の独立な解 ψ_1 と ψ_2 を求めます．定数倍することで $\psi := \begin{pmatrix}\psi_1\\\psi_2\end{pmatrix}$ が $\det(\psi,\partial_z\psi)=1$ を満たします．**このとき ψ は ψ_γ と相似となり，ψ_1/ψ_2 は PSL$(2,\mathbb{C})$ の作用を除いて，元の γ を復元します．** より正確には適当な $g_m \in \text{PSL}(2,\mathbb{C})$ に対して，$\gamma = g_m(\psi_1/\psi_2)$ となるのです．

ポアンカレは上記の $\{\gamma,z\}_{\text{SD}}$ と γ との対応を利用して図 10-1 の幾何を研究しました[3]．

10.2 オイラーの弾性曲線

10.2.1 曲線の埋め込み

今度は 10.2.3 節に向けてオイラーの話です．図 10-2(b) の写像 γ の定義域 $\mathbb{C}$ を $\mathbb{R}\subset\mathbb{C}$ に制限することで，曲線の埋め込み図 10-2(c)：$\gamma_\mathbb{R}: \mathbb{R}\to\mathbb{C}\subset\mathbb{C}P^1$ $(s\longmapsto\gamma_\mathbb{R}(s))$ を考えましょう．$\gamma_\mathbb{R} = \psi_1(s)/\psi_2(s)$ で微小長さ $|d\gamma_\mathbb{R}(s)|$ を $\mathbb{C}=\mathbb{R}^2$ の中のユークリッド内積から定まる自然な長さ，つまり微小弧長になるように調整します．その調整とは

$$\partial_s\gamma_\mathbb{R} = \frac{\det(\psi,\partial_s\psi)}{\psi_2^2} = e^{\sqrt{-1}\varphi} \tag{2}$$

としたときに φ が $\mathbb{R}$ 上の実数値関数である事に相当します．$\partial_s := \partial/\partial s$ としています．曲率半径の逆数である曲率 $k=1/R$ は，このとき $k=\partial_s\varphi$ と定まります．従って，$k=-\sqrt{-1}\dfrac{\partial_s^2\gamma_\mathbb{R}}{\partial_s\gamma_\mathbb{R}}$ となります．

シュワルツ微分は 1960 年代にソリトン理論で**ミウラ変換**として有名となるものです．$\kappa \leftrightarrow k/\sqrt{-1}$ より $\frac{1}{2}\{\gamma_R, s\}_{SD} = \left(\frac{1}{2}k\right)^2 - \sqrt{-1}\frac{\partial_s k}{2}$ となります．後々のために $u := \frac{1}{2}\{\gamma_R, s\}_{SD}$ とします．

10.2.2 伸縮しない曲線の変形

$\gamma_R : \mathbb{R} \to \mathbb{C} \subset \mathbb{C}P^1$ の (時間的な) 変形を考えましょう．変形のパラメータとして $t \in [0, 1]$ を取り，各 t に対して $\gamma_{Rt} : \mathbb{R} \to \mathbb{C}P^1$ を考えます．変形は**伸縮しない**とします．伸縮しないとは，「変形前後で微分 ∂_s が変わらない」つまり，$\partial_t := \partial/\partial t$ として

$$(\partial_t \partial_s - \partial_s \partial_t)\gamma_{Rt} = [\partial_t, \partial_s]\gamma_{Rt} = 0$$

ということです．写像 π の作用で γ_{Rt} となる $\psi_t : \mathbb{R} \to \mathbb{C}^{2\times}\left(s \longmapsto \begin{pmatrix}\psi_{t1}\\\psi_{t2}\end{pmatrix}\right)$ を考え，$[\partial_t, \partial_s]\psi_t = 0$ とします．

各点 $s \in \mathbb{R}$ において ψ_t と $\partial_s \psi_t$ とが $\mathbb{C}^2$ の基底である為，ψ_t の一種の速度が次のようになります．

> **補題 10.3** 伸縮しない変形 ψ_t の t の微分は，関数 $A(s, t)$ と $B(s, t)$ により
> $$\partial_t \psi_t = (A(s, t) + B(s, t)\partial_s)\psi_t,$$
> と書ける．但し，$\partial_s B(s, t) = -2A(s, t)$ を満たす．

証明： $\partial_t \det(\psi_t, \partial_s \psi_t) = 0$ から求められます．つまり，以下の通り．
$\partial_t \det(\psi_t, \partial_s \psi_t) = \det(\partial_t \psi_t, \partial_s \psi_t) + \det(\psi_t, \partial_s \partial_t \psi_t) = \det(A(s,t)\psi_t + B(s,t)\partial_s \psi_t, \partial_s \psi_t) + \det(\psi_t, \partial_s(A(s,t)\psi_t + B(s,t)\partial_s \psi_t))$ 行列式の性質より
$= A(s,t)\det(\psi_t, \partial_s \psi_t) + \det(\psi_t, A(s,t)\partial_s \psi_t + (\partial_s B(s,t))\partial_s \psi_t + B(s,t)\partial_s^2 \psi)$
より第一項は $A(s,t)$ となります．他方，(1) より，第二項は $A(s,t) + \partial_s B(s,t)$ となります．また $\det(\psi_t, \partial_s \psi_t) = 1$ としています． ∎

第10章 非線型のはなし

よって，伸縮しない変形は次で与えられます．

> **命題 10.4** 非伸縮の変形は $u := \{\gamma_R, s\}_{SD}/2$ として
> $$\partial_t u = -\Omega A$$
> を満たす．但し，Ω は次式により定義される：
> $$\Omega \partial_s = (\partial_s^3 + 2u\partial_s + 2\partial_s u).$$

証明： $u = -\dfrac{\partial_s^2 \psi_{t2}}{\psi_{t2}}$ より $\partial_s^3 \psi_{t2} = \partial_s(u\psi_{t2})$ と $\partial_s B = -2A$ に注意して計算をひたすら行うだけです．つまり，$\partial_t u = -((\partial_s^2 \partial_t \psi_{t2})\psi_{t2} - (\partial_s^2 \psi_{t2})(\partial_t \psi_{t2}))/\psi_{t2}^2$
$= (\partial_s^2(A+B\partial_z)\psi_{t2})\psi_{t2} - (u\psi_{t2})((A+B\partial_z)\psi_{t2})/\psi_{t2}^2 = -(\partial_s^2 A)\psi_{t2} + 2(\partial_s A)\partial_z \psi_{t2} - uB\partial_z \psi_{t2}/\psi_{t2} - (\partial_s^2 B)\partial_z \psi_{t2} + 2(\partial_s B)u(\psi_{t2}) + B\partial_z^3 \psi_{t2}/\psi_{t2}$ 上記に注意して $= ((\partial_s^2 A)\psi_{t2} + 2(\partial_s A)\partial_z \psi_{t2} + (\partial_s^2 B)\partial_z \psi_{t2} + 3(\partial_s B)u(\psi_{t2}))/\psi_{t2}$ より $= \dfrac{1}{2}(\partial_s^3 + 2u\,\partial_s + 2\,\partial_s u)B$ となります． ∎

10.2.3 弾性曲線

準備ができたので，ヤコブ・ベルヌーイ（1654-1705），ダニエル・ベルヌーイ（1700-1782），オイラー（1707-1783）が研究した細い弾性棒の話をします [4]．ピアノ線やカーペットの形状の話です．**弾性曲線**または**エラスティカ**と呼ばれます．適当な $[a,b] \subset \mathbb{R}$ でもし $k(a) = k(b)$ ならば，その弾性エネルギーは

$$E = \int_{[a,b]} u\,ds = \frac{1}{4}\int_{[a,b]} ds\,k^2 \tag{3}$$

となります．ダニエル・ベルヌーイは「**弾性曲線は伸縮しない条件の下で，式(3)を最小とする形状である**」という事実を発見しました．

弾性曲線の形を求めましょう．伸縮しない変形について議論して来ましたので，前節の議論をもう少し詳細に見ましょう．(2) と $\det(\psi_t, \partial_s \psi_t) = 1$ より $\psi_{t2} = \exp(-\sqrt{-1}\,\varphi/2)$ となります．B を実部と虚部 $B = B_r + \sqrt{-1}\,B_i$ と

に分け，$\partial_s \psi_{t2} = -\frac{k\sqrt{-1}}{2}\psi_{t2}$ と補題 10.3 より，$\partial_t \psi_{t2}$ は

$$-\left(\frac{\partial_s(B_r+\sqrt{-1}B_i)}{2} + \frac{k\sqrt{-1}}{2}(B_r+\sqrt{-1}B_i)\right)\psi_{t2}$$

となります．他方，$\partial_t \psi_{t2} = -\frac{\partial_t \varphi \sqrt{-1}}{2}\psi_{t2}$ より，実部と虚部を比較することにより

$$\partial_s B_r = kB_i, \quad \partial_t \varphi = \partial_s B_i + kB_r \tag{4}$$

という関係を得ます．伸縮しない変形は必ずこの式を満たします．

命題 10.4 と (4) より (3) の伸縮しない変形は

$$\int u\, ds \to \int (u + \delta t\, \partial_t u)\, ds$$
$$= \int \left(u + \frac{1}{4}\delta t\left(\partial_s k^2 + 2\partial_s \frac{\partial_s^2 k}{k}\right)B_r\right) ds$$

となります．変分法 $\delta E/\delta B_r = 0$ より，

$$\partial_s k^2 - 2\partial_s \frac{\partial_s^2 k}{k} = 0$$

を得ます．$u = \frac{1}{2}\{\gamma_{\mathbb{R}t}, s\}_{\text{SD}}$ で書き直すと次の定理になります：

定理 10.5 弾性曲線の形状は次の式に従う：
$$\partial_s u + 6u\partial_s u + \partial_s^3 u = 0. \tag{5}$$

式 (5) の解 u, u' と $a \in \mathbb{R}$ に対して au や $u + u'$ は一般的に式 (5) の解にならないことから，**線型微分方程式ではない**ことが判ります．このような方程式を**非線型微分方程式**と呼びます．

オイラーはこの弾性曲線問題を解くために**変分法を開発し**，(5) を実質的に解いて，1745 年に弾性曲線の形状を数値積分により図 10-4 のようにすべて求めました．

第10章 非線型のはなし

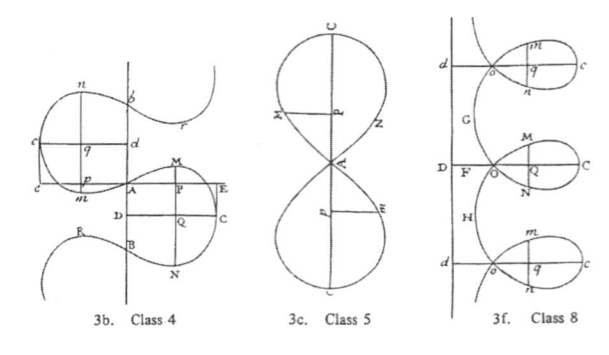

3b. Class 4　　3c. Class 5　　3f. Class 8

図10-4　Class1〜9の一部

式(5)の解 u はワイエルシュトラス楕円関数である $\wp$ 関数で記述されます．楕円関数論においては，$y^2 = 4x^3 + g_3 x + g_4$ とするグラフ（楕円曲線）とそこから**楕円積分によって定まる線型空間が重要になります**．

10.3　KdV 方程式

命題10.4における A として $\Omega^\ell \partial_s u$ を考え，複数の変形を考えることで式(5)を一般化できます．つまり

$$\partial_{t_n} u = \frac{1}{2} \Omega^n \partial_s u, \quad (n = 0, 1, \cdots,) \tag{6}$$

は $[\partial_{t_i}, \partial_{t_j}] \gamma_{\mathbb{R}\ell}(s) = 0$ $(i, j = 0, \cdots,)$ を満たし，**Korteweg-de Vries (KdV) 階層**と呼ばれます：

$n = 0$：$\partial_{t_0} u + \partial_s u = 0,$

$n = 1$：$\partial_{t_1} u + 6u \partial_s u + \partial_s^3 u = 0,$

$n = 2$：$\partial_{t_2} u + 30 u^2 \partial_s u + 20 \partial_s u \partial_s^2 u + 10 u \partial_s^3 u + \partial_s^5 u = 0.$

$n = 1$ の場合は **KdV 方程式**と呼ばれるものです．1895年に Korteweg (1848-1941) と de Vries が発見し，ソリトンとして20世紀後半に研究されました[5]．

穴一つも含めた閉リーマン面（図 10-1 (c)）である楕円曲線，超楕円曲線が背景に存在します[6,7][4]．$t_1 = s$ のとき (5) に一致します．ここでは実数値の閉リーマン面が複素数値の曲線に対応しています．例えば穴が g 個ある超楕円曲線の場合，方程式（グラフ）としては $y^2 + x^{2g+1} + \lambda_{2g} x^{2g} + \cdots + \lambda_1 x + \lambda_0$ と関係します．このとき，超楕円曲線上の関数空間 R の $\mathbb{C}$ ベクトル空間としての構造 $R = \mathbb{C}1 \oplus \mathbb{C}x \oplus \mathbb{C}x^2 \oplus \cdots \oplus \mathbb{C}y \oplus \mathbb{C}xy \oplus \mathbb{C}x^2 y \oplus \cdots$ が重要となります．これは代数的には 11.2.8 節で示す剰余環 $R := \mathbb{C}[x, y]/(y^2 - x^{2g+1} - \lambda_{2g} x^{2g} - \cdots - \lambda_0)$ と関わります．

　KdV 階層での $[\partial_{t_i}, \partial_{t_j}] \gamma_\mathbb{R} = 0$ は $[\partial_{t_i}, \partial_{t_j}] = 0$ と解釈され，12 章の脚注 10 に示すフロベニウスの可積分条件の特殊な場合となります．可積分条件と理解できます．これにより KdV 階層の解は非線型でも積分でき，KdV 階層の場合，超楕円積分がその積分に対応し超楕円曲線が背景に存在することが判ります．dt_i $(i = 1, \cdots, g)$ は $x^j dx / 2y$ $(j = 0, \cdots, g-1)$ で与えられ，超楕円関数の非線型性を含むほぼ全ての性質は，超楕円積分によって定まるベクトル空間 $\mathbb{C}^g$ と，R の $\mathbb{C}$ ベクトル空間としての構造とによって定まります．

　コラム 6 でも述べましたが，リーマンは超楕円曲線を含む一般の閉リーマン面の幾何学構造とそれに関連するベクトル空間 $\mathbb{C}^g$ の関数（テータ関数）を直観的に構成し，研究しました．構成の際，リーマンには電場や電流などの極めて物理的なイメージと数学的イメージがあったようです．リーマンの構成したものは現代数学で重要な役割を果たすことになりました．

10.4　ロジスティックマップ

残りで上記とは異なった話題を 2 つしましょう．
　まず，カオスの典型的な例として知られているロジスティックマップ [5,8] に

---

[4] コラム 10 に述べましたが，この問題は天文の問題にも関係します．その他にも天文学者の非線型系にまつわる面白い話が [5] にあります．

第10章 非線型のはなし

ついての話をします．再度，ポアンカレの話です．**ロジスティックマップ**とは
$$x_{n+1} = ax_n(1-x_n), \quad (x_n \in [0, 1]) \tag{7}$$
によって得られる差分方程式です．パラメータ $a \in \mathbb{R}$ と初期値としての $x_0 \in \mathbb{R}$ とに対して，逐次的に x_n が得られてゆきます．（x_{n-1} で得られるとその値に従って x_n の値が定まり，それを繰り返します．）

$3.5699456\cdots < a \leqq 4$ において(7)は**カオス**となります．つまり，$x_n = c$ と $x_n = c+\varepsilon$ と微小な値の差がその後の時間発展において，全く異なる振る舞いをすることとなります．ある初期値からの時間発展（$n = 0 \sim 200$）は図10-5のようになります．カオスはランダムネスと混同されがちですが，図に示されるように非常に整然として見えます．

例えば，図10-5で x_n の値が0.08を下回る時間ステップの間隔は，大きく外れている部分もありますが，ほぼ一定の10前後に見えます．そこでオーソドックスな時系列な信号解析であるスペクトル P_ℓ，
$$\{P_\ell := |\hat{x}_\ell|^2\}_{\ell=1,\cdots,N/2}, \quad \hat{x}_\ell := \sum_{n=0}^{N-1} x_n e^{2\pi\sqrt{-1}n\ell/N}$$
を考え，その対数 $\log P_n$ の動きを眺めましょう．離散フーリエ変換を考えるのです．$N = 200$ の場合の図10-6(a)では，$200/8 = 25$ にピークが見えますが，これは非線型な現象ですので，$N = 10000$ である図10-6(b)の場合はそのようなピークは見つかりません．「f 分の1」理論で知られているように $P = f^{-1.5}$ に漸近しています．

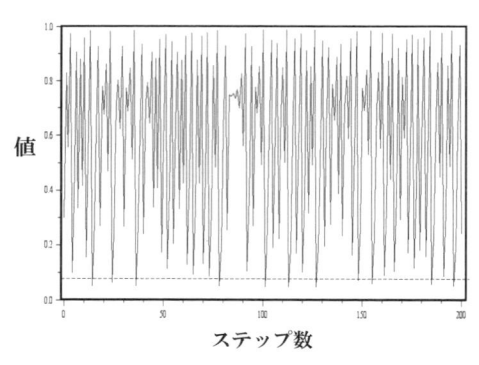

図10-5　x_n の振る舞い

他方，統計的な手法である0.08以下になった後に再度0.08以下になるまでのステップ数間隔の頻度を計算したものが図10-7です．確かに戻ってくる回数に規則性がある事が分かります．この事は，ポアンカレが研究した**回帰時間の定理**というものにより保障されます．図10-7はどのくらいの確率で戻ってくるかの予想まで可能にします．

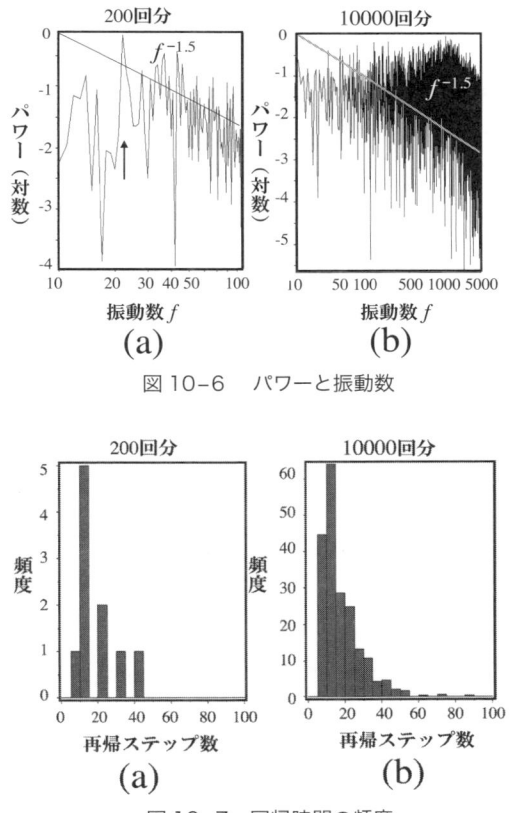

図10-6　パワーと振動数

図10-7　回帰時間の頻度

このように例えば，常にフーリエ変換だけに拘るのではなく目的や対象によって，道具を大幅に取り替えることはとても大切だと思っています．また，

第10章 非線型のはなし

頻度は正値性という制限はあるものの，関数で表現されます．線型空間になりませんが，確率論も含めると，よい関数が現象を支配するという視点は，線型性より重要であるという事の表れかもしれません．

10.5 数学モデルの適用の際の注意

最後に数学的な事実を自然現象に適用する際の注意をしておきましょう．これは $\varepsilon - \delta$ に関わるものです．ε-δ 記法とは，例えば，物理学者が通常 $\lim_{x \to a} f(x) = b$ と書くところを厳密に「任意の $\varepsilon > 0$ に対して『$|x-a| < \delta$ となる x であれば $|f(x) - b| < \varepsilon$』を満たす $\delta > 0$ が存在する」と記すものです．「ε という解像度で眺めて δ という基準の存在を問う」と読めます．

フラクタルで有名なコッホ曲線を見ましょう [5, 8]．

コッホ曲線は図 10-8 の上から下に 1 世代，2 世代と，自然に定義される規則に従って，図を変形しておいて，その極限として定義されるものです．このような図形を**フラクタル**と呼びます．長さは世代毎に 4/3 倍しますので，コッホ曲線は無限の長さを持ちます[5]．

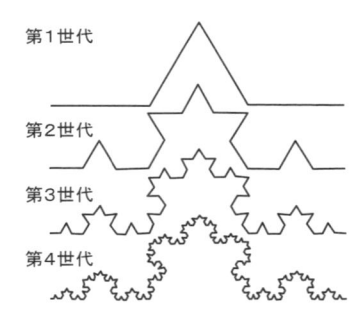

図 10-8

他方，図 10-9 のようなリアス式海岸は近似的にフラクタルの一種であるということが知られています [8, 9]．**ズームインしてもズームアウトしてもよく似たギザギザの海岸線が見えます**．図に描かれているように，ここに道路を通すことを考えましょう．リアス式海岸がコッホ曲線と同様ならば，無限の長さが必要と思うかもしれませんが，実際は異なります．高速道路ならば，1Km 単位で曲がることはできませんし，日常使う道路ならば数 m 程度以下

---

[5] コラム 11 を参照．

で曲がりくねることは実用上考えられません．遊歩道ではどうでしょう．用途に応じた解像度で対象を眺め直して，対応するフラクタルの有限の世代を選び，その世代に応じた道を通すのです．これは上記の ε-δ と同じ話です．

数学には長さ等の単位はありませんし，特徴的長さも内在しません． ある仮に与えた解像度 ε に対して，それを実現する別の解像度 δ（今の場合，世代 N）の存在を問うのみです．自然現象等に数学の定理を適用する際には，現象が内在する特徴的長さの精度で**数学的な事実を解釈し直すという作業が必要です**．そのためのツールが ε-δ なのです．

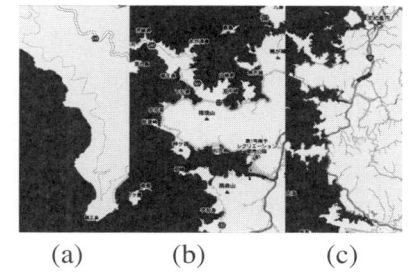

(a)   (b)   (c)

図 10-9 (google map より)

つまり，今の道路の例であれば，ε として例えば 1Km や数 m として考え，δ に相当する世代 N 以上の複雑さを無視するわけです．14.3.1 節で述べますが，精度に下限を設けたり，精度を下げるということが数学や現実の物理現象の解析でも重要となります．付録 A-2 で ε-δ の別の様相について議論しています．数学には自然現象には本来内在する精度の下限を持ちませんので，解像度 ε に対して $\varepsilon > 0$ とする制約しか課せられないのが現代数学です．付録 A-2 も参照して下さい．標準的ではありませんが，この視点の拡張として超準解析という分野もあります．

Tip of the Day

[1]では，本章で今回話をしたリーマン面，フラクタル，カオスの話題が，美しい絵と共に提供されます．背景にあるのは可積分的な整然とした対称性です．

第10章 非線型のはなし

参考文献

[1] D. Mumford, C. Series, D. Wright, Indra's Pearls: The Vision of Felix Klein, Cambridge Univ. Press 2002. (翻訳版：小森洋平訳 日本評論社 2013年)

[2] M. Jin, F. Luo, X. Gu, *Computing Surface Hyperbolic Structure and Real Projective Structure*, Proc. ACM Symp. of SPM, (2006) 105–116.

[3] 斎藤利弥 線形微分方程式とフックス関数 1-3 河合文化教育研究所 1991-8年

[4] C. Truesdell, *The Influence of Elasticity on Analysis : The Classic Heritage*, Bull. Amer. Math. Soc. 9(1983) 293–310.

[5] 十河清 非線形物理学 裳華房 2010年

[6] H. F. Baker, *On a system of differential equations leading to periodic functions*, Acta Math. **27** (1903) 135–156.

[7] Y. Hagihara, Celestial Mechanics I, MIT Press 1970

[8] 今野紀雄 複雑系(図解雑学) ナツメ社 2006年

[9] B. Mandelbrot, *How Long Is the Coast of Britain*? Science **156**, (1967), 636–638.

問題 *10.1*

下敷きを曲げてみよ．その形状を図 10-4 の (a) と比較せよ．

問題 *10.2*

10.5 節に従い，空の雲を眺め，フラクタル性とフラクタルだと感じたその最小単位に相当するものは何かを考えよ．

問題 *10.3*

10.5 節に従い，google マップ等により，リアス式海岸を探し，そのズームインズームアウトにより形状がフラクタルである事を観察せよ．

問題 *10.4*

現在抱えている研究対象に関わる現象あるいは身の回りの現象で非線型現象と感じるものをひとつ選び，どのような意味で非線型なのかを数式を使い，モデル化，定式化し，線型と非線型の違いを考察せよ．

Column 10

ベーカーと萩原雄祐

ヘンリー　ベーカー

10.3節に示した式(6)の $n=1$ の場合は Korteweg（1848-1941）と de Vries が流体の表面波を表現する方程式として 1895 年に発見したもので，**KdV 方程式**と呼ばれているものです．1950 年代から非線型波動方程式の一種であるソリトン方程式の視点から研究されました．KdV 方程式が 10.3 節 (6) 式の $n \geqq 0$ である **KdV 階層**と呼ばれるものに一般化され，更にそれらの解が代数曲線によって特徴付けられることが 1980 年代前後に判明し，応用と代数幾何とが結びついたとても面白い非線型可積分理論として結実しました．

　あまり知られていませんが，楕円関数の一般化を目指した**ワイエルシュトラス**（1815-1897），クライン（1849-1925）らの研究の系譜としての超楕円関数の研究の過程で，ケンブリッジ大学のベーカー（1866-1956）によって KdV 階層は 1903 年に既に発見されていました [1]．そもそもワイエルシュトラスも，1854 年の論文で**超楕円関数の理論を発展させる際に，sine-Gordon 方程式と呼ばれるソリトン方程式の一種をその動機付けとし**，可積分性を意味する 12 章の脚注 10 で紹介した**フロベニウスの積分条件**も実質的に発見し，様々な可積分性や，加法性を理解していました．その終結としてベーカーは [10 章 :6] で超楕円曲線に関わる線型空間上の関数（超楕円シグマ関数）が満たす微分を伴った関係式（つまり非線型偏微分方程式）を 1903 年に提示し

ます．それは上記で述べた現在 KdV 階層の超楕円関数解と呼ばれるものと全く同じものでした．ベーカーはその解が反対称行列の行列式の平方根であるパッフ形式や双線型微分方程式で書けることも示しました．つまり，**1970 年代に発見されたこととなっている KdV 階層の超楕円関数解をベーカーは 1903 年に既に発見していたのです**．Korteweg と de Vries の発見の 8 年後のことです．

[10 章:6] においてベーカーは超楕円シグマ関数から得られた偏微分方程式の族である KdV 階層に対して，「**それらの偏微分方程式の族（KdV 階層）によって超楕円シグマ関数を特徴付けすることは可能か？**」という問題を提起しました．この問題の解決に向け，ベーカーは 10 章の (1) 式に関わる**線型微分方程式の研究**を行うこととなりました．

他方，KdV 方程式はそれとは全く独立に 1950 年代より数値実験の結果から再評価され上記のように研究されました．ベーカーの文献 [5 章:16, 10 章:6] は忘れ去られたまま 10 章の (1) 式の**線型微分方程式のベーカーの特殊解（Baker-Akhiezer 解）**のみが発掘，評価され，ベーカーの特殊解により KdV 方程式と超楕円曲線の関係が再発見されます．ほぼ同時に「KdV 階層（正確には KdV 階層を包含した KP 階層）から代数曲線に関わるテータ関数は特徴付けられるか」というベーカーの問題によく似た問題が提起されました．代数幾何の抽象化，代数解析等の発展により，その問題は 1980 年代後半に解決されます．テータ関数とシグマ関数との関係は知られており，問題の提示から 80 年の時が必要でしたが，結果的にベーカーの提示した問題が解決され，彼の夢が適うこととなりました．

コラム 6 で述べたようなアーベル関数の研究の流れの中で，**19 世紀は代数曲線とアーベル関数からベーカーの文献 [10 章:6] や [5 章:16] の偏微分方程式の族で終わる道のり**であったのに対して，**20 世紀後半は微分方程式から始まり，その特殊解から代数曲線，アーベル関数への道のり**であったと見ることができます．

逆向きの道のりは極めて険しく，日本の著名な研究者が多く寄与しました [2, 3, 5 章:13, 9 章:8, 10 章:5, 12 章:2]．近年，ベーカーのこれらの仕事

も一部では再評価されておりますが，まだ十分とは言えません．それでも，ベーカーが解決のために研究を始めた線型方程式の特殊解が，それらの解決に強い影響を及ぼした事に，途切れていない細い糸を感じます．このように数学には面白いドラマがたくさんあります［コラム 6:1，コラム 6:7］．

これもあまり知られてない事ですが，日本とベーカーの係わり合いは日本の天文学の祖とも言われる**萩原雄祐**（1897–1979）によってもたらされています．萩原は 1923 年に欧米に留学し，ケンブリッジ大学でエディントンに弟子入りしたものの，実質的にはベーカーに師事しました．因みに**ディラック**（1902–1984）もベーカーが毎土曜日 4 時から主宰したお茶会に参加し，射影空間についての発表を 1924 年前後に行ったようです［3 章:2］．萩原はベーカーに従い，10 章の (1) 式に関わる線型微分方程式の研究等により天体の問題を解き，日本の天文学の基礎を作りました．日本の天文分野で名著といわれる「**天文学の基礎**」［10 章:7］にもベーカーの名前と共に，超楕円関数の理論が書かれています．

萩原雄祐はクラインやベーカーらの発見した超楕円関数を利用して，ブラックホールに落下してゆく物体の軌道の計算を行いました［10 章:7］．2000 年に入ってから始まったベーカーの再評価と共に，萩原も再評価され、その一般化した問題がドイツで計算されるなどしています［4］．

[1] W. V. D. Hodge, Henry Frederick Baker. 1866–1956 in Biographical Memoirs of Fellows of the Royal Society, 2 49 − 68 (The Royal Society, 1956)

[2] M. Mulase, *Cohomological soliton equations and Jacobian varieties*, *J. Diff. Geom.*, **19** (1984), 403–430

[3] T. Shiota, *Characterization of Jacobian varieties in terms of soliton equations*, *Invent. Math.* **83** (1986), 333–382

[4] V. Enolski, B. Hartmann, V. Kagramanova, J. Kunz, C. L¨ammerzahl, P. Sirimachan, *Inversion of a general hyperelliptic integral and particle motion in Hořava-Lifshitz black hole space−times J. Math. Phys.* **53** (2012), 012504.

第11章 ジョルダン標準形について

　本章の内容は，ケーリー・ハミルトンの定理とジョルダン標準形についてです．本章は，難しい話を判らないまま書くつもりでいます．
　「判らないことを書くということはどういうこと？」と疑問を感じるとは思いますが，例えば，円周率 π は有理数でないことを皆が知っていますが，その証明を空で書ける人はあまりいないように思います．天動説が間違っていることを誰も疑いませんが，その根拠を小学生に巧く説明できる人もあまりいないように思います．
　特殊相対性理論は発表された際に理論を判る人はこの世界に三人しかいなかったという逸話があります．ある論文の批判も含めきっちり内容を理解し議論できるコミュニティの人数は，分野にもよりますが，それぞれの分野で開く国際会議の会場に入る人数の数倍程度と思われます．理解の度合いにより 10 進法で数桁のズレはあるとは思いますが，最先端であれば千人を越えることはないと思われます[1]．それでも，その内容を利用したり，評価したり，例えば，ポアンカレ予想の面白さを共有する人は遥かに大人数となりますし，時間的な広がりを考えれば更に多くなります．人類の財産と称する所以です．
　よく知られた定理も構造は変わりません．星の数ほどある定理のすべてを完璧に知ることは不可能です．**よく判らないけど，ある定理を正しいと仮定すると，後は判る**ということも大事です．**定理が正しいということが経験か

---

[1] 研究者は世界に広がっているので，地理的にはグローバルではありますが，世界の人口構成から考えれば極めて局在化したものです．それ故，貴重で最先端なのです．

第11章　ジョルダン標準形について

ら皮膚感覚として判れば，後はどこまでがその適用範囲なのかが判ればいいという立場もあると考えます．

他方，クライン (1849-1925) は 20 世紀に入る際に，「学問はますます多くの細かい章に解体するばかりか，研究の手法によって学派の相違をつくりだし，万一それが一方的に蔓延するようにでもなれば，学問の死を招くことになろう．」[1, p.336-337] と嘆いていました．クラインの不安をよそに数学に限らず 20 世紀以降の科学は細分化によって成功しました．そのため学生を含め若い研究者は，素早く専門知識を身につけ，サイテーションの多い雑誌にインパクトのある論文を発表しなければならないようです．それは教養主義に則って広く学問を学ぶことがますます困難になっていることを意味しています．

それでも数学を言葉として何かを研究する場合には，より幅広い数学の理解が求められています．カリキュラス（計算）やテクニックはその都度，必要に応じて頑張れば身につきますが，その背景や構造，思想は，その場その場の対応では身につきません．

皮膚感覚で定理が正しいとする立場を容認しながらも，**定理の背景や構造，思想を知ることはとても重要である**と考えています．19世紀には広く数学分野を見渡すことで理解されていたその背景は，現代の数学では抽象化という立場で幾つかは息づいています．数学を利用しようとする人は，抽象的な背景を知るか，複数の分野の数学に親しむことが重要と感じています．そうすることで計算しなくともわかることが増えてきます．「刀を抜かずして切る」ではありませんが，「手を動かすことなく理解し，答えを出す」のです．それが最もスマートというものです．

ジョルダン標準形で落ちこぼれた人はたくさんいると思います[2]．本章は，

---

[2] 筆者は正にそういう人の一人です．その本質は何？　ということを知りたくて長く，数学を教養主義的に楽しみました．**よく知られている事を知るということは，真新しいことをやるより意味がある場合がある**と思っています．ピカソ (1881-1973) やアンディ・ウォーホル (1928-1987) が現れたからと言って，レンブラント (1606-1668) の価値が下がるわけでもなく，**数学の楽しみや数学の美しさは，真新しいという事実とは無関係だと思います**．もちろん，職業としての数学と趣味としての数学は異なるものですが，野球選手がゴルフを楽しむのと同じように考えればよいのです．

そのどこが難しさの根本だったのかが判ることを目指したいと思っています．これで興味を持った人は引用文献[2]に進んでください．

そこで本章では難しいことばかり述べますが，以下のまとめだけはその事実をステートメント(記述内容)として理解してほしいと思っています．

1. **K 係数 $n \times n$ 正方行列 A において，特性多項式 $f_A(\lambda) := \det(A - \lambda I)$ は，λ について n 次多項式となり，ケーリー・ハミルトンの定理により**
$$f_A(A) := A^n + a_{n-1}A^{n-1} + \cdots + a_0 I = 0$$
となります． $I \in \mathrm{Mat}_K(n)$ は単位行列です．

2. **ガウスの代数学の基本定理により，$K = \mathbb{C}$ の場合 $f_A(X)$ は $f_A(X) = (X - \lambda_1) \cdots (X - \lambda_n)$ と因数分解できます．（$K = \mathbb{R}$ の場合は一般にはこのようになりません．）**

3. **多項式環 $\mathbb{C}[X]$ と $M := \mathbb{C}^n$ に対して，$XM := AM$ という作用によって M を $\mathbb{C}[X]$ 加群と考えることで単因子論により M は**
$$M = \bigoplus_{i=1}^{n} (\mathbb{C}[X]/(d_i(X)\mathbb{C}[X]))$$
と分解されます．各 $d_i(X) \in \mathbb{C}[X]$ は $d_{i-1}(X)$ で割り切れ，$f_A(X) = \prod_{i=1}^{n} d_i(X)$ を満たします．
（λ_i が全て異なる場合は $d_1(X) = \cdots = d_{n-1}(X) = 1$ で $d_n(X) = f_A(X)$ となります．）

4. **各 $\mathbb{C}[X]/(d_i(X)\mathbb{C}[X])$ は環であり中国式剰余定理により分解されます．**

3 と 4 の分解が**ジョルダン標準形，定理 11.14** です．

これらのことがそれなりに理解できれば，本章の目的は達成したと思っています．ジョルダン標準形は物理では重要ではありませんが，制御理論等では活躍します[3]．実用的には[4]はよい文献です．

第11章 ジョルダン標準形について

11.1 中国式剰余定理（整数環版）

ギターの弦においてドの音とオクターブ上のドの音との関係は弦の長さ L と $L/2$ として現れます．純正律音階（自然音階）ではミの音は $4L/5$，ソの音は $2L/3$ に割り当てることで，ドミソの音が共鳴し，和音を生みます．自然音階の基本原理は $5p+3q=1$ となる整数 p と q が存在するという初等整数論的な事実です．それがハーモニーの源です．キリスト教では洞窟，教会等の閉じた空間での共鳴する音から完全なる神の存在を感じたと思われます．実際は転調の関係からより複雑になります．そのため音階は科学的に研究され，バッハ（1685–1750）と同時代のオイラー（1707–1783）も独自の音階を提示しました．ピアノ等の発明等により現在は十二平均律を音階として採用しています．

本節ではこの事実の基本でもある，暦での算術法が中国の古書『孫子算経』に書かれたことから中国式剰余定理と呼ばれる定理について話をします．この中国式剰余定理がジョルダン標準形や次章で紹介する線型常微分方程式の代数的考察に関連します．

例えば 5 で割った余りを $n \bmod 5$ と書き，**剰余**と呼びます．剰余の一致は $7 \equiv 2 \bmod 5$ のように書きます．初等整数論では互いに素な整数 p と q（つまり，最大公約数が 1 である p と q）に対して

$$pq' + qp' = 1$$

となる適当な整数 q' と p' が必ず存在することが知られています[3]．つまり，$pq' \equiv 1 \bmod q$ となります．

---

[3] ユークリッドの互除法で証明することが可能です．

> **定理 11.1（中国式剰余定理）** 連立 1 次合同式
> $$x \equiv a_i \bmod d_i, \quad (i=1,\cdots,r)$$
> において $d_1, d_2, \cdots, d_r$ が互いに素であれば[4]，$n = d_1 d_2 \cdots d_r$ とすると $\bmod n$ で唯一つ解 x が存在する．

実際 $n_i := n/d_i$ とすると d_i と n_i は互いに素なので $n_i x_i \equiv 1 \bmod d_i$ なる x_i が存在します．よって
$$x \equiv a_1 n_1 x_1 + \cdots + a_r n_r x_r \bmod n$$
となります．

11.2 環とイデアル

11.2.1 環と K 代数

3.3 節で紹介した K 代数は K ベクトル空間でかつ掛け算が定義できているものです．つまり正整数 n に対する K 係数 $n \times n$ 正方行列の集合全体 $\mathrm{Mat}_K(n)$ は K 代数の例です．**本章の目標は行列 $A \in \mathrm{Mat}_K(n)$ を止めて，$\mathrm{Mat}_K(n)$ の部分 K 代数**

$$K[A] := \left\{ \sum_{j=0}^{m} a_j A^j \,\middle|\, a_j \in K,\ 0 \leq m < \infty \right\}$$

を調べることです．A^0 は単位行列 I_n としています．

代数は道具を揃えてからでないと話が進まない学問です．道具をきっちり用意しましょう．環からです．（付録 B.1 節）

> **定義 11.2** 集合 R が**環**とは (1) R が**加法群**であり，
> (2) **単位元** 1 を持つ**積** $R \times R \to R$ が定義され，$x,y,z \in R$, $x(yz) = (xy)z$,

---

[4] 複数の数が互いに素とは，任意の 2 つの最大公約数が 1 であることです．

第11章 ジョルダン標準形について

$x1 = 1x = x$, が成り立ち

(3) **積と加法とが整合性をもっている**，即ち，$x, y, z \in R$ に対して，$(x+y)z = xz+yz,\ x(y+z) = xy+xz$ となることである．

環の例として典型的なものは**整数全体** $\mathbb{Z}$ です．有理整数環とも呼びます．本章で重要なものは K **代数**です．

定義 11.3 集合 R が K **代数**とは，R は環であり，かつ K ベクトル空間であることである．

K 代数の顕著な例は K **係数多項式環** $K[X]$ です．

$$K[X] := \left\{ \sum_{j=0}^{m} a_j X^j \,\middle|\, a_j \in K,\ 0 \leq m < \infty \right\}$$

但し，X は特別な値を仮定しない数，不定元と呼ばれるものです．本章の話題の $K[A]$ とよく似ています．

本章では任意の $x, y \in R$ に対し $xy = yx$ となる**可換**な環，つまり**可換環**の話のみをします．

更には，$K[X]$ の係数を $\mathbb{Z}$ にしたもの（$\mathbb{Z}$ 係数多項式全体）も環です．$f(X) \in \mathbb{Z}[X]$ の根 ω を X の代わりに代入した $\mathbb{Z}[\omega]$ は**代数的整数論**で重要な環です．例えば，$\mathbb{Z}[\sqrt{-1}]$ の元は**ガウス整数**と呼ばれるものです．$\mathbb{Z}[\sqrt{-5}]$ なども $\mathbb{Z}$ とは異なった振る舞いをします．例えば 6 が $6 = 2 \cdot 3 = (1+\sqrt{-5})(1-\sqrt{-5})$ と 2 つの素因数分解を持ちます．$\mathbb{Z}$ では当たり前であった**素数という概念が危うくなったり**します．

11.2.2 環準同型

定義 11.4 環 R と R' に対し，写像 $f: R \to R'$ が**環準同型**とは，$x, y \in R$ に対して，

(1) $f(x+y) = f(x) + f(y)$,

(2) $f(xy)=f(x)f(y)$

を満たすことである．

定義 11.5 2つの環 R と R' が**同型**とは，全単射な環準同型が存在するときである．$R \simeq R'$ と記す．

R と R' が環同型のとき両者を環として同一視します．

11.2.3 加群

加群の説明をします．**加群とはラフにいうと，体 K 上の K ベクトル空間において K を環 R に換えたものです**．R を可換環とします[5]．

定義 11.6 集合 M が R **加群**であるとは
(1) M が**加法群**であり
(2) M に R **倍**が定義できて，即ち $a,b \in R$, $x \in M$ に対して，$a(bx) = (ab)x \in M$, $1x = x$,
(3) **足し算と R 倍とが，整合性をもっている**，即ち $a,b \in R$, $x,y \in M$ に対して，$(a+b)x = ax+bx$, $a(x+y) = ax+ay$ となることである．

11.2.4 イデアル

R の部分集合で R 加群となるものを**イデアル**といいます．（非可換の場合は左，右，両側イデアルを区別します．）例を示しましょう．
(1)：環 R において $\{0\}$ はイデアルです．$0+0 \in \{0\}$ ですし，どんな $a \in R$ でも $a0 \in \{0\}$ です．
(2)：環 R に対して，環 R 自身もイデアルです．足し算について群で，R

---

[5] R が可換環でない場合は R の左からの掛け算と右からの掛け算とは作用が異なりますので**左 R 加群**と**右 R 加群**とを区別します．左かつ右 R 加群を**両側 R 加群**と呼びます．

第11章 ジョルダン標準形について

倍について閉じています．

(3)：有理整数環 $\mathbb{Z}$ の場合，整数 n の倍数全体がイデアルです．これを $n\mathbb{Z} := \{na \mid a \in \mathbb{Z}\}$ と記します．例えば，整数 m, ℓ に対し $6m$ と 6ℓ の和も 6 の倍数ですし，$6m$ の整数倍（負も含めて）も 6 の倍数です．

逆に $\mathbb{Z}$ のイデアル I は必ず整数 d が存在し $I = d\mathbb{Z}$ と書けます．

(4)：$f(X) \in K[X]$ に対し $K[X]$ の部分集合
$$(f(X)) := \{f(X)h(X) \mid h(X) \in K[X]\}$$
は $K[X]$ のイデアルです．$f(X)K[X]$ とも書きます．実際，$K[X]$ 倍は $(f(X))$ の中に入っていますし，足し算が閉じているのも自明でしょう．

更に，**$K[X]$ のイデアルは必ずこの形に書けます**[6]．例えば，前述の $\{0\}$ の場合は $f(X)$ として 0 を考えればよいので，$(0) = \{0\}$ です．$a \in K$ $(a \neq 0)$ に対し $(a) = K[X]$ となります．

(5)：可換環 R のイデアル I と J に対し，$I \cap J$ はイデアルです．なぜならば，$x, y \in I \cap J$ の和はやはり $x + y \in I$ かつ $x + y \in J$ ですし，$r \in R$ に対しても $rx \in I$ でかつ $rx \in J$ だからです．

11.2.5 素イデアル

可換環においてとても重要な概念である素イデアルの定義と例を見ましょう．

定義 11.7 可換環 R のイデアル $I (\neq R)$ が素イデアルとは，$ab \in I$ となる R の元 a と b に対して，$a \in I$ または $b \in I$ となる．（$a \in I$ でかつ $b \in I$ の場合も含める．）

(1)：有理整数環 $\mathbb{Z}$ の場合，素数 p に対して $p\mathbb{Z}$ は素イデアルです．

$nm \in p\mathbb{Z}$ としますと nm は p で割れます．素数の性質から n か m か（それとも両方）が p で割れることを意味していますので，これは $n \in p\mathbb{Z}$ また

---

[6] 単項イデアル整域と呼びます．

は $m \in p\mathbb{Z}$ を意味しています.

(2): $(X-a)$ は $\mathbb{C}[X]$ の素イデアルです. **代数学の基本定理**により $\mathbb{C}[X]$ の任意の n 次多項式 h は 1 次多項式の積に分解できます. つまり,

$$h(X) = (X-\omega_1) \cdots (X-\omega_n)$$

となる $\omega_i \in \mathbb{C}$ が存在します. $h, g \in \mathbb{C}[X]$ が $hg \in (X-a)$ とすると, h か g が $(X-a)$ という因子を持っていることを意味しますので, 素イデアルであることが分かります.

(3): $K[X]$ や $\mathbb{Z}$ では $\{0\}$ は素イデアルです[7].

11.2.6 $\mathbb{C}[X]$ の素元

$\mathbb{Z}$ における素数に対応して, $\mathbb{C}[X]$ の**素元**とは $p \in \mathbb{C}[X]$ ($p \neq 0$) で, $p\mathbb{C}[X]$ が素イデアルとなるものです. $\mathbb{C}[X]$ において $(X-a)$ は素元です.

11.2.7 イデアルの積

R のイデアル I, J に対してイデアルの積

$$IJ := \Big\{ \sum_{i:\text{有限}} x_i y_i \,\Big|\, x_i \in I, \, y_i \in J \Big\}$$

とします. 二つの素元 p, q に対して, $Q := q^s \mathbb{C}[X]$ と $P := p^r \mathbb{C}[X]$ としたときに $PQ = q^s p^r \mathbb{C}[X]$ となります.

11.2.8 剰余環

R のイデアル I に対し, R の部分集合

$$[f] := f + I := \{f + h \mid h \in I\} \subset R$$

---

[7] 以下の剰余環 $\mathbb{Z}/6\mathbb{Z}$ では $2n \cdot 3m = 0$ より $\{0\}$ は素イデアルではありません.

第11章 ジョルダン標準形について

を定義します（付録 B.2 節）．R の部分集合 $[f]$ を 1 つの元とする集合の集合 $R/I := \{[f] \mid f \in R\}$ を定義します．但し，$f \in [g]$ となるときに $[f] = [g]$ として等号を定義し，同一元としています．

形式的な計算により $[f][g] = (f+I)(g+I) = fg + fI + gI + II$ ですが $f, g \in R$ ですので，イデアルが R 倍で不変という性質より $fI \subset I$ ですし，また $I \subset R$ から $II \subset I$ より，$[f][g] \subset fg + I$ となります．つまり R/I には積を $[f][g] = fg + I$ と定義できます．これにより R/I は環となり，**剰余環** と呼びます．

$\mathbb{Z}/6\mathbb{Z}$ は $\mathbb{Z}$ を 6 の剰余で眺めたもので，環となります．R/I はこの $\mathbb{Z}/6\mathbb{Z}$ の一般化なのです．

$\mathbb{R}[X]/(X^2+1)$ を考えましょう．$\mathbb{R}[X] \ni aX^3 + bX^2 + cX + d$ に対して，$[aX^3 + bX^2 + cX + d]$ は代表元の取り方を工夫すると $(X^2+1)\mathbb{R}[X]$ の要素と一致するものはゼロと見ると解釈できます．つまり X^2 を -1 と同一視します．$\mathbb{R}[X]/(X^2+1)$ は $\mathbb{R}[\sqrt{-1}] = \mathbb{C}$ のことです．

同様に $\mathbb{R}[X]/(X^3 + aX^2 + bX + c)$ は，$[h] \equiv h \bmod (X^3 + aX^2 + bX + c)$ と見るわけです．X^3 を $-(aX^2 + bX + c)$ と同一視することです．

11.2.9 直積環

定義 11.8 二つの環 R と R' に対して，の 1) 和を $(r_1, r'_1) + (r_2, r'_2) = (r_1 + r_2, r'_1 + r'_2)$，2) 積を $(r_1, r'_1) \times (r_2, r'_2) = (r_1 r_2, r'_1 r'_2)$ とすることで $R \times R'$ は環となり，$R \times R'$ を**直積環**と呼ぶ．

11.3 多項式版中国式剰余定理と単因子論

11.3.1 中国式剰余定理（多項式版）

中国式剰余定理の一般化を示しましょう．以下 R は $\mathbb{C}[X]$ または $\mathbb{Z}$ とし

ましょう．

> **定理 11.9** （中国式剰余定理(多項式版)）
> p_i を R の素元，$P_i := (p_i^{r_i}) \equiv p_i^{r_i} R \ (r_i \geq 1)$ とし，$p_1, p_2, \cdots, p_r$ は互いに異なるとすると剰余環 $R/P_1 \cdots P_r$ は次のように分解される：
> $$R/P_1 \cdots P_r \simeq R/P_1 \times R/P_2 \times \cdots \times R/P_r$$

これが 11.1 節の中国式剰余定理の一般化であることを眺めましょう．有理整数環の場合，d_i が互いに素とは共通の因子がないことです．特別な場合として素数 p_i に対し $d_i = p_i^{r_i}$ としイデアル $I_j \equiv d_j \mathbb{Z}$ を考えます．$\prod_{i=1}^{r} I_r$ は $\bigcap_{i=1}^{r} I_r = (\prod_i d_i)\mathbb{Z}$ となり，$\mathbb{Z}/(\prod d_i)\mathbb{Z}$ の元が $\mod (\prod d_i)$ で値が定まります．定理 11.9 の右辺が定理 11.1 の前提条件に対応し，左辺が結論に対応します．

11.3.2 単因子論による加群の分解

R 加群 M が適当な M の元 e_i に対して $M = \sum_{i : 有限} R e_i$ と書けるとき M は**有限生成**と言います．$R = \mathbb{C}[X]$ または $\mathbb{Z}$ に対する有限生成 R 加群 M は**単因子論**によると次の分解を持つことが知られています．

> **定理 11.10** 有限生成 R 加群 M は
> $$M = \left(\bigoplus_{i=1}^{r} R/Rd_i\right) \oplus R^\ell$$
> と分解される[8]．但し，d_i は d_{i-1} で割り切れる．

例えば，加群 M に対し $M^2 := M \oplus M$ と記すと $\mathbb{Z}$ 加群 $M_0 := \mathbb{Z}/2\mathbb{Z} \oplus (\mathbb{Z}/3\mathbb{Z})^2$

---

[8] 正確には等号は定義 8.7 の R 加群の同型 $\simeq$ の意味です．

第11章 ジョルダン標準形について

に対して，定理は $M_0 = \mathbb{Z}/3\mathbb{Z} \oplus \mathbb{Z}/6\mathbb{Z}$ という分解を与えます．確かに 6 は 3 で割り切れます．等号 $\mathbb{Z}/2\mathbb{Z} \oplus \mathbb{Z}/3\mathbb{Z} = \mathbb{Z}/6\mathbb{Z}$ は中国式剰余定理から定まります．逆に言えば，今回はその正体は最初から判っているわけですが M_0 が $\mathbb{Z}/3\mathbb{Z} \oplus \mathbb{Z}/6\mathbb{Z}$ に分解できれば，中国式剰余定理で素因子による M_0 の正体が同定される事を意味しています．この単因子論がジョルダン標準形の主たる原理の一つです．本書の主張は**ジョルダン標準形の理解の妨げのひとつがこの単因子論の抽象性にある**ということです．

11.4　ケーリー・ハミルトンの定理とジョルダン標準形

11.4.1　特性多項式

以下のケーリー・ハミルトンの定理は固有値を求める際に計算する特性多項式（永年方程式とも呼びます．）に対する定理です．証明は定理 11.13 を認めると難しくはありません．14.1.3 節においても重要な役割を果たします．

> **定理 11.11**　（ケーリー・ハミルトンの定理）
> $A \in \mathrm{Mat}_K(n)$ と**特性多項式** $f_A(\lambda) := \det(A - \lambda I)$ に対し $f_A(A) = 0$ となる．

$f_A(A) = 0$ とは A^n が現れたら $-(a_{n-1}A^{n-1} + \cdots + a_0 I)$ に置き換わることを意味しています．

$K = \mathbb{C}$ の場合は $f_A(\lambda) = \lambda^n + a_{n-1}\lambda^{n-1} + \cdots + a_1\lambda + a_0$ は，**ガウスの代数学の基本定理**により，

$$f_A(\lambda) = \prod_{i=1}^{n}(\lambda - \lambda_i)$$

と 1 次式の積で表現できます．λ_i を A の**固有値**と言います．

11.4.2 $\mathbb{C}^n : \mathbb{C}[X]$ 加群として

$\mathbb{C}$ ベクトル空間 $M := \mathbb{C}^n$ に対し，環 $\mathbb{C}[X]$ の作用を
$$\mathbb{C}[X] \times M \to M, \quad (g(X)v := g(A)v \in M)$$
とすることで $M \equiv \mathbb{C}^n$ を $\mathbb{C}[X]$ 加群とします．この M は 11.2.1 節で述べた $\mathbb{C}$ 代数 $\mathbb{C}[A]$ の加群と見なせることができ，更には A が適当によい性質（$A \in \mathrm{GL}(n, \mathbb{C})$）を持つときには $\mathbb{C}[A]$ 加群として，$M = \mathbb{C}[A]$ とも考えられます．有限生成は自明ですので[9]，単因子に関する定理 11.10 より ($\dim_\mathbb{C} \mathbb{C}[X] = \infty$ と $\dim_\mathbb{C} M = n$ に気をつけると $\ell = 0$ ということが判るので)，

$$M = \bigoplus_{i=1}^n R_i, \quad R_i := \mathbb{C}[X]/(d_i(X)),$$

$$d_i(X) := \prod_{j=1}^{r_i} (X - \lambda_{ij})^{\ell_{ij}},$$

但し，$f_A(X) = \prod_{i=1}^n d_i(X)$ となります．また，R_i は $\mathbb{C}[X]$ 加群であり剰余環となります[10]．

λ_i が全て異なる場合は $d_1(X) = \cdots = d_{n-1}(X) = 1, d_n(X) = f_A(X)$ となります．**このとき $\mathbb{C}[A]$ と $\mathbb{C}[X]/(f_A(X))$ とが環同型**となります．また，$d_i = 1$ の場合は $\mathbb{C}[X]$ 加群として $\mathbb{C}[X]/(1) = \mathbb{C}[X]/\mathbb{C}[X] = \{0\}$ と考えています．

---

[9] ここで $\det A \neq 0$ を仮定していません．$\mathbb{C}[X]$ は $\mathbb{C}$ を含むのでこの作用（写像）は全射であることが保障されています．従って，$M = \oplus_i \mathbb{C} e_i$ に対して有限生成は $M = \sum_i \mathbb{C}[X] e_i$ と考えればよいのです．

[10] $n = 3$ の場合，以下のような可能性があります．

$$T_1 : d_1 = 1, \, d_2 = 1, \, d_3 = (X - \lambda_1)(X - \lambda_2)(X - \lambda_3)$$
$$T_2 : d_1 = 1, \, d_2 = 1, \, d_3 = (X - \lambda_1)^2(X - \lambda_2)$$
$$T_3 : d_1 = 1, \, d_2 = 1, \, d_3 = (X - \lambda_1)^3$$
$$T_4 : d_1 = 1, \, d_2 = (X - \lambda_1), \, d_3 = (X - \lambda_1)(X - \lambda_2)$$
$$T_5 : d_1 = 1, \, d_2 = (X - \lambda_1), \, d_3 = (X - \lambda_1)^2$$
$$T_6 : d_1 = (X - \lambda_1), \, d_2 = (X - \lambda_1), \, d_3 = (X - \lambda_1)$$

第11章 ジョルダン標準形について

中国式剰余定理より，各 R_i に関しては

$$R_i \simeq \mathbb{C}[X]/((X-\lambda_{i1})^{\ell_{i1}}) \times \cdots \times \mathbb{C}[X]/((X-\lambda_{ir_i})^{\ell_{ir_i}})$$

となります．環 R から生成される剰余環は R 加群でもあることに注意すると，この分解により

$$R_i \simeq \mathbb{C}[X]/((X-\lambda_{i1})^{\ell_{i1}}) \oplus \cdots \oplus \mathbb{C}[X]/((X-\lambda_{ir_i})^{\ell_{ir_i}}).$$

となり，更に先の単因子による分解も含めると M が

$$M = \bigoplus_{i=1}^{n} \bigoplus_{j=1}^{r_i} \mathbb{C}[X]/((X-\lambda_{ij})^{\ell_{ij}})$$

と分解されたことが判ります．つまり，素元 $(X-\lambda_{ij})$ のみで加群 M の構造が決まったということです．この素元による分解は**素因子型分解**と呼ばれます．以下**ジョルダン標準形は行列の素因子型分解である**という事を示すのが本章の狙いです．

定理 11.10 の例で述べた $M_0 = \mathbb{Z}/2\mathbb{Z} \oplus (\mathbb{Z}/3\mathbb{Z})^2 = \mathbb{Z}/3\mathbb{Z} \oplus \mathbb{Z}/6\mathbb{Z}$ の右辺から中辺の道のりが今示した素因子型分解です．この例をより一般化したものが，有限生成 $\mathbb{Z}$ 加群の場合の**アーベル群の基本定理**です．つまり，**有限生成アーベル群（可換な群つまり加法群）** G は素数 p_{ij} により

$$G = \left(\bigoplus_{i=1}^{n} \bigoplus_{j=1}^{r_i} \mathbb{Z}/p_{ij}^{\ell_{ij}}\mathbb{Z} \right) \oplus \mathbb{Z}^{\ell}$$

という分解を持つことになります．この定理は群論で重要な役割を果たします．ここで注意したいことは $(\mathbb{Z}/3\mathbb{Z})^2$ と $\mathbb{Z}/3^2\mathbb{Z}$ が区別されているということです．両者は環としても加群としても同一視できるものではありません．前者を分解するのが単因子論で定理 11.10 です．注目すべき点は，このアーベルの定理と本書の話題のジョルダン標準形は環論的には全く同じ構造で定まるという事です．

それではジョルダン標準形を通常の行列の言葉で記しましょう．そのために行列に関して良く知られた事実を紹介します．

定義 11.12 $B_1, B_2 \in \mathrm{Mat}_{\mathbb{C}}(n)$ に対して，適当な $P \in \mathrm{GL}(n, \mathbb{C})$ が存在し，$B_1 = P^{-1} B_2 P$ となる場合，B_1 と B_2 とが**相似**という．

シューア分解で知られる次の定理を基本信じることにしましょう．

定理 11.13 $A \in \mathrm{Mat}_{\mathbb{C}}(n)$ に対し，適当な上三角行列 $T \in \mathrm{Mat}_{\mathbb{C}}(n)$ が存在し，A と T とが相似となる．但し，T が上三角行列とは $T = (t_{ij})$ で $t_{ij} = 0 \ (i > j)$ のことである．**三角化**と呼ぶ．

また，行列 $B \in \mathrm{Mat}_{\mathbb{C}}(r, \mathbb{C})$ が $B^r = 0$ で $s < r$ では $B^s \neq 0$ を満たすならば，B と相似でかつ $s_{ij} = 0 \ (i \geq j)$ とする $S = (s_{ij})$ が存在する．

証明 定理は $\mathrm{Mat}_{\mathbb{C}}(n)$ の n についての帰納法で証明されます．$\lambda_a \in \mathbb{C}$ に対して $Au = \lambda_a u$ となる $u (\neq 0)$ を固有値 λ_a を持つ固有ベクトルと呼びます．右辺を左辺に移行することで $(A - \lambda_a I) u = 0$ が成立するための条件が特性多項式 $f_A(\lambda) = 0$ です．λ_a はその根です．$n = 1$ のとき (a_{11}) は三角行列でもあり定理は成り立ちます．A の固有値は重複も含め n 個存在します．その内 A の λ_1 を持つ固有ベクトル v_1 とします．$(u, v)_H := u^* v$ とする内積による $u_1 := v_1 / |v_1|$ を含む正規直交基底 $\{u_a\}$ に対して $P_n := (u_1, u_2, \cdots, u_n)$ とすると $\det P_n \neq 0$ と $P^{-1} = P^*$ が言えます．この時，$P_n^{-1} A P_n = \begin{pmatrix} \lambda_1 & * \\ 0 & A_{n-1} \end{pmatrix}$ と書けます．A_{n-1} は $\mathrm{Mat}_{\mathbb{C}}(n-1)$ の元であり帰納法の仮定より三角化可能な P_{n-1} が存在します．$P := P_n \begin{pmatrix} 1 & 0 \\ 0 & P_{n-1} \end{pmatrix}$ により定理が証明されます． ∎

ここで，$\mathbb{C}[X]$ 加群 $M = \mathbb{C}^{\ell_1' + \ell_2'}$ が $M = \mathbb{C}^{\ell_1'} \oplus \mathbb{C}^{\ell_2'}$ に分解することは X の作用が $\begin{pmatrix} A_1' & \\ & A_2' \end{pmatrix} \in \mathrm{Mat}_{\mathbb{C}}(\ell_1' + \ell_2')$ となる行列と表現されることと同値です．更には $(A_1, A_2) \in \mathrm{Mat}_{\mathbb{C}}(\ell_1) \times \mathrm{Mat}_{\mathbb{C}}(\ell_2)$ に対し $\begin{pmatrix} A_1 & \\ & A_2 \end{pmatrix} \in \mathrm{Mat}_{\mathbb{C}}(\ell_1 + \ell_2)$ を対応させることで環単射準同型を得ます．

これらより**ジョルダン標準形**に辿り着きます．

第11章 ジョルダン標準形について

定理 11.14（ジョルダン標準形）
$A \in \mathrm{Mat}_{\mathbb{C}}(n)$ に対して，ある $U \in \mathrm{GL}(\mathbb{C}, n)$ が存在し

$$A = U^{-1} \begin{pmatrix} D_1 & 0 & \cdots & 0 \\ 0 & D_2 & \cdots & 0 \\ \vdots & \vdots & \ddots & \vdots \\ 0 & 0 & \cdots & D_r \end{pmatrix} U$$

となる[11]．但し，各 $D_i \in \mathrm{Mat}_{\mathbb{C}}(\ell_i)$ は適当な λ_i により次の形となる：

$$D_i := \begin{pmatrix} \lambda_i & 1 & 0 & \cdots & 0 & 0 \\ 0 & \lambda_i & 1 & \cdots & 0 & 0 \\ 0 & 0 & \lambda_i & \cdots & 0 & 0 \\ \vdots & \vdots & \vdots & \ddots & \vdots & \vdots \\ 0 & 0 & 0 & \cdots & \lambda_i & 1 \\ 0 & 0 & 0 & \cdots & 0 & \lambda_i \end{pmatrix}$$

定理において $(D_i - \lambda_i I)^{\ell_i} = 0$ は簡単に判ります．つまり，D_i は $\mathbb{C}[X]/((X-\lambda_i)^{\ell_i})$ と環同型です．また，非対角成分の"1"の列ですが，これは $(X-\lambda_i)$ が $\mathbb{C}[X]/((X-\lambda_i)^{\ell_i})$ において $r < \ell_i$ に対しては $(X-\lambda_i)^r \neq 0$ でかつ $(X-\lambda_i)^{\ell_i} = 0$ であるという事実を考えれば，自然に理解されます．

このようにジョルダン標準形はブロック行列である D_i に分解されてゆくものですが，単因子論による加群としての分解と，中国式剰余定理による環としての分解とがあいまって分解されるのです．正に，**ジョルダン標準形とは素因子型分解なのです**．

物理などで重要な A がエルミート行列（$A = A^*$）である場合は，定理 11.14 で $r = n$ となり，A は対角行列に相似となります．本章の多くを使うことな

---

[11] $n = 3$ の場合はそれぞれのタイプに応じて

$$T_1: \begin{pmatrix} \lambda_1 & 0 & 0 \\ 0 & \lambda_2 & 0 \\ 0 & 0 & \lambda_3 \end{pmatrix}, \quad T_2: \begin{pmatrix} \lambda_1 & 1 & 0 \\ 0 & \lambda_1 & 0 \\ 0 & 0 & \lambda_2 \end{pmatrix}, \quad T_3: \begin{pmatrix} \lambda_1 & 1 & 0 \\ 0 & \lambda_1 & 1 \\ 0 & 0 & \lambda_1 \end{pmatrix},$$

$$T_4: \begin{pmatrix} \lambda_1 & 0 & 0 \\ 0 & \lambda_1 & 0 \\ 0 & 0 & \lambda_2 \end{pmatrix}, \quad T_5: \begin{pmatrix} \lambda_1 & 0 & 0 \\ 0 & \lambda_1 & 1 \\ 0 & 0 & \lambda_1 \end{pmatrix}, \quad T_6: \begin{pmatrix} \lambda_1 & 0 & 0 \\ 0 & \lambda_1 & 0 \\ 0 & 0 & \lambda_1 \end{pmatrix}.$$

く証明できます．つまり，**定理 11.14 への道は可換環論などの代数学の入口としての意味が大きいのです**．エルミート行列の場合は固有値 λ_i は実数で，各固有ベクトル u_i は $(u_i, Au_j)_H = (Au_i, u_j)_H$ より $(\lambda_i - \lambda_j)(u_i, u_j)_H = 0$ となり互いに直交していることが判ります．固有値が正の場合，A は**正定値エルミート行列**と呼ばれ，エルミート内積で重要となります．また，固有値が零となる固有ベクトルが幾何学的な意味を持ったりします．

Tip of the Day

本章の話は全て [2] にあります．代数学は敷居が高いのですが，基本的なことを学ぶには [2] はコンパクトかつ明快に書かれています．代数をある程度理解することができれば代数学のハーモニーが聞こえてくるかもしれません．代数は数学の中で最も美しい理論体系の一つです．

参考文献

[1] F. クライン (石井省吾, 渡辺弘訳) クライン：19 世紀の数学　共立出版 1995 年
[2] 堀田良之　代数入門 － 群と加群 －　裳華房　1987 年
[3] 大住晃　線形システム制御理論　森北出版　2003 年
[4] 石谷茂　新装版 2 次行列のすべて　現代数学社 2008 年

第11章 ジョルダン標準形について

問題 11.1 ★

R を可換な環(可換環)$\mathbb{C}[x]$ とする．$R = \mathbb{C}[x]$．このとき，テイラー展開に類するものが代数的に構築できることを以下のように示せる．

1) $\mathfrak{p} \subset R$ を素イデアルとすると任意の $f, h \in M_\mathfrak{p} := R \backslash \mathfrak{p}$ とすると $fh \in M_\mathfrak{p}$ である事を示せ．

2) 適当な $a \in \mathbb{C}$ により $(x-a) \subset R = \mathbb{C}[x]$ が素イデアルである事を示せ．($\mathbb{C}$ の点 a に対して，素イデアル $(x-a)$ が対応している．この対応を幾何であるアフィン空間 $\mathbb{A}^1_\mathbb{C}$ と代数との対応と見るのが**ヒルベルトの零点定理**であり，代数幾何の入り口となる．R の中の素イデアルは $\{0\}$ か $(x-a)$ の形で書かれる事が知られている．)

3) $\mathfrak{p} := (x-a)$ に対して，$g \in M_\mathfrak{p}$ は $g = \sum_{i=0}^{n} \alpha_i (x-a)^i$ としたとき $\alpha_0 \neq 0$ である事を示せ．つまり $g = \prod_{i=1}^{n}(x-b_i)$ としたとき，何れの b_i も a に一致しない．

4) $\mathfrak{p} = (x-a)$ と $t := x-a$，$g = \alpha_n t^n + \cdots + \alpha_1 t + \alpha_0 \in M_\mathfrak{p}$ に対して $h = \beta_r t^r + \cdots + \beta_1 t + \beta_0 \in M_\mathfrak{p}$ で $hg \equiv 1 \bmod t^{r-1}$ となる r 次多項式 h の係数が代数的に定まり h が唯一存在する事を示せ．この対応を $\iota_r(g) = h$ とする．

5) 整数に対する分数のように R に対して，分母を許す
$$R_\mathfrak{p} := \{f/g \mid f \in R, g \in M_\mathfrak{p}\}$$
を定義する．$h \in R_\mathfrak{p}, t = (x-a)$ とすることで $h = \dfrac{\sum_{i=0}^{n} \beta_i t^i}{\sum_{j=0}^{n} \alpha_j t^j}$ ($\alpha_i, \beta_i \in \mathbb{C}$, $\alpha_0 \neq 0$) と書ける．$t = 0$ で定義できる事を確かめよ．

6) $g \in M_\mathfrak{p}$ に対して $1/g \in R_\mathfrak{p}$ である．$t := x-a$ に対し適当な(場合によっては無限小の)微小な領域 $|t| < \varepsilon$ で $\dfrac{1}{g}$ のテイラー展開 $\dfrac{1}{g} =$

$\sum_{k=0}^{\infty} \frac{1}{k!} \left[\frac{d^k}{dt^k} \frac{1}{g(t)} \right]_{t=0} t^k = \sum_k \tilde{\beta}_k t^k$ を形式的に考える (これを形式的冪級数環 $\mathbb{C}[[t]]$ と呼ぶ.) このとき, $R_\mathfrak{p}$ において, 任意の非負整数 r に対して $\sum_k \beta_k t_k \equiv \iota_r(g) \bmod t^{r+1}$ である事を示せ. つまり, $\frac{1}{g} = \lim_{r \to \infty} \sum_{i=0}^r \beta_i t^i$ と書け, **イデアルの操作によってテイラー展開に関連する情報が得られている. (このような法 t^r で考える視点は(漸近展開なども含め)数理モデルと実現象とを比較するときにも重要である.)** t が小さい量であると考えている. $R_\mathfrak{p}$ を環 R の $\mathfrak{p}$ による**局所化**と呼び, $R_\mathfrak{p}$ を環 R の**局所環**と呼ぶ. $R_\mathfrak{p}$ には (0) 以外の素イデアルは $\mathfrak{p}$ のみになっている. 14.3.1 節を見よ. ($\mathbb{C}[x]$ や $\mathbb{C}[[t]]$ を $\mathbb{C}$ ベクトル空間と捉え, その構造により $A_\mathbb{C}^1$ の幾何情報やテイラー展開を取り扱っていることに注意する. 12.2.3 節でこれとは異なる視点でテイラー展開と線型空間との対応を示す. 両者の共通の視点が並進対称性にある事に注意する.)

7) R として $\mathbb{Z}$ を選び, 素数 p に対して $\mathfrak{p}$ を $\mathbb{Z}$ の素イデアルとしたとき, $\mathbb{Z}$ も展開した際の $R_\mathfrak{p}$ は **p 進整数**と呼ばれるものとなる. 考察せよ. (p が上記の「小さい量 t」の役割を担うことを確かめよ.) テイラー展開に対するローラン展開に対応して p 進整数は **p 進数**に拡張される.

Column 11

支配するラプラス方程式

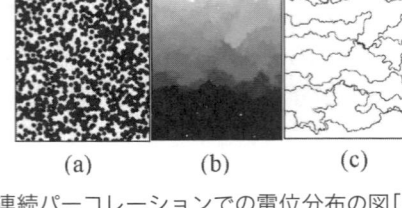

(a) (b) (c)

連続パーコレーションでの電位分布の図[2]

ラプラス

　ラプラス（1749–1827）は「天体力学概論」全5巻を著し，剛体や流体の運動や地球の形や潮汐の理論等々について論じたり，確率論について研究しました．毛細管の液体の振る舞いから重力なども近接相互作用で理解すべきという考えに至り，ラプラス方程式や後のポテンシャル理論に実質的に辿りつきます．行列式のラプラス展開や，関数のラプラス変換，確率のラプラス過程などで知られ，1814年にはラプラスの悪魔として呼ばれる「ある瞬間の宇宙の全ての状態が判れば後の事象は定まる」とする決定論的問題も提唱したことでも知られています．近年，確率の分野で流行となっているベイズの定理の基礎も発見していました[1]．

　筆者の主たる業務は新たな材料の素子やデバイスの物理現象を解明するというものです．そこで最も重要なものはラプラスの名前の付いた**ラプラス方程式とポアソン方程式**です．筆者が取り扱う多くの物理現象はこの二つで解決すると言っても過言ではありません．多くの物理現象は対称性をもっています．一様性や等方性だったりします．ランダム性が関係するものでもそう

です．系を表現する線型量は定義された空間の上での関数空間です．互いに相反する境界条件に対して関数は局所的折り合いをつけながら，大局的な様相を呈するので，広い意味のラプラス方程式が系の性質を表すというのは，偶然以上の自然の深みに関連します．現代数学的には，付録 A.10 で示した層による層係数のコホモロジーの大局的な切断が多くの系の不変量と関連するという事実の，自然現象での表れと見ることも出来ます．2.6 節の**ホモロジー理論**やコラム 6 の**ディリクレ原理，調和関数，ホッジ構造**にも関連する奥深い普遍性です．

　ラプラス方程式は所謂，線型方程式です．つまり，本書の範疇内のものです．初等的な微分方程式の教科書にも書かれてはいますが，決して侮るべきものではありません．図示したものは，高抵抗な媒質の中に電気抵抗の低い微粒子をランダムに 2 次元的に配置させたことを想定した計算機上のモデルです [2]．**ナノテクノロジー**の一つでもある**ナノ微粒子**を利用した新素材に関わるもので，所謂**パーコレーション**と呼ばれる分野の研究モデルでもあります [10 章:8]．その分野では**連続パーコレーション**と呼ばれているものです．図(a)の黒が微粒子です．それらを平面内に一様ランダムに配置させています．その上下に電極を配置させ，両端に電圧 1[V] と 0[V] をかけた際にどのような電位分布を持つかということはラプラス方程式を少し一般化したものによって計算されます．図(b)は差分法によって実際に解いてみたものです．電位分布を 1[V] を白，0[V] を黒として濃淡表示しています．図は水墨画のようになります．背景にフラクタル構造が存在するからです（10.5 節参照）．**マンデルブロー**(1924–2010) が示したように自然の背景には**フラクタル構造**があります [3]．図(c) はその等電位線を示したものです．フラクタル構造の指標として**フラクタル次元**というものがありますが，この系はフラクタル性を示しフラクタル次元は 1 次元より大きい非整数次元となります．

　パーコレーション理論によると，もしも領域が無限の大きさを持っていれば，ランダムに配置した微粒子の体積の比率がある値以下であれば電流は流れず，それ以上では電流が流れ始めます [10 章:8]．つまり，体積の比率のみで振る舞いが決まり，その**臨界点**を**しきい値**と呼びます．面白いことに，し

きい値でフラクタル次元が 4/3 となるだろうという予想があります[2].

詳しくは述べませんが，フラクタル次元が 4/3 であればこの系が **Schramm-Loewner 方程式**に関係する可能性があるということを意味しています．Schramm-Loewner 方程式は 2006 年に **Werner** が，また 2010 年に **Smirnov** がそれぞれフィールズ賞を受賞したとても興味深い問題で，**自己回避ランダム・ウォーク**に関わる普遍性や素粒子論の**ストリング理論**の背景にある**共形場理論**とも関係しています[4]．その原型となる **Loewner 方程式**は，**Koebe 関数**と呼ばれる単葉関数を基礎として，de Branges が 1985 年に解決した**ビーベルバッハ予想**と呼ばれる複素関数論のとても深い予想とも関係します[5].

他方，この連続パーコレーションの問題，特により現実的な重なりを許さない連続パーコレーション問題を，円による平面の被覆の問題と考えると，それは Koebe や Schramm も関連する(接触した)円による 2 次元面の**サークルパッキング問題**を想起させます[6]．それらもリーマン面や共形変換、離散幾何学とも関連します[10 章:1]．

このようなことは，**実用的な研究が既存の研究の応用であるとは限らない**事の表れだと思いますし，数学の幅広さの証でもあると思います．**実用数学と純粋数学とは想像するより遥かに近い関係にある**ということです．

[1] C. C. Gillispie, Pierre-Simon Laplace, 1749-1827: A Life in Exact Science, Princeton Univ 1997
[2] S. Matsutani, Y. Shimosako, Y. Wong, *Fractal structure of equipotential curves on a continuum percolation model* Physica A **391** (2012) 5802-5809.
[3] B. マンデルブロ(広中平祐監訳) フラクタル幾何学(上，下) ちくま文庫 2011 年
[4] 香取眞理 Schramm-Loewner Evolution 入門 数理解析研究所講究録 1609 (2008) 88-101
[5] 武部尚志 無分散可積分系と関数論 数理解析研究所講究録 1541 (2007) 166-177
[6] O. Schramm, *How to cage an egg*, Inv. Math. **107** (1992) 543-560.

第12章 微積分：線型代数として

フェルマー(1607-1665)は多項式 $f(x)$ に対して，
$$f(x+a)-f(x) \quad \text{modulo} \quad a^2$$
という代数的計算によりその極値を探索していました[1]．ライプニッツ(1646-1716)やニュートン(1642-1727)による微分の発見以前のことです．

ダランベール(1717-1783)は 1746 年に波動方程式
$$\left(\frac{\partial^2}{\partial t^2}-c^2\frac{\partial^2}{\partial x^2}\right)f(x,\,t)=0 \tag{1}$$
を発見し，同時に $f(x,t)=g(x+ct)+h(x-ct)$ は解となると主張しました．1749 年に，オイラー(1707-1783)はこの発見に対して，任意の初期値 $g(x),h(x)$ において上記の解を得るということを主張します．ダランベールは $g(x)$ や $h(x)$ が 2 回微分可能な関数でなければならないという理由でオイラーの主張に条件をつけるように要求し，オイラーはそれに反論しました．当時の数学のレベルでは決着のつかない論争です．オイラーが見たのは波動方程式の裏にある**群**の存在でした[2]．現在では，佐藤超関数やフーリエ級数等を利用することで，オイラーの主張の限界と正当性を共に明確にすることが可能です．

---

[1] $f(x)=x^3+bx^2+cx+d$ に対して，左辺は法 a^2 で $(3x^2+2bx+c)a$ となります．a を除いたものは，$df(x)/dx$ になります．

[2] オイラーは自然の声に耳をそばだてて聞き入る謙虚さと，本質を見逃さない鋭さを持っていました．それは古びないものです．

第12章 微積分：線型代数として

本格的な解析や無限大に対峙する際は別として，実際の自然現象を取り扱う場合，**生半可な厳密主義よりフェルマーやオイラーのような代数的な視点は実用的でかつ本質的であるかもしれません**[3]．

本章では微積分を線型代数の視点から考えましょう．

12.1 今までの復習と簡単な拡張

本書では関数空間と線型代数との関係についていろいろな箇所で話をしてきました．それらの復習とその簡単な拡張を眺めておきましょう．

本章でも円 S^1 上の周期境界条件を持った K 値解析関数を考え，その全体を $\mathcal{C}^\omega(S^1, K)$ とします．$\ell \geq 0$ に対して，$f \in \mathcal{C}^\omega(S^1, K)$ は $\left(\frac{d^\ell}{d\theta^\ell}f\right)(\theta+2\pi) = \left(\frac{d^\ell}{d\theta^\ell}f\right)(\theta)$ を満たしていることを意味します．$\theta \in [0, 2\pi)$ とします．また解析関数というのは，後で述べるテイラー展開が各点 $\theta \in S^1$ で可能な関数という意味です．本章では K は実数全体 $\mathbb{R}$ か複素数全体 $\mathbb{C}$ のどちらかとします．

12.1.1 関数と微分作用素

関数の線型性：関数空間 $\mathcal{C}^\omega(S^1, K)$ は K ベクトル空間です．実際，$f, g \in \mathcal{C}^\omega(S^1, K)$, $a, b \in K$ に対して，$af + bg \in \mathcal{C}^\omega(S^1, K)$ です．

微分作用素：微分 $\frac{d}{d\theta}: \mathcal{C}^\omega(S^1, K) \to \mathcal{C}^\omega(S^1, K)$ は K 線型写像です．つまり $\frac{d}{d\theta} \in \mathrm{End}_K(\mathcal{C}^\omega(S^1, K)) \equiv \mathrm{Hom}_K(\mathcal{C}^\omega(S^1, K), \mathcal{C}^\omega(S^1, K))$ です．実際，$f, g \in$

---

[3] この視点は位相線型空間（トポロジーを持った線型空間）などの解析的な視点を軽視するものではありません．厳密な解析が必要となる対象もあれば，そうでないものもあります．本書，特に本章ではそうでない話をします．

$\mathcal{C}^\omega(S^1, K)$ と $a, b \in K$ に対して,
$$\frac{d}{d\theta}(af(\theta)+bg(\theta)) = a\frac{df(\theta)}{d\theta} + b\frac{dg(\theta)}{d\theta} \in \mathcal{C}^\omega(S^1, K)$$
となります. より代数的には $f, g \in \mathcal{C}^\omega(S^1, K)$ に対してライプニッツ則 $\frac{d}{d\theta}(fg) = \frac{df}{d\theta}g + f\frac{dg}{d\theta}$ を満たす線型写像として微分が特徴づけられます. (問題 12.1, 12.2 を参照)

12.1.2 不定積分の線型代数的な理解

$F \in \mathcal{C}^\omega(S^1, K)$ に対し $dF(\theta)/d\theta = f(\theta)$ としたときに
$$\int f(\theta)d\theta = F(\theta) + \textbf{積分定数}$$
となります. この積分定数というものを線型代数の視点で理解しましょう. 上述の写像 $\frac{d}{d\theta}$ の像 $\mathrm{Img}\left(\frac{d}{d\theta}\right)$ は
$$\mathrm{Img}\left(\frac{d}{d\theta}\right) := \left\{\frac{d}{d\theta}g \mid g \in \mathcal{C}^\omega(S^1, K)\right\}$$
と定義されます. 他方, 任意の $a \in K$ に対して $f(\theta)$ と $f(\theta)+a$ の微分は同じ値になります[4]. つまり, $\frac{d}{d\theta}: \mathcal{C}^\omega(S^1, K) \to \mathrm{Img}\left(\frac{d}{d\theta}\right)$ は多対1の全射対応となります. 不定積分は微分の逆の対応ですが, 多対1の写像の逆は写像になりません.

不定積分を(線型)写像にする試みを考えましょう.

まず, $f(\theta) - g(\theta) = a \in K$ ならば同値とする同値類(集合) $[f] := \{g \in \mathcal{C}^\omega(S^1, K) \mid f - g \in K\} \subset \mathcal{C}^\omega(S^1, K)$ を考えます. 同値類全体を $\mathcal{C}^\omega(S^1, K)/K$ と記します(付録 B.2 節). $\mathcal{C}^\omega(S^1, K)/K$ は, 集合 $[f]$ を1つ

---

[4] $\mathrm{Ker}\left(\frac{d}{d\theta}\right)$ を $\left\{f \in \mathcal{C}^\omega(S^1, K) \mid \frac{d}{d\theta}f(\theta) = 0\right\}$ として, $\frac{d}{d\theta}$ の**核**と呼びます. $\mathrm{Ker}\left(\frac{d}{d\theta}\right) = K$ となります. 以下の議論の同値類全体は $\mathcal{C}^\omega(S^1, K)/\mathrm{Ker}\left(\frac{d}{d\theta}\right)$ と書くことができます.

第12章 微積分：線型代数として

の元とする集合のことです．$f \in [g]$ ならば $[f] = [g]$ と同じ $\mathcal{C}^\omega(S^1, K)/K$ の元と考えます．このとき，

$$\left(\frac{d}{d\theta}\right) : \mathcal{C}^\omega(S^1, K)/K \to \mathrm{Img}\left(\frac{d}{d\theta}\right)$$

は**全単射**となります．より正確には対応 $\kappa : \mathcal{C}^\omega(S^1, K)/K \to \mathrm{Img}(d/d\theta)$ を $\mathcal{C}^\omega(S^1, K)/K$ の要素である集合（類）$[g]$ に対して，$[g]$ の要素である $h \in [g]$ の微分 $\frac{d}{d\theta} h$ によって定義します．どんな $h_1, h_2 \in [g]$ に対しても同じ微分値になるのでこの対応 κ は写像であることが判るので，この κ を再度 $\left(\frac{d}{d\theta}\right)$ の記号で表しています．この記法による上記の式で，写像 $\kappa \equiv \left(\frac{d}{d\theta}\right)$ が全単射になるということです．**不定積分**は $\left(\frac{d}{d\theta}\right)$ の逆写像

$$\int d\theta : \mathrm{Img}\left(\frac{d}{d\theta}\right) \to \mathcal{C}^\omega(S^1, K)/K$$

として積分定数の不定性も含め理解できます．不定性とは同値類（付録 B.2 節）のことだったのです．

12.1.3 積分可能性に関して

この節では素朴な意味での積分可能性について考えたいと思います[5]．例えば，$f(\theta) = \cos\theta + c, (c \neq 0)$ は $\mathcal{C}^\omega(S^1, \mathbb{R})$ の元ですが，$\mathrm{Img}(d/d\theta)$ の元ではありません．従って，積分できません．実際 $\int d\theta\, f(\theta)$ は周期条件を満たしません．

このように**積分可能**かどうかは $\mathrm{Img}(d/d\theta)$ の元か否かによります．

初等関数全体を $\mathcal{K}$ としましょう．例えば $\int \dfrac{dx}{\sqrt{1-x^4}}$ は初等関数で書けな

---

[5] 積分可能性というと，脚注 10 で述べる**フロベニウスの積分可能性条件**が最も重要な条件となりますが，ここではもっと素朴な意味の積分可能性についてのみ話をします．両者は 13.6 節で紹介する外微分形式やコホモロジーなどで関係が付きます．

いことが知られています．「**初等関数の範囲内で積分可能か**」という問いの答えはトートロジー(同語反復)ですが，$\frac{d}{dx}\mathcal{K} \to \mathrm{Img}\left(\frac{d}{dx}\right) \subset \mathcal{K}$ に対し，その被積分関数が $\mathrm{Img}\left(\frac{d}{dx}\right)$ の元か否かで決まります．これは，気取った言い回しをしているだけですが，線型代数の枠組みできっちりと答えられています．**数学は言葉です**．鼻歌を歌う気分で**色々な事実が数学の言葉で表現**できます．

12.1.4 定積分とその補足

ここでは繰り返しませんが，3章で**定積分が関数空間の双対空間とそのペアリングとして解釈できること**を示しました．また，それにより**ディラック δ 関数も双対空間の元として表現**できました．3.6節で示したことをもう少し補足して置きます．3.6節では，任意の $g \in \mathcal{C}^\infty(S^1, \mathbb{R})$ に対して $\iota(g) := \left[\int dx g(x)\right] \in \mathcal{C}^\infty(S^1, \mathbb{R})^*$ が定まる事を示しました．線型作用素(線型写像)として $\left[\int dx g(x)\right]$ が零と同じとは，任意の $f \in \mathcal{C}^\infty(S^1, \mathbb{R})$ に対して $\left[\int dx g(x)\right] f = \int dx g(x) f(x) = 0$ となることです．問題3.2(と厳密には付録A.8)に注意すると写像 $\iota : \mathcal{C}^\infty(S^1, \mathbb{R}) \to \mathcal{C}^\infty(S^2, \mathbb{R})^*$ は単射と考えることができます．また，$\mathcal{C}^\infty(S^1, \mathbb{R})^* \setminus \iota(\mathcal{C}^\infty(S^1, \mathbb{R}))$ にはディラック δ 関数が自然に存在しますので，$\iota(\mathcal{C}^\infty(S^1, \mathbb{R})) \subsetneq \mathcal{C}^\infty(S^1, \mathbb{R})^*$ である事も判ります．δ 関数の次元は S^1 の点の数と等しいので，関数空間の場合，その次元は双対空間のものよりずいぶん小さい事も判ります．

12.1.5 偏微分

偏微分に関しても述べておきましょう．**直交しているとは限らない** $\mathbb{R}^n$ の基底を $\{e_\ell\}_{\ell=1,\cdots,n}$ とし，$\mathbb{R}^n$ 上の関数 $f \in \mathcal{C}^\infty(\mathbb{R}^n, \mathbb{R})$ を考えましょう．f の点 $u = u_1 e_1 + \cdots + u_n e_n \in \mathbb{R}^n$ での値は $f(u_1, \cdots, u_n)$ と書けます．この時，**偏微分**は

# 第12章 微積分：線型代数として

$$\frac{\partial f}{\partial u_i} := \lim_{\epsilon \to 0} \frac{f(u+\epsilon e_i)-f(u)}{\epsilon}$$

と考えればよいのです．u_i 方向以外は全て固定するという意味で，基底の取り方に依ります[6]．

12.2 テイラー展開とリー群 SO(2) と U(1)

7章でリー群の話[1]を，8章で巡回群の表現の話をしました．本章では線型空間である関数空間でのリー群の作用を定め，リー群の表現を考えましょう．後のために $(\mathbb{R}^n)^\times := \mathbb{R}^n \setminus \{(0, \cdots, 0)\}$ とします．

まずは群の表現を思い出しましょう．**群の表現**とは群の演算をあるベクトル空間 V 上の線型変換 $\mathrm{End}_K(V)$ の積で表すことです．つまり，定義8.7で示した群準同型のことです．

12.2.1　リー群 SO(2) と $\mathbb{R}^2$ 上での表現

回転群 SO(2)，$\mathrm{SO}(2) = \{A \in \mathrm{Mat}_\mathbb{R}(2) \mid \det A = 1,\ A^t = A^{-1}\}$ について考えます．SO(2) は $\mathrm{End}_\mathbb{R}(\mathbb{R}^2)$ の部分集合ですので，それ自身が行列表現をもっています．その作用はユークリッド内積を保存し[7]，$\mathbb{R}^2$ の長さ1の元を長さ1に移すので，**円上の運動**を記述します．SO(2) の元 g は $\exp\left(\theta\begin{pmatrix}0 & -1\\ 1 & 0\end{pmatrix}\right) = \begin{pmatrix}\cos\theta & -\sin\theta\\ \sin\theta & \cos\theta\end{pmatrix}$ と書けます．

12.2.2　リー群 U(1) と $\mathbb{C}$ 上での表現

複素数全体 $\mathbb{C} = \mathbb{R} + \mathbb{R}\sqrt{-1}$ を実ベクトル空間と眺めることで，SO(2) を1

---

[6] 物理では $\left.\frac{\partial f}{\partial u_i}\right|_{u_i,\cdots,\hat{u}_i,\cdots,u_n}$ と表したりします．但し，"ˆ" は除くという意味です．

[7] $A \in \mathrm{SO}(2)$ に対して，$(u, v) = (Au, Av)$

次元ユニタリー変換群
$$U(1) := \{A \in \mathbb{C} \mid |A| = 1\} \subset \mathrm{End}_{\mathbb{C}}(\mathbb{C})$$
と見なすことができます．$U(1)$ の元 $g_\theta = \mathrm{e}^{\sqrt{-1}\theta} = \cos\theta + \sqrt{-1}\sin\theta$ は $g_\theta : \mathbb{C} \to \mathbb{C}, (z \longmapsto g_\theta z)$ と $\mathbb{C}$ に作用します．群の積 $g_{\theta_1} g_{\theta_2} = g_{\theta_1 + \theta_2}$ は次の通りです：
$$\mathrm{e}^{\sqrt{-1}\theta_1} \mathrm{e}^{\sqrt{-1}\theta_2} = \mathrm{e}^{\sqrt{-1}(\theta_1 + \theta_2)}. \tag{2}$$

12.2.3　リー群 $U(1)$ と S^1 上の関数空間での表現

関数空間として $\mathcal{C}^\omega(S^1, K)$ を考えましょう．$f \in \mathcal{C}^\omega(S^1, K)$ に対して，ブルック・テイラー（1685-1731）から始まるとされる**テイラー展開**は
$$f(\theta + \alpha) = f(\theta) + \frac{df(\theta)}{d\theta}\alpha + \frac{1}{2!}\frac{d^2 f(\theta)}{d\theta^2}\alpha^2 + \cdots$$
$$= \sum_{n=0}^{\infty} \frac{1}{n!} \alpha^n \left(\frac{d}{d\theta}\right)^n f(\theta) \tag{3}$$
となるものです．テイラー展開は $\mathcal{C}^\omega(\mathbb{R}, K)$ の元にも可能ですので例えば，指数関数は
$$\mathrm{e}^{\alpha D} = 1 + \alpha D + \frac{1}{2!}\alpha^2 D^2 + \cdots = \sum_{n=0}^{\infty} \frac{1}{n!}\alpha^n D^n \tag{4}$$
となります．(3) と (4) を見比べると
$$f(\theta + \alpha) = \mathrm{e}^{\alpha \frac{d}{d\theta}} f(\theta)$$
と形式的に書けます．これはきっちりと正当化されます．$f(\theta + \alpha)$ や $f(\theta)$ そしてそられの微分も $\mathcal{C}^\omega(S^1, K)$ の元なので，$\mathrm{e}^{\alpha\frac{d}{d\theta}}$ は S^1 の並進（回転）対称性の作用を示す $\mathrm{End}_K(\mathcal{C}^\omega(S^1, K))$ の元と考えられます．又，
$$f(\theta + \alpha + \beta) = \mathrm{e}^{\beta\frac{d}{d\theta}} f(\theta + \beta) = \mathrm{e}^{\beta\frac{d}{d\theta}} \mathrm{e}^{\alpha\frac{d}{d\theta}} f(\theta)$$
より $\mathrm{e}^{\beta\frac{d}{d\theta}} \mathrm{e}^{\alpha\frac{d}{d\theta}} = \mathrm{e}^{(\alpha+\beta)\frac{d}{d\theta}}$ となります．これは $U(1)$ の群としての積 (2) を再現しています．$\pi : U(1) \to \mathrm{GL}(\mathcal{C}^\omega(S^1, K)) \subset \mathrm{End}_K(\mathcal{C}^\omega(S^1, K))$ を $\pi(\mathrm{e}^{\alpha\sqrt{-1}}) = \mathrm{e}^{\alpha\frac{d}{d\theta}}$ と対応させます[8]．**関数空間は線型空間です．テイラー展開はリー群 $U(1)$ の関数空間 $\mathcal{C}^\omega(S^1, K)$ 上での表現（群準同型）である**と見なせたということです．

---

[8] より自然な π の定義は $f(\theta)$ を $f(\mathrm{e}^{\sqrt{-1}\theta})$ と表記し，$z \in \mathbb{C}, |z| = 1$ と $g \in U(1)$ に対し $\pi(g) f(z) := f(gz)$ とするものです．この定義に従えばテイラー展開の意味も明白です．

第12章 微積分：線型代数として

12.2.4 リー群 U(1) とフーリエ級数

リー群 U(1) のリー環 u(1) は例えば $u(1) = \mathbb{R}\dfrac{d}{d\theta}$ です．この u(1) によりフーリエ級数の基底を特徴付けたいと思います．u(1) の基底の 2 乗による固有方程式

$$-\frac{d^2}{d\theta^2}f = \lambda f \tag{5}$$

を $\mathcal{C}^\omega(S^1, \mathbb{C})$ 上で考えましょう．つまり

$$-\frac{d^2}{d\theta^2}e^{\sqrt{-1}n\theta} = n^2 e^{\sqrt{-1}n\theta} \tag{6}$$

です．$e^{\alpha\frac{d}{d\theta}}e^{\sqrt{-1}n\theta} = e^{\alpha\sqrt{-1}n}e^{\sqrt{-1}n\theta}$ より，$V_n := \mathbb{C}e^{\sqrt{-1}n\theta}$ とすると $e^{\alpha\frac{d}{d\theta}}$ の作用が各 $\mathrm{End}_\mathbb{C}(V_n)$ の元として実現します．これより $\mathcal{C}^\omega(S^1, \mathbb{C}) = \sum_{n\in\mathbb{Z}} V_n$ という分解を与えます．$\mathbb{Z}$ は整数全体です．これがフーリエ級数 $f(\theta) = \sum_{n\in\mathbb{Z}} a_n e^{n\theta\sqrt{-1}}$ の正体です[9]．8 章の離散フーリエ変換との対応を 4 章の圏論の言葉を使って注意しておきましょう．$\mathbb{C}$ 代数の加群の件から $\mathcal{L}in_\mathbb{C}$ への忘却関手を $\mathrm{for}_\mathcal{L}$，群の圏から $\mathcal{S}et$ への忘却関手を $\mathrm{for}_\mathcal{S}$ とします．このとき，$\mathbb{C}[\mathfrak{C}_n]$ の群 $\mathfrak{C}_n$ の作用 $\mathfrak{C}_n \times \mathbb{C}[\mathfrak{C}_n] \to \mathbb{C}[\mathfrak{C}_n]$ を $\mathfrak{C}_n \times \mathrm{for}_\mathcal{L}(\mathbb{C}(\mathfrak{C}_n)) \to \mathrm{for}_\mathcal{L}(\mathbb{C}(\mathfrak{C}_n))$ と見なし，$\mathrm{for}_\mathcal{L}(\mathbb{C}(\mathfrak{C}_n))$ を $\mathrm{for}_\mathcal{S}(\mathfrak{C}_n)$ 上の周期関数全体と見ると，その作用は $f(\theta+\alpha) = e^{\alpha\frac{d}{d\theta}}f(\theta)$ に対応します．また，上記の分解は定理 8.9 の分解を $\mathrm{for}_\mathcal{L}$ したものに対応します．$e^{\sqrt{-1}n\theta}$ への $e^{\alpha\frac{d}{d\theta}}$ が $\mathbb{C}$ 値 $e^{\sqrt{-1}\alpha}$ となることで基底 $e^{\sqrt{-1}n\theta}$ が特徴付けられていることも対応しています．$\mathcal{C}^\omega(S^1, \mathbb{C})$ の $\mathbb{C}[\mathfrak{C}_n]$ における環構造との対応を見る場合は，グリーン関数論（積分核理論）や亜群理論を眺めることになります．（問題 2.1, 6.5 も参照）

---

[9] 式 (1) においてオイラーが「群を見た」と書いたのは解として $e^{\frac{t}{c}\frac{\partial}{\partial x}}h(x) + e^{-\frac{t}{c}\frac{\partial}{\partial x}}g(x)$ を見ており，周期境界条件下では「波動方程式 (1) を u(1) の影と考え，その本質はその背後にある U(1) の作用であること」を見抜いたことにあります．一種の本地垂迹説 [2] のようなものです．

12.2.5 リー群 $SO(2)$ と $\mathbb{R}^2$ 上の関数空間での表現

S^1 は $x^2+y^2=1$ と実現されます. $e^{\alpha\frac{d}{d\theta}} \in \mathrm{End}_\mathbb{R}(\mathcal{C}^\omega(S^1, \mathbb{R}))$ は S^1 上

$$e^{\alpha\frac{d}{d\theta}} = \exp\left(\alpha\left(x\frac{\partial}{\partial y} - y\frac{\partial}{\partial x}\right)\right) \tag{7}$$

とすれば $\mathrm{End}_\mathbb{R}(\mathcal{C}^\omega((\mathbb{R}^2)^\times, \mathbb{R}))$ の元に拡張できます.

12.3 リー群 $SO(3)$

12.3.1 リー群 $SO(3)$ と $\mathbb{R}^3$ 上での表現

$SO(2)$ の議論の拡張として3次元特殊直交変換群,

$$SO(3) := \{A \in GL(3, \mathbb{R}) \mid A^t = A^{-1}, \det A = 1\}$$

についての話をします. 水素原子の電子の軌道や水滴の振動, 微粒子の光散乱に関わるものです. $SO(3)$ の元はパラメーター $\theta, \varphi, \psi \in \mathbb{R}$ により, $\mathrm{End}_\mathbb{R}(\mathbb{R}^3)$ の元 $g = e^{\psi\ell_1}e^{\varphi\ell_2}e^{\theta\ell_3}$ と書けます. 但し, $\ell_1 := \begin{pmatrix} 0 & -1 & 0 \\ 1 & 0 & 0 \\ 0 & 0 & 0 \end{pmatrix}$, $\ell_2 := \begin{pmatrix} 0 & 0 & 0 \\ 0 & 0 & -1 \\ 0 & 1 & 0 \end{pmatrix}$, $\ell_3 := \begin{pmatrix} 0 & 0 & 1 \\ 0 & 0 & 0 \\ -1 & 0 & 0 \end{pmatrix}$. 関係式 $[\ell_i, \ell_j] = \ell_k$, ($i, j, k$ は巡回的) を満たします. $SO(3)$ は長さ1の $\mathbb{R}^3$ の元を長さ1の元に移すので, 図12-1に示すような球面 S^2 上の移動を意味しています.

12.3.2 リー群 $SO(3)$ と $\mathbb{R}^3$ 上の関数空間での表現

$U(1), SO(2)$ の考え方を $SO(3)$ に適用します. $SO(3)$ を $\mathbb{R}^3$ の回転として, $(\mathbb{R}^3)^\times$ 上の関数の空間 $\mathcal{C}^\omega((\mathbb{R}^3)^\times, \mathbb{C})$ での表現が考えられます. $g = e^{\psi\ell_1}e^{\varphi\ell_2}e^{\theta\ell_3}$ に対応し

$$e^{\theta L_3}e^{\varphi L_2}e^{\psi L_1} \in \mathrm{End}_\mathbb{C}(\mathcal{C}^\omega((\mathbb{R}^3)^\times, \mathbb{C}))$$

第12章 微積分：線型代数として

とできます．但し

$$L_1 := x\frac{\partial}{\partial y} - y\frac{\partial}{\partial x}, \quad L_2 := y\frac{\partial}{\partial z} - z\frac{\partial}{\partial y},$$

$$L_3 := z\frac{\partial}{\partial x} - x\frac{\partial}{\partial z}$$

です．$[L_i, L_j] = -L_k$，(i, j, k は巡回的)を満たします．$[\ell_i, \ell_j]$ が $[L_j, L_i]$ で対応しています．リー環 $\mathfrak{so}(3)$ はベクトル空間としては

$$\mathfrak{so}(3) = \mathbb{R}L_1 + \mathbb{R}L_2 + \mathbb{R}L_3 \tag{8}$$

となります．つまり，$\mathfrak{so}(3)$ は実 **3 次元**です[10]．

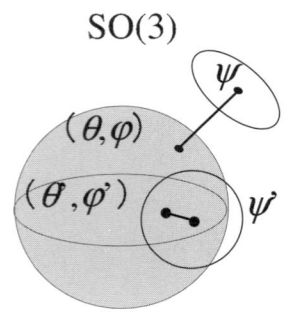

図 12-1

12.3.3 リー群 $SO(3)$ と $\mathbb{R}^3$ 上の球面調和関数

$\dfrac{d^2}{d\theta^2}$ がフーリエ級数を特徴付けたように $\mathfrak{so}(3)$ の基底の 2 乗和

$$L^2 := L_1^2 + L_2^2 + L_3^2 \tag{9}$$

を考えます．正確には $\mathfrak{so}(3)$ を自然に含む $\mathbb{C}$ 代数（リー環の包絡環という）$U(\mathfrak{so}(3)) := \mathbb{C}[L_1, L_2, L_3]$ を考え，その中で L^2 を定義しています．$\mathbb{C}[L_1, L_2, L_3]$ は非可換な L_i 達の複素係数の多項式の環です．L^2 を**カシミー**

---

[10] 他方，$\mathfrak{so}(3)$ が **2 次元**球面 S^2 の局所座標を与えるという事実があります．S^2 の点 p にでの接空間 $T_p S^2$（13.1 節を参照）は $y \neq 0$ の場合は $\mathbb{R}L_1 \oplus \mathbb{R}L_2$ とでき S^2 の局所座標を与えます．$[L_1, L_2] = \sum_j f_{12j} L_j$ の右辺の係数 f_{12j} を定数係数（今の場合 -1）ではなく関数とすることで，$zL_1 + xL_2 + yL_3 = 0$ という等式と $[L_1, L_2] = \dfrac{1}{y}(zL_1 + xL_2)$ とする関係式が得られます．L_1, L_2 の積 $[,]$ が L_1 と L_2 の関数係数の線型和で書かれ，積 $[,]$ が閉じていると読めるため，関係式はフロベニウスの積分条件 [3] と呼ばれます．各点で積分により 2 次元曲面が広がりを持ち，S^2 の曲面の一部を構成することを保証する条件です．2 章で「次元の計算において係数が重要である」と述べましたが，$[L_1, L_2] = \sum_j f_{12j} L_j$ の右辺の係数 f_{12j} を定数にするか関数にするかによってその「次元」が変わります．リー群では代数的な視点 (8) が重要となります．

212

ル作用素と呼びます[11]．作用素 L^2 は $[L^2, L_i] = 0$, $(i=1,2,3)$ となり包絡環 $U(\mathfrak{so}(3))$ の可換作用素(中心の元)となります．(5)に対応し

$$-L^2 f = \lambda f \qquad (10)$$

の解 f により，SO(3) の表現空間を構成できます．(10)の解は，5章の直交多項式で述べたルジャンドル多項式を少し変更することで得られます[12]．

以上を用いると量子力学における水素原子の電子軌道の性質が判ります．脚注 8 と同様に古典力学では $\mathrm{End}_{\mathbb{R}}(\mathbb{R}^3)$ として量子力学では $\mathrm{End}_{\mathbb{C}}(\mathcal{C}^{\omega}((\mathbb{R}^3)^{\times}, \mathbb{C}))$ としてそれぞれの軌道を考えるのです．環 $U(\mathfrak{so}(3))$ の $\mathrm{End}_{\mathbb{C}}(\mathfrak{so}(3), \mathfrak{so}(3))$ の表現は随伴表現として知られる $\mathrm{ad}_{L_i}(g) := [L_i, g]$ として定義されます．(8)の基底に対して $\mathfrak{so}(3)$ の場合 $\mathrm{ad}_{L_i} = -\ell_{i+1}$ となります．一般のリー環では $[L_i, L_j] = \sum_k L_k$ に対して $\mathrm{ad}_{L_i} = (f_{ijk})$ となります．更にはこの行列の跡による内積を導入することにより，リー環は内積付きのベクトル空間となります．この随伴表現において可換部分環 $\mathfrak{h}$ を選ぶと $\mathfrak{so}(3) = \mathfrak{h} \oplus \mathfrak{g}_+ \oplus \mathfrak{g}_-$ と分解できます．$U(\mathfrak{so}(3))$ の場合 $\mathfrak{h} = \mathbb{C}L_1$ とすると $\mathfrak{g}_{\pm} = \mathbb{C}(L_2 \pm L_3)$ とするものです．水素原子の電子の軌道は，$\mathfrak{h}$ の基底 L_1 と L^2 の同時対角化に求まってゆきます．s 軌道，p 軌道，d 軌道というもの達です．このような方法によって，7.4.2 節で述べた種々のリー環もほぼ同等な取り扱いができることになります[1]．

---

[11] カシミール(1909–2000)が発見したものです．カシミールは若い時期に大学を離れ、フィリップス研究所で研究を行った科学者です．コラム 12 を参照にしてください．

[12] 図 12-1 のように S^2 のパラメータ(座標)を $\xi := (\xi_1, \xi_2)^t = (\theta, \varphi)^t$ として，微小変化 $d\xi^i$ による $\mathbb{R}$ ベクトル空間を Ω とするとその双対空間 Ω^* は $d\xi^* = (r_0^2 d\xi_1, r_0^2 \sin\theta^2 d\xi_2)$ とできます．$\sqrt{\langle d\xi^*, d\xi \rangle}$ が $\mathbb{R}^3$ のユークリッド長さによる微小長さに相当します．陰に $\mathbf{g} := \begin{pmatrix} r_0^2 & 0 \\ 0 & r_0^2 \sin^2\theta \end{pmatrix}$ とする計量行列を考えています．$g := \det \mathbf{g}$, $E = \int_{S^2} g^{1/2} d\xi_1 d\xi_2 \sum_{ij} \mathbf{g}_{ij}^{-1} \frac{\partial \psi_1}{\partial \xi_i} \frac{\partial \psi_2}{\partial \xi_j}$ とすると E の部分積分から定義される S^2 上のラプラス作用素は $\Delta = g^{-1/2} \sum_{ij} \frac{\partial}{\partial \xi_i} g^{1/2} \mathbf{g}_{ij}^{-1} \frac{\partial}{\partial \xi_j}$ となり，(10)の L^2 に一致します．

第12章 微積分：線型代数として

12.4 常微分方程式と中国式剰余定理

物理や工学では線型微分方程式がフーリエ変換やラプラス変換で解ける事に出会います．このことをもう少し代数的に述べたいと思います[13]．**D加群**と呼ばれるものの最も初等的なものです[4]．（問題14.1を参照）

前章では，**ジョルダン標準形**が中国式剰余定理と関係したことを述べました．本章では**中国式剰余定理**を定数係数の微分環に適用しようとするものです．

$$D := \mathbb{C}[\partial] := \left\{ \sum_{i=0}^{n} a_i\, \partial^i \mid a_i \in \mathbb{C} \right\}, \quad \partial := \frac{d}{dx}$$

とする**微分環**を考えましょう．∂ を記号と思えばこれは多項式環そのものです．一般化は簡単なので，より具体的な微分作用素 $P \in D$, $(\alpha_1 \neq \alpha_2)$

$$P = (\partial - \alpha_1)^3 (\partial - \alpha_2)$$

と前章で眺めた D の商環 D/PD 考えましょう．前章で示した**中国式剰余定理**により

$$D/PD \simeq (D/(\partial - \alpha_1)^3 D) \times (D/(\partial - \alpha_2)D),$$

となります．

D/PD は微分環 D を係数とする加群，D 加群でもあります．ここで $\mathbb{R}$ 上の $\mathbb{C}$ 値解析関数全体 $\mathcal{C}^\omega(\mathbb{R}, \mathbb{C})$ への D 加群の準同型写像

$$\mathrm{Hom}_D(D/PD,\ \mathcal{C}^\omega(\mathbb{R}, \mathbb{C}))$$

を考えましょう．$\varphi \in \mathrm{Hom}_D(D/PD, \mathcal{C}^\omega(\mathbb{R}, \mathbb{C}))$ と $m \in D/PD$ に対して，$\varphi(m)$ は $\mathcal{C}^\omega(\mathbb{R}, \mathbb{C})$ の元です[14]．また，D 加群の準同型とは D の任意の元 Q に関して $\varphi(Qm) = Q\varphi(m)$ となることです．m は D/PD の元ですので $Pm = 0$

---

[13] 工学系の数学においてフーリエ変換やラプラス変換の形式的な取り扱いが非常に有用でかつ美しいにも関わらず，呪文の羅列を用いる数学的考察に比較して，それらが見劣りしているような考えを抱いているように感じます．呪文の羅列は必要なときには必要ですが，ある種の解の存在が保障されている状況では代数的な視点の方が重要であるということです．

[14] $x \in \mathbb{R}$ に対し，$[\varphi(m)](x) \in \mathbb{C}$ です．

です．従って $P\varphi(m) = \varphi(Pm) = \varphi(0) = 0$ となります．つまり，$f_m := \varphi(m) \in \mathcal{C}^\omega(\mathbb{R}, \mathbb{C})$ は $Pf_m(x) = 0$ の解となり，

$$\mathrm{Hom}_D(D/PD, \mathcal{C}^\omega(\mathbb{R}, \mathbb{C})) = \{f \in \mathcal{C}^\omega(\mathbb{R}, \mathbb{C}) \mid Pf = 0\}$$

となります．右辺を $\mathrm{Sol}(P)$ と記します．

中国式剰余定理から，
$\mathrm{Hom}_D(D/PD, \mathcal{C}^\omega(\mathbb{R},\mathbb{C})) = \mathrm{Hom}_D((D/(\partial-\alpha_1)^3 D) \times (D/(\partial-\alpha_2)D), \mathcal{C}^\omega(\mathbb{R},\mathbb{C}))$
となります．詳しく述べませんが，これより

$$\mathrm{Sol}(P) = \mathrm{Sol}((\partial-\alpha_1)^3) \oplus \mathrm{Sol}((\partial-\alpha_2))$$

と分解されます．$\mathbb{R}$ベクトル空間としては

$$\mathrm{Sol}((\partial-\alpha_1)^3) = \mathbb{C}e^{\alpha_1 x} + \mathbb{C}xe^{\alpha_1 x} + \mathbb{C}x^2 e^{\alpha_1 x},$$
$$\mathrm{Sol}((\partial-\alpha_2)) = \mathbb{C}e^{\alpha_2 x}$$

となります．$(\partial-\alpha_1)^n f = 0$ $(n > 1)$ の解が上記のようになる事は常微分方程式論で学びますが，背景には中国式剰余定理があるのです[15]．

常微分方程式の解の振る舞いを代数的に理解することはとても大事です．もちろん，このことは解析的な視点が不必要という意味ではありません．しかし，多くの物理や工学の問題がフーリエ変換やラプラス変換するとなぜか解けるといった理由は，このような代数的な性質によるのもまた事実です．

12.5 移流方程式とCIP法

波動方程式(1)のオイラーとダランベールの論争の現代版というべき話を紹介して，本章を終えましょう．

流体力学の支配方程式であるナヴィエ・ストークス方程式を数値的に解くためには，空間を格子に切って関数空間を有限化することが大事です．そ

---

[15] 同じ題材を [5] ではもう少し初等的に書いています．

第12章 微積分：線型代数として

の際の最大の困難は，非線型方程式を解くことではなく線型方程式それも移流方程式

$$\left(\frac{\partial}{\partial t} - v\frac{\partial}{\partial x}\right)f(x, t) = 0 \qquad (11)$$

を精度よく解くことです．これが難しいのです．

この移流方程式を精度よく解く方法として，矢部らは 1985 年に CIP 法を発見しました [6]．一種の差分化です [16]．この CIP 法の紹介をしましょう．

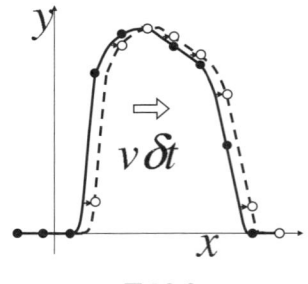

図 12-2

まずは実軸 $\mathbb{R}$ を数列 $\{x_n\}_{n\in\mathbb{Z}}$ で区切ります．但し，$x_n < x_{n+1}$, $\lim_{n\to\pm\infty} x_n = \pm\infty$ とします．一回微分可能関数 $f \in \mathcal{C}^1(\mathbb{R}, \mathbb{R})$ に対し各節点 x_n で $\pi_n : \mathcal{C}^1(\mathbb{R}, \mathbb{R}) \to \mathbb{R}^2$ を

$$\pi_n(f) := \left(f(x_n), \frac{df(x_n)}{dx}\right) \in \mathbb{R}^2$$

とします．また各 $[x_n, x_{n+1}]$ で区分的 3 次関数 $g_n \in \mathcal{C}^\omega([x_n, x_{n+1}], \mathbb{R})$，

$$g_n(x) = a_n x^3 + b_n x^2 + c_n x + d_n, x \in [x_n, x_{n+1}],$$

を考え，各 x_n で値と微係数が一致するように連結して，$g \in \mathcal{C}^1(\mathbb{R}, \mathbb{R})$ を構築します．各 x_n で $\pi_n(g) = \pi_n(f)$ となるとき，g を $\tilde{f}$ と書くことにします．$\tilde{f}$ は一種のスプライン関数と呼ばれるものです．

与えられた関数 $f \in \mathcal{C}^\omega(\mathbb{R}, \mathbb{R})$ に対して，初期関数 $\tilde{f}_1$ で近似し，オイラーの思想に従い，移流方程式(11)の近似解として m 時間ステップの $\tilde{f}_m$ に対して，$m+1$ 時間ステップの関数 $\tilde{f}_{m+1}$ を

$$\pi_n(\tilde{f}_{m+1}) = \left(\tilde{f}_m(x_n - v\delta t), \frac{\partial \tilde{f}_m}{\partial x}(x_n - v\delta t)\right)$$

となるように構築します．(但し，$0 < v\delta t < \inf|x_n - x_{n-1}|$)．上記を繰り返す

---

[16] 差分化については非線型可積分理論等々で様々な研究がされています．差分の仕方によっては積分可能だったものがカオス的になったりと不思議な現象が見つかっています [7]．

ことで図 12-2 のように (11) の時間発展が求められます．これが CIP 法です．

この方法は長く数学的な根拠がないと批判されてきたようです [6]．CIP 法は**層**というルレイ (1906–1998) や岡潔 (1901–1978) らが発見した抽象的な数学で記述できます [8][17]．（付録 A.10 を参照）

学ぶべきは，同時代の数学の常識をあまり気に留めすぎないことです．数学はなければ作ればよいのです．

Tip of the Day

線型代数と微積分と言えば両者の遥か遠方に [2] があります．旅行では見知らぬ街に降り立つとき，その風景に感動しながらも，時として地図を見て進むべき方向を定めなければなりません．数学も同様です．得なければならないこと，足りない知識を確かめるために，場合によっては学問への接し方までも教えてくれる自分に適した本を持つことはとても重要です．[2] はそのような本の一冊かもしれません．

---

[17] コラム 13 を参照．付録 A に示すように $\{[x_n, x_{n+1}] | n \in \mathbb{Z}\}$ で生成される位相空間 $\mathcal{T}$ を考えると上記に構築した関数空間が付録 A.10 節で示す層によって自然に再定義できるということです．より明確に述べると，位相空間 $\mathcal{T}$ において層理論を基とする現代的な視点で移流方程式に関わる関数空間を構築すると，この CIP 法に辿り着くということでもあります．層は 20 世紀中盤以降の現代的な代数幾何や整数論や代数解析，代数的位相幾何学などの基礎を成す数学的道具です．他方，離散化されたユークリッド空間の位相空間としての性質は面白いものでは全くありません．位相空間論としての関数の連続性などはそこでは離散位相以上の深いものも手に入りません．このような数学的障害を克服するために，現代数値解析の多くは，8.8 節で示したように群構造の導入を基とする差分法か，6.3 節で示したように最小原理に基づく有限要素法のどちらかを基礎とします．他方，CIP 法はそのどちらにも分類されない層理論を基礎としてこの障害を乗り越えているように見受けられます．層理論の現代数学的な位置づけや広がりを背景とすると CIP 法は加群構造やホモロジー構造などの視点を加味した新たな数値計算手法への広がりの可能性を感じさせてくれるものでもあるのです．

第12章 微積分:線型代数として

参考文献

[1] 小林 俊行, 大島 利雄, リー群と表現論 岩波書店 2005 年
[2] 木村達雄編 佐藤幹夫の数学 日本評論社 2007 年
[3] B.F. シュッツ(家正則,観山正見,二間瀬敏史訳) 物理学における幾何学的方法 吉岡書店 1987 年
[4] 堀田良之 加群十話 朝倉書店 1988 年
[5] 森毅 線型代数 生態と意味 日本評論社 1980 年
[6] 応用数理 **18**, 2008 年 6 月号 CIP 法特集
[7] K. Yoshida and S. Saito, *Analytical Study of the Julia Set of a Coupled Generalized Logistic Map* J. Phys. Soc. Jpn. **68** (1999) 1513–1525.
[8] S. Matsutani, *Sheaf–theoretic investigation of CIP-method*, Appl. Math. Comp. **217**(2010) 568–579.

問題 *12.1* ★

多項式環 $R:=\mathbb{R}[x]$ を考えよう．$R\otimes_\mathbb{R} R$ 間の掛け算を $(a\otimes b)(c\otimes d)=(ac\otimes bd)$ とすることで $R\otimes_\mathbb{R} R$ は環にもなる．写像 $\mu: R\otimes_\mathbb{R} R \to R$ として $\mu\left(\sum_{i有限} f_i\otimes g_i\right)=\sum_{i有限}f_ig_i$ とする．(気分を出して $\mu\left(\sum_{i有限}f_i(x)\otimes g_i(x)\right)$ としてもよい．以下同様に補え．)

1) $I:=\left\{\sum_{i有限}f_i\otimes g_i \,|\, f_i, g_i \in R,\, \sum_{i有限}f_ig_i=0\right\}$ とすると $I \subset R\otimes_\mathbb{R} R$ は $R\otimes_\mathbb{R} R$ 加群，即ち $R\otimes_\mathbb{R} R$ のイデアルである．任意の $a \in I$ に対して，$\mu(a)=0$ である事を確かめよ．$f\otimes g = (f\otimes 1)(1\otimes g - g\otimes 1) + fg\otimes 1$ に気をつけると I の元は $\sum_{i有限}f_i\otimes g_i = \sum_{i有限}(f_i\otimes 1)(1\otimes g_i - g_i\otimes 1)$ と書ける事を確かめよ．(定義より I は $\operatorname{Ker}(\mu):=\{x \in R\otimes_\mathbb{R} R \,|\, \mu(x)=0\}$ に一致している．)

2) $\sum_{i有限}f_i\otimes g_i \in I$ と $h \in R$ に対して，h の作用を $\sum_{i有限}hf_i\otimes g_i$ とすると I は R 加群でもあり，$\mathbb{R}$ ベクトル空間である事を確かめよ．(即ち $a, b \in I$ と $h \in R$ に対して $h(a+b) \in I$ である．) この作用により任意の $R\otimes_\mathbb{R} R$ 加群 M は R 加群である．確かめよ．

3) $J:=\left\{\sum_{i有限}a_ib_i \,|\, a_i, b_i \in I\right\}$ とする．J の任意の元は
$$\sum_{i,j有限}f_if'_j\otimes g_ig'_j = \sum_{i,j有限}f_if'_j\otimes 1(1\otimes g_ig'_j + g_ig'_j\otimes 1 - g_i\otimes g'_j - g'_j\otimes g_i)$$
$$= \sum_{i,j有限}f_if'_j\otimes 1(1\otimes g_i - g_i\otimes 1)(1\otimes g'_j - g'_j\otimes 1)$$
と書かれる事を確かめよ．これより $R\otimes_\mathbb{R} R$ 加群として $J \subset I$ となり，(2) と同様の作用により R 加群となる事も確かめよ．(J は通常 I^2 と記す．)

4) 付録 B.2 節に従って，11.2.8 節の剰余環と類似した R 加群の剰余 $D:=I/J$ を考える．つまり，I の元 a に対して I の部分集合 $[a]:=\{a+b \,|\, b \in J\}$ とし，$D=\{[a] \,|\, a \in I\}$ とする．$a, a' \in [a]$ に対して $a-a' \in J$ となり，$[b], [b'] \in D$ で $b-b' \in J$ ならば集合として $[b]=[b']$

第12章 微積分：線型代数として

である．このとき D は R 加群となり，$\mathbb{R}$ ベクトル空間となる事を確かめよ．

5) $\mathbb{R}$ 線型写像 $\hat{d}:R \to I$ を $\hat{d}(f):=f\otimes 1-1\otimes f$ とする．$\hat{d}$ より定まる $d:R \to D$ を $d(f):=[\hat{d}(f)]$（つまり R 加群の準同型（よって，$\mathbb{R}$ 線型写像）$[\ ]:I \to D$ とすると $d:=[\ ]\circ \hat{d}$）とする．このとき R の $d(R)$ への作用を $h\cdot[f\otimes 1-1\otimes f]:=[hf\otimes 1-h\otimes f]$ とすることで，ライプニッツ則
$$d(fg)=gd(f)+fd(g)$$
を満たす事を確かめよ．この d の作用を導分と呼ぶ．

6) $f=x^n$ のとき $d(f)=nx^{n-1}[\hat{d}(x)]\equiv nx^{n-1}[(x\otimes 1-1\otimes x)]=nx^{n-1}dx\in D$ である事を確かめよ．

7) $\mathrm{Img}(d)\equiv d(R):=\{d(f)|f\in R\}\subset D$ とすると $d(R)=\{\sum_{i=0} b_i x^i dx\}=D$ となり R と $\mathbb{R}$ 線型空間として同値（即ち，全単射な $\mathbb{R}$ 線型写像 $\iota:R \to D$ が存在する）である事を示せ．

8) $d:R \to D \equiv \iota(R)$ は $d\left(\sum_{\ell=0} a_\ell x^\ell\right)=\sum_{\ell=1}\ell a_\ell x^{\ell-1}[(x\otimes 1-1\otimes x)]=\sum_{\ell=1}\ell a_\ell x^{\ell-1}d(x)$ となり，d は R の微分となっている事が判る．**微分が極限操作なしに定義できた事を振り返れ．**

問題 *12.2* ☆

$R:=\mathbb{R}[x]$ に対して，$\Omega:=\{\langle f,f'\rangle|f\in R, f':=df/dx\}$ とすると Ω は R から定まる $\mathbb{R}$ ベクトル空間となる．また，積を $\langle f,f'\rangle\langle g,g'\rangle=\langle fg,fg'+f'g\rangle$ とすることで，Ω は環となり，問題 12.1 に類似の代数的に微分が取り扱うことができる．計算科学では自動微分としてこの環 Ω を利用している．

1) 11.2.8 節に従い，$R[\epsilon]=\mathbb{R}[x,\epsilon]$ の中のイデアル $\epsilon^2 R[\epsilon]$ を考え，剰余環 $\Xi:=R[\epsilon]/\epsilon^2 R[\epsilon]$ を考えると Ξ は $\{f+g\epsilon|f,g\in R\}$ と書ける．

$\rho: \Omega \to \Xi$ を $\rho(\langle f, f' \rangle) = f + \epsilon f'$ とすると ρ は環準同型(定義8.3, 定義11.4)となる事を示せ.

2) 上記の積は $\rho^{-1}(\rho(\langle f, f' \rangle) \rho(\langle g, g' \rangle))$ と定義されている事を確認せよ. $\mathbb{R}[x, \epsilon] = \mathbb{R}[x] \otimes_{\mathbb{R}} \mathbb{R}[\epsilon]$ から定まるこれら関係式は, 気分的には $\rho(\Omega)$ を 11.2.8節の剰余環 $\mathbb{R}[x+\epsilon]/\epsilon^2 \mathbb{R}[x+\epsilon]$ と考えればよい.

問題 *12.3*

3.7.1節で仮定した代数 $\mathfrak{B}$ は **C* 環**と呼ばれるものの特殊な場合である.

1) C^* 環 $\mathfrak{B}$ に対して, 定義3.9の状態 $\rho \in \mathfrak{B}^*$ が与えられた際に $N_\rho := \{A \in \mathfrak{B} \mid \rho(A^*A) = 0\}$ は左 $\mathfrak{B}$ 加群であることを確かめよ. 但し, $A, B \in \mathfrak{B}$ に対してコーシー・シュワルツ不等式 $|\rho(A^*B)|^2 \leq \rho(A^*A) \rho(B^*B)$ を仮定せよ.

2) $\mathbb{C}$ ベクトル空間として $H_M := \mathfrak{B}/N_\rho$ とすると H_M は左 $\mathfrak{B}$ 加群となる. 示せ. 但し, H_M を左 $\mathfrak{B}$ 加群としては M と記し, その元は $A \in \mathfrak{B}$ に対して $[A] := A + N_\rho \in M$ と記す.

3) $\pi_\rho: \mathfrak{B} \to \mathrm{End}_{\mathbb{C}}(H_M)$ となる**環準同型**が存在する. 示せ.

4) H_M は $\pi_\rho(\mathfrak{B})$ に対する**巡回ベクトル**により生成される. つまり, $H_M = \pi_\rho(\mathfrak{B}) v$ となる $v \in H_M$ が存在する. 確かめよ.

5) $(,)_\rho : H_M \times H_M \to \mathbb{C}$ を $A, B \in \mathfrak{B}$ に対して, $([A], [B])_\rho := \rho(A^*B)$ とすると $(,)_\rho$ は**エルミート内積**となる. 示せ.

エルミート内積により H_M は, 6.2節の**前ヒルベルト空間**となる. H_M の完備化により, ヒルベルト空間 $\overline{H_M}$ を得る. つまり C^* 環 $\mathfrak{B}$ に対して, 状態 $\rho \in \mathfrak{B}^*$ が与えられると $(\overline{H_M}, \pi_\rho, v_\rho)$ が得られる. これを **C* 環のゲルファントの3組み**といい, この構成方法を **GNS (Gelfand-Naimark-Segal) 構成**と呼ぶ. 可換な C^* 環は幾何学となるというゲルファントの定理とも関連する非可換環の表現の重要な例であり, 量子論の基礎もなす..

Column 12

技術と純粋科学，
制御する意思の有無

カシミール

カシミール（1909-2000）[1]は**カシミール作用素**（1931）に関する研究を終えた後に，1942年よりオランダの総合電気メーカーであるフィリップスの研究所で熱伝導や低温での電気伝導の基礎研究に従事し，1948年には**カシミール効果**を発見しました．真空のエネルギーを示すカシミール効果はオイラーが発見したリーマンζ関数の特殊値と関連し，量子力学と整数論の間を取り持つとても面白い発見です．カシミールらにより予言されたこの効果は1997年、Lamoreauxらにより実験的に検証されました．カシミールはその後，先進的な物理に別れを告げて技術的な立場で定年までフィリップスで過ごしました．カシミールが技術屋として生きることに，かつての大学時代の上司であったパウリ（1900-1958）は科学者としての破滅であると批判的であったようです．

　技術屋か科学者かを分ける基準は，自分の得た知識を利用して，特定の機能を実現するための対象物の制御（支配）を試みるか否かにあるのではないかと筆者は考えております．**「対象の制御」への意思の有無が，純粋科学者と技術者を分つ分岐点**だという視点です．**役に立つ**，立たないという視点や知識の応用という視点もありますが，「ラングランズ予想に役立つ定理」や「超弦理

論に役立つ理論」というのは，**市井での生活を楽にするという意味での「役に立つ科学」**という描像とは大きく異なります．また，「整数論の数論幾何をマンフォード予想に応用する」という際の「応用」も**市井での意味での「応用科学」とは異なります**．

　ある原理に従って，特定の機能を得るために対象物を制御し，機能の発現を試みたとしましょう．自然はそのような人間の試みに対して，多くの場合冷たい態度を取ります．つまり，想定した知識では足りないのです．カシミールも書いていますが[1]，多くの場合，純粋科学者が想定した知識では何かを制御することはできません．そのミッシングリンクを埋めることにより，機密のために論文になることはないものの，多くの発見が生まれます．**「対象の制御」を目指した試みのお陰で「知識を得る」ことは技術の現場ではよくある**ことです．熱力学の発展はそうでした．また，ヤコブ・ベルヌーイ(1654–1705)は梁の曲げの理解のために**レムニスケート積分**を発見しました．このような傾向は決して奇異なものではなく，楕円曲線暗号などの自然現象とは遠い数理的な場合でもそうです．その意味で，**技術は「確立した科学の単なる応用」とは限らない**と見るべきです．

　純粋科学は無力では決してありませんが，それだけで何かを制御する力を与えるとは限りません．また，その際のギャップを埋める力もそのギャップを埋められた時の感動も，純粋科学のみを扱っているだけでは得られません．オイラー(1707–1783)は歯車の歯型の研究を通して摩擦の理解や，反動形水力タービンの研究を通して高速流体の理解も深めていました．高速流体の問題では，現代でもスクリュー等の開発で課題となるキャビテーション(高速流での泡の発生・消滅)についても言及しました．ガウス光学や電信機等からはガウス(1777–1855)の制御するという意志を感じます．カシミールは彼の自伝[1]の中で，先進的な物理の中心から離れたことを後悔する一方，技術者として生きたフィリップス時代がとても幸福であったと書いています．その背景はこのようなことではなかったかと考えます．

[1] H. B. G. Casimir, Haphazard Reality: half a century of science, Harper & Row, New York, 1983．

第13章 ベクトル解析のはなし

　物理系の学生にとってベクトル解析は落ちこぼれるかどうかの試金石です．どうもベクトル解析は判らんという人は多いかもしれません．

　その難しさや面白さは対象物の物理や幾何学的性質そのものにあります．そこでベクトル解析の理解を妨げている形式的な部分を，ライプニッツ（1646–1716）流に記号を導入することで単なる計算に落ち着かせることが，本章の目的のひとつです．ニュートン（1642–1727）流の天才的な幾何能力は必ずしも必要ありません．

　例えばマクスウェル方程式の本質を理解することは難しいのですが，微分形式を利用すると

$$d^2 A = 0, \quad *d*dA = j \tag{1}$$

と綺麗な式になります．実際の電磁気が判るというわけではありませんが，極めてシンプルです．rot や grad や div の数々の公式も覚える必要がありません．

　ベクトル解析は線型代数の範疇ではありませんが，本章ではその代数的側面を支える意味で，多様体やファイバー束をベースにした「ベクトル解析」のさわりを紹介しましょう[1]．

13.1　微分可能多様体

　まずは実 n 次元微分可能多様体 $\mathcal{M}$ の説明をします．

n より十分大きな N に対する N 次元ユークリッド空間 $\mathbb{E}^N$ を用意して，$\mathbb{E}^N$ の部分空間である $\mathcal{M}$ を考えます[1]．以下で $\mathcal{M}$ を限定化してゆきます．$\mathbb{E}^N$ のユークリッド距離を利用して，開球 $B_{p,\varepsilon} := \{q \in \mathbb{E}^N \mid |p-q| < \varepsilon\}$ を定義して，$V := B_{p,\varepsilon} \cap \mathcal{M}$ となるようなもので，更に連結な成分を U としましょう．このような U の集合 $\{U_i\}$ の集合和 $\bigcup_{i \in \Lambda} U_i$ を $\mathcal{M}$ の**開集合**とします．

このとき，$\mathcal{M}$ の開集合 U から n 次元ユークリッド空間 $\mathbb{E}^n$ への写像
$$\varphi_U : \mathcal{M} \supset U \to \mathbb{E}^n$$
が与えられ，$\mathbb{E}^n$ の開集合 $\varphi_U(U)$ 上で逆写像 φ_U^{-1} と φ_U が共に連続写像[2]として定義できるとします．

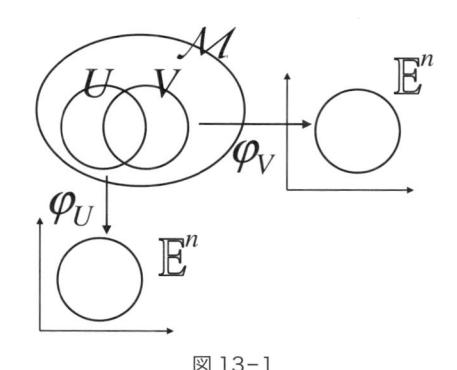

図 13-1

この (φ_U, U) の組を**チャート**（**地図**）と呼びます．$\varphi_U(U) \subset \mathbb{E}^n$ でのデカルト座標を**局所パラメータ**と呼びます．曲がった空間を表現するためには局所的に $\mathbb{E}^n$ と見なせる[3]地図をたくさんもってきて，それを貼りあわせることで

---

[1] 本章では位相（トポロジー）も定義していないので，かなり未定義用語が続出してます．付録 A を参照にして下さい．

[2] 連続は本章では無定義用語です．位相幾何学（付録の定義 A.6）で定義されます．まずは通常の繋がっているというイメージで代用してもよいです．

[3] 正確には位相空間として同相（付録の定義 A.6）となることです．

第13章 ベクトル解析のはなし

$\mathcal{M}$ を表現しようというのが現代的な考え方です．地球の場合と同じです．$\mathcal{M}$ の上に直接，座標を描くのではなく，直感の効く $\mathbb{E}^n$ の地図をたくさん用意するということです．

更に図 13-1 のように $U \cap V \neq \emptyset$ に対して，
$$\varphi_V \circ \varphi_U^{-1} : \mathbb{E}^n \supset \varphi_U(U \cap V) \to \varphi_V(U \cap V) \subset \mathbb{E}^n$$
はユークリッド空間の開集合から開集合への写像となります．この写像を**座標変換**と呼びます．これが**貼りあわせ**の考え方です．$\varphi_V \circ \varphi_U^{-1}$ が無限回微分可能であるとします．

1) 図 13-2 の (a) のように $\mathcal{M}$ が開集合 $\{U_i\}$ によって隙間無く覆われ，2) 各開集合 U_i が上記の $\mathbb{E}^n$ への写像 φ_{U_i} を持つことでチャートとなり，3) チャート間の無限回微分可能な貼りあわせが定義されるとき，$\mathcal{M}$ を **n 次元微分可能多様体**（以下，多様体）と呼びます．

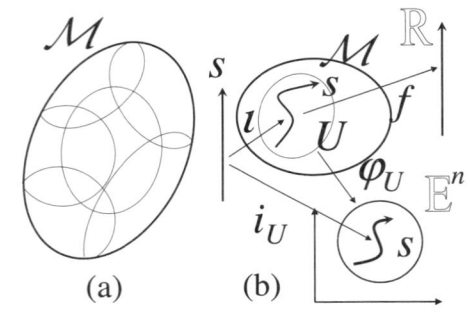

図 13-2

被覆と重なり部分の貼りあわせにより曲がっている空間も取り扱いが可能となります．

次に**接空間**を説明しましょう．図 13-2 (b) に示すように，$\mathcal{M}$ 上の関数 $f : \mathcal{M} \to \mathbb{R}$ と，$\mathcal{M}$ 内の曲線 $\iota : (-1, 1) \to \mathcal{M}$ を考えましょう．

チャートがありますので，**合成写像** $(f \circ \varphi_U^{-1})(x) := f(\varphi_U^{-1}(x))$ という操作によって 開集合 U 上の f を $\varphi_U(U) \subset \mathbb{E}^n$ 上の関数 $(f \circ \varphi_U^{-1})$ として捉えられます．同様に合成写像 $i_U = \varphi_U \circ \iota : (-1, 1) \to \varphi_U(U)$ を用意し，$(-1, 1)$ から $\mathbb{R}$ への関数 $(f \circ \iota)(s) := f(\iota(s))$ を，$(f \circ \iota)(s) \equiv (f \circ \varphi_U^{-1} \circ i_U)(s)$ として $\mathbb{E}^n$ の座標を利用して考えます．$i_U(s)$ が $\mathbb{E}^n$ の局所座標 $(x^i)_{i=1,\cdots,n}$ で書かれるので，それを $(x^i(s))$ とします．

以上を踏まえ $d(f\circ\iota)(s)/ds$ を眺めると

$$\frac{d(f\circ\iota)(s)}{ds} = \Big(\frac{dx^j}{ds}\frac{\partial}{\partial x^j}\Big)(f\circ\varphi_U^{-1})(x^i(s))$$

となります．ここでこれ以降，j とか i 等の同じ添え字が2回出てきたら，明確な指定をしない限り $\sum_{j=1}^n$ や $\sum_{i=1}^n$ を補って，j や i について和を取る**アインシュタイン規約**を利用します．

任意の曲線，任意の関数 f に対し上式がなりたつことより，$\big(X^i := \frac{dx^i}{ds}\big)_{i=1,\cdots,n}$ を別途あらためて，$\mathbb{R}^n$ 値の関数と考えることができます．各点 $p \in \mathcal{M}$ において値 $(X^i)_{i=1,\cdots,n}$ が定まるとき，この $X^i\frac{\partial}{\partial x^i} \equiv \sum_{i=1}^n X^i\frac{\partial}{\partial x^i}$ を**ベクトル場**と呼びます．$X^i\frac{\partial}{\partial x^i}$ の値が定義される（住んでいる）場所を**接空間** $T\mathcal{M}$ と呼びます．

もう少しきっちり説明するために，『$\mathcal{F}$ を**ファイバー**とする $\mathcal{M}$ 上の**ファイバー束**[4] $\mathcal{E}$ となるもの』の話をしましょう．

13.2　ファイバー束

ファイバー $\mathcal{F}$ としてはリー群や多様体，$\mathbb{R}$ ベクトル空間 $\mathbb{R}^\ell$ 等を考えます．ファイバーがベクトル空間の場合のファイバー束を**ベクトル束**と呼びます．（より正確には**ランク ℓ の実ベクトル束**と呼びます．）以下ベクトル束の説明をしましょう．多様体 $\mathcal{M}$ 上のベクトル束 $\mathcal{E}$ とは，**射影** $\pi : \mathcal{E} \to \mathcal{M}$ という全射が連続写像として巧妙に定義された多様体 $\mathcal{E}$ のことです．（$\mathcal{M}$ の点 p に対して，$\mathcal{E}_p = \mathcal{F}$ と書いたりもします．）

---

[4] ファイバーそくと読みます．以下のベクトル束も同様です．

第13章 ベクトル解析のはなし

ベクトル束は $\mathcal{M}$ 上の各点にベクトル空間 $\mathbb{R}^\ell$ が (内部自由度として) 張り付いているというものです. 各点に (空間) $\mathcal{M}$ とは別の空間 $\mathcal{F} \equiv \mathbb{R}^\ell$ が定義されているのです. 各点というと隣の点とはどうなるのかというのが気になります. そこでもう少し広い領域 $\mathcal{M}$ の開集合 U を考えます.

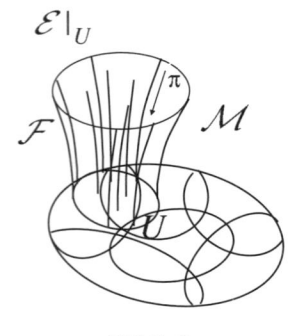

気分は図 13-3 のように, $\mathcal{M}$ の開集合 U に制限すると, その上にファイバー $\mathcal{F}$ が束 (例えば, 稲わらの束) のように立っているというものです.

図 13-3

もう少しきっちり説明するために, $\pi^{-1}U$ を考えます. $\pi^{-1}U$ とは $\pi^{-1}U := \{p \in \mathcal{E} \mid \pi(p) \in U\}$ となるもので, π の**逆像**と呼ばれるものです. (付録 B.3.3 節)

図 13-4 に従って写像 $\psi_U : \pi^{-1}U \to \mathbb{E}^n \times \mathbb{R}^\ell$ で, ある $\mathbb{E}^n$ の開集合 $U_{\mathbb{E}^n}$ に対し $\psi_U(\pi^{-1}U) = U_{\mathbb{E}^n} \times \mathbb{R}^\ell$ と書けるものを, 各 $U \subset \mathcal{M}$ で考えましょう. $\psi_U(\pi^{-1}U)$ 上では逆写像 ψ_U^{-1} と ψ_U とが共に連続写像として定義できるとします. このことを**局所自明性**と言います. このとき, 更に $U \cap V \neq \emptyset$ に対して貼り合わせとして, **推移写像**と呼ばれる写像

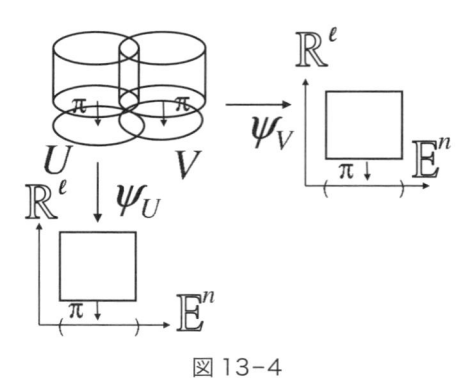

図 13-4

$$\psi_V \circ \psi_U^{-1} : \psi_U(\pi^{-1}(U \cap V)) \to \psi_V(\pi^{-1}(U \cap V))$$

が与えられ, 各点 $p \in U \cap V$ に対し $\psi_U(\pi^{-1}p)$ への制限 $\psi_V \circ \psi_U^{-1}|_{\psi_U(\pi^{-1}p)}$ が $GL(\ell, \mathbb{R})$ の元となるとします. このような貼り合わせが定義される開集合 U が $\mathcal{M}$ を覆うときに, $\mathcal{E}$ を**ベクトル束**と呼びます.

13.2.1 ファイバー束の切断

$\mathcal{E}$ の**切断**とは，$\sigma: \mathcal{M} \to \mathcal{E}$ の写像でかつ $\pi \circ \sigma = \mathrm{id}_\mathcal{M}$ となるものです．$\mathrm{id}_\mathcal{M}$ は $\mathcal{M}$ での恒等写像です．別の言い方をするとファイバー $\mathcal{F}$ に値を取る $\mathcal{M}$ 上の関数，即ち $\mathcal{F}$ 値関数のことです．$\mathcal{F} = \mathbb{R}^\ell$ であるベクトル束の切断は $\mathcal{M}$ 上の $\mathbb{R}^\ell$ 値関数を意味します．気分は稲わらの束の切断面です．推移写像を利用すると微分可能性などの概念を $\mathcal{E}$ に拡張でき，無限回微分可能な切断全体を $C^\infty(\mathcal{M}, \mathcal{E})$ や $C^\infty(\mathcal{M}, \mathcal{F})$ と記します．

13.2.2 ファイバー束の例

図 13-5(a)のように $\mathcal{M} = S^1$ (円)，$\mathcal{F} = \mathbb{R}$ として，S^1 の開集合 U と V と，その上に $\pi^{-1}U$ や $\pi^{-1}V$ を考えます．このとき，変換写像として二つの場合を提示します．図 13-5(b)はメビウスの輪であり，(c)は円筒で，それぞれファイバー束です．

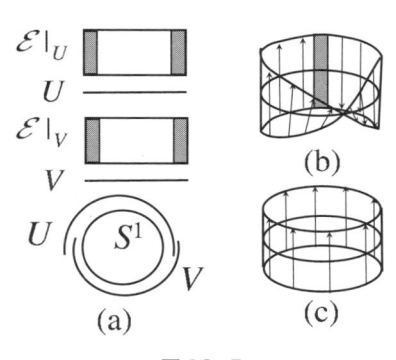

図 13-5

13.3 接空間とベクトル場

ようやく準備が整ったのでベクトル場を再定義しましょう．以下で φ_U^{-1} はルーズに扱うことで，局所的に $\mathcal{M}$ 自身に座標系が与えられているとしましょう．

多様体 $\mathcal{M}$ の接空間 $T\mathcal{M}$ はベクトル空間 $\mathbb{R}^n$ をファイバーとするベクトル束の一種とみなせます．$T\mathcal{M}$ の切断が先ほど定義したベクトル場です．無限回微分可能なベクトル場の全体を $C^\infty(\mathcal{M}, T\mathcal{M})$ と書きましょう．この元は

$$X = X^i \frac{\partial}{\partial x^i} =: X^i \partial_{x^i} \tag{2}$$

第13章 ベクトル解析のはなし

と書けます．X は座標変換[5] $(x^i) \to (y^i)$ に対し，

$$X = X^i \frac{\partial y^j}{\partial x^i} \frac{\partial}{\partial y^j} = X^i \frac{\partial y^j}{\partial x^i} \partial_{y^j}$$

となります．つまり，成分で見ると " $X^i \to X^j \frac{\partial y^i}{\partial x^j}$ " と変換します．物理では通常この座標変換の変換則をもって $(X^i)_{i=1,\cdots,n}$ を**反変ベクトル場**と呼びます．各点でベクトル空間を考え，それが**ベクトル場**か否かは，その変換性によって定まるとするのです．

13.4 余接空間と1形式

3章の双対空間を各点で考えます．各点で

$$\langle \partial x_i, dx^j \rangle = \delta_{ij} \tag{3}$$

となるように線型空間の基底をとり，局所的に $\mathbb{R}dx^1 \oplus \cdots \oplus \mathbb{R}dx^n$ より定まるベクトル束を**余接空間**と呼び $T^*\mathcal{M}$ と記します[6]．また，その無限回微分可能な切断

$$\omega = \omega_i dx^i \in C^\infty(\mathcal{M}, T^*\mathcal{M}) =: \Omega^1(\mathcal{M})$$

を **1-形式**と呼びます．この場合，座標変換に対し，

$$\omega_i dx^i = \omega_i \frac{\partial x^i}{\partial y^j} dy^j, \quad \omega_i \to \omega_j \frac{\partial x^j}{\partial y^i}$$

となります．X と ω の変換の仕方は，ヤコビ行列が逆になっています．ω を**共変ベクトル場**と呼びます．

(3) と p.91 の (1) 式の対応により各点で 6.1 節の計量は多様体に拡張され，(13.9 節で特殊な場合を示しますが) $T^*\mathcal{M}$ の内積は微小長さの2乗と見なせます．このような長さの概念が全体で巧く定義できる多様体を**リーマン多様体**と呼びます．ユークリッド空間はリーマン多様体の例です．

---

[5] 先の $\varphi_U \circ \varphi_V^{-1}$ のことです．

[6] ここで，δ_{ij} はクロネッカーのデルタ記号で，$i = j$ のとき1でそれ以外の場合は零としています．

13.5 テンソル場

各点 $p \in \mathcal{M}$ において，$T\mathcal{M}$ や $T^*\mathcal{M}$ のファイバーはベクトル空間であるので，これらのテンソル積が定義できます．それらのテンソル積から定まるベクトル空間をファイバーとするベクトル束が自然に定まり，$T\mathcal{M}^{p\otimes} \otimes T^*\mathcal{M}^{q\otimes}$ と記すことにします．

その切断 ρ は (p,q) **テンソル場**[7] と呼び，

$$\rho = \rho^{i_1,\cdots,i_p}_{j_1,\cdots,j_q} \partial_{x^{i_1}} \otimes \cdots \otimes \partial_{x^{i_p}} \otimes dx^{j_1} \otimes \cdots \otimes dx^{j_q}$$

と局所的に表せます．

13.6 外微分形式

dx^i と 4 章，5 章で紹介した**外積**とにより**外微分形式（微分形式）**を導入しましょう．

$$\tau = \tau_{i_1,i_2,\cdots,i_p} dx^{i_1} \wedge dx^{i_2} \wedge \cdots \wedge dx^{i_p} \tag{4}$$

この無限回微分可能な切断を p-形式と呼び，その全体を $\Omega^p(\mathcal{M})$ と記すこととします[8]．例えば，$\Omega^2(\mathcal{M})$ の元は

$$\omega = \omega_{ij} dx^i \wedge dx^j = \omega_{ij}(dx^i \otimes dx^j - dx^j \otimes dx^i)/2.$$

となります．このとき，**外微分作用素**

$$d: \Omega^p(\mathcal{M}) \to \Omega^{p+1}(\mathcal{M})$$

を定義します．これは上記の τ に対して

---

[7] 物理ではテンソル場のことを単にテンソルと呼びますが，4 章のテンソルとこのテンソル場（同様にベクトルとベクトル場）とを区別することは極めて重要です．

[8] $\Omega^0(\mathcal{M})$ の元，即ち $\mathcal{M}$ 上の $\mathbb{R}$ 値関数を**スカラー場**と呼んだりします．関数 $f: \mathcal{M} \to \mathbb{R}$ とは，点 $p \in \mathcal{M}$ に対して $f(p) \in \mathbb{R}$ が定まるもので，座標以前の概念です．関数はもちろん座標には依存しないものです．物理の書籍で「スカラー量とは座標に依存しない関数のこと」とする説明を見かけることがありますが，座標に依存する「関数」があるかのような説明ですので，現代的には避けるべきものです．共変ベクトルとか反変ベクトルと呼ばれるベクトル場や微分形式は本書で述べるように理解するのが現代的です．

第13章 ベクトル解析のはなし

$$dτ = \frac{\partial τ_{i_1,i_2,\cdots,i_p}}{\partial x^j} dx^j \wedge dx^{i_1} \wedge \cdots \wedge dx^{i_p}$$

として導入します．

命題 13.1 d を外微分作用素とすると $d^2 = 0$ である．

証明： 証明は簡単です．$p = 1$ のときを眺めてみましょう．

$$d^2 τ = \frac{\partial^2 τ_\ell}{\partial x^i \partial x^j} dx^i \wedge dx^j \wedge dx^\ell$$

$$= \frac{1}{2}\left(\frac{\partial^2 τ_\ell}{\partial x^i \partial x^j} + \frac{\partial^2 τ_\ell}{\partial x^j \partial x^i}\right) dx^i \wedge dx^j \wedge dx^\ell.$$

微分の入れ替えについて可換 $((\partial/\partial x^i)(\partial/\partial x^j) = (\partial/\partial x^j)(\partial/\partial x^i))$ を利用しました．他方 $dx^i \wedge dx^j = -dx^j \wedge dx^i$ より零です． ∎

この命題は命題 2.2 に対応したものです [1,2,3]．以下少し眺めて置きましょう．

13.6.1 ストークスの定理の一般化

2.6 節で示した r 次元単体 ($r = 1, 2, 3$) は一般の r 次元に拡張されます．n 次元ユークリッド空間 $\mathbb{E}^n (n \geq r)$ の点 p_j 達に対して $S^{(r)} := [p_1, p_2, \cdots, p_{r+1}]$，$C^{(r)} := \{S^{(r)}\}$ と書かれます．このとき，

$$\partial [p_1, p_2, \cdots, p_{r+1}] = \sum_{i=1}^{r+1} (-1)^i [p_1, p_2, \cdots, \check{p}_i, \cdots, p_{r+1}] \in C^{(r-1)}$$

とでき，$\partial^2 = 0$ が常に言えることとなります． ˇ はそれだけを外すこととします．

境界のところでの微分の定義等には少し議論が必要ですが，$S^{(r)}$ 上でも p-形式 $\omega^{(p)} \in \Omega^p(S^{(r)})$ が定義できます．$S^{(p)} \subset S^{(r)}$ を用意すると $\langle S^{(p)}, \omega^{(p)} \rangle := \int_{S^{(p)}} \omega^{(p)} \in \mathbb{R}$ となります．$S^{(p)}$ や $\omega^{(p)}$ を基底とする $\mathbb{R}$ ベクトル空間に対して $\langle , \rangle$ は $\mathbb{R}$ への双線型写像と見なせるので，$C^{(p)}$ と $\Omega^p(S^{(r)})$ とは双対な関係であることが判ります．この双対性を利用すると**ストークスの定理**の一般化である $\langle S^{(p)}, d\omega^{(p-1)} \rangle = \langle \partial S^{(p)}, \omega^{(p-1)} \rangle$ を得ます．

$\mathbb{E}^N$ 内の適当な n 次元微分可能多様体 $\mathcal{M}$ はこの n 次元単体で位相幾何学的には分解できます.(つまり,$\mathcal{M} = \bigcup_i S_j^{(n)}$,但し,$S_i^{(n)} \cap S_j^{(n)}$ が空集合か,互いに向きの異なる $(n-1)$ 次元単体.等号は定義 A.7 の同相の意味.)そのために,双対性は $\Omega^p(\mathcal{M})$ に拡張できます.一般化した**ストークスの定理**は自然に定まる $\partial \mathcal{M}$ とにより,

$$\int_{\mathcal{M}} d\omega^{(n-1)} = \int_{\partial \mathcal{M}} \omega^{(n-1)}$$

と書けます[1, 2].

13.6.2 ド・ラムのコホモロジー

$\langle S^{(p)}, d\omega^{(p-1)} \rangle = \langle \partial S^{(p)}, \omega^{(p-1)} \rangle$ とする双対性を利用することで,2.6 節のホモロジーに対して双対な**コホモロジー**が定義できます.命題 2.2 の $\partial^2 = 0$ と命題 13.1 の $d^2 = 0$ とが対応します.コホモロジーの定義のために,**p コサイクル**と呼ばれる $Z^p(\mathcal{M}) := \{\omega \in \Omega^p(\mathcal{M}) | d\omega = 0\}$ と,**p コバウンダリ**と呼ばれる $B^p(\mathcal{M}) := \{d\omega | \omega \in \Omega^{p-1}(\mathcal{M})\}$ を用意します.$B^p(\mathcal{M})$ の元を**完全形式**と呼びます.

命題 13.1 の $d^2 = 0$ により,$B^p(\mathcal{M}) \subset Z^p(\mathcal{M})$ がいえますので,$\mathbb{R}$ ベクトル空間 $H^p(\mathcal{M}) := Z^p(\mathcal{M})/B^p(\mathcal{M})$ が定義できます.これを**ド・ラムのコホモロジー**と呼びます.

例えば,12.1 節で示した意味での積分できるかどうかは $B^1(S^1)$ の元かどうかで定まります.例えば $H^1(\mathcal{M}) = 0$ であれば,$B^1(\mathcal{M}) = Z^1(M)$ を意味します.$H^p(\mathcal{M})$ の多くは有限次元となります.その次元や,どのような p で値が消えるのかで,$\mathcal{M}$ の幾何学的性質が定まります.それが代数的位相幾何と呼ばれる分野です[1, 2].例えば,13.8 で紹介するマクスウェル方程式やその一般化であるゲージ場理論では,ファイバー束の分類をコホモロジーで行なうのが数学では通常のアプローチとなります.

13.7 ホッジ作用素

ホッジ作用素 $*: \Omega^p(\mathcal{M}) \to \Omega^{n-p}(\mathcal{M})$ は自然でかつ重要な写像で，

$$*\tau = *(\tau_{i_1,\cdots,i_p} dx^{i_1} \wedge \cdots \wedge dx^{i_p})$$

$$:= \frac{\epsilon_{j_1,\cdots,j_n}}{(n-p)!} \tau_{j_1,\cdots,j_p} dx^{j_{p+1}} \wedge dx^{j_{p+2}} \wedge \cdots \wedge dx^{j_n}$$

と定義されます．ここで $\epsilon_{j_1,\cdots,j_n}$ は次を満たす：

$$\epsilon_{j_1,\cdots,j_n} = \begin{cases} 1 & j_1, \cdots, j_n \text{が} 1, 2, \cdots, n \text{の偶置換} \\ -1 & j_1, \cdots, j_n \text{が} 1, 2, \cdots, n \text{の奇置換} \\ 0 & \text{それ以外} \end{cases}$$

このとき，$\epsilon_{j_1,\cdots,j_n} \epsilon_{j_1,\cdots,j_n} = n!$ より $*^2 = \mathrm{id}$ となります．このように $\mathbf{i}^2 = \mathrm{id}$ となる作用素を**対合作用素**と呼び，3章で話をした双対性を示すものです．$*$ は双対性を示します．実際この写像は $\mathcal{M}$ が有限な閉空間であるときは幾何で最も重要な**ポアンカレ双対**を誘導します．id は恒等写像です．

13.7.1 物理におけるホッジ作用素の例と応用

物理においても**示強変数と示量変数との間を取り持つもの**としてホッジ作用素はとても重要です．**示強変数**とは体積の単位を変更しても変化しないもの，他方，密度のように**示量変数**は体積の単位を変更したときに変化するものです．

$\mathbb{E}^n$ において，**示強変数が 0-形式に，示量変数が n 形式に対応する**と考えれば上記のことは理解できます．n 形式は数学では**体積形式**とも呼びます．

例えば，温度差と熱量の換算においてこの作用素は登場します．比熱は熱量密度／温度という単位です．示強変数である温度との積によって，積分できる熱量密度になります．これはホッジ作用素として理解すべきです．（3.7 節を参照）

フーリエ (1768–1830) が熱に関して，フィック (1829–1901) が拡散に関して，それぞれ発見した**フィックの法則**または**フーリエの法則**は重要な経験則

です.「示強変数の勾配に比例して示量的な流れが生じ,流れの流入流出差によって示量変数が変化する」というものです. 8.8 節で紹介したフーリエの法則によって定められる熱伝導方程式はこの法則により定式化されます. 熱伝導方程式などの一般化 (例えば,速度間の粘性応力) を考える際にもホッジ作用素は活躍します.

13.7.2 熱力学の数学的定式化

熱の動的変化を捉える熱伝導方程式などの熱学について述べましたが, 3.7 節で触れたように系の平衡状態に関する学問である熱力学においてもホッジ作用素が活躍します [3]. **熱力学**は温度 T,圧力 P,体積 V,粒子数 N,エントロピー S などが系全体で一定値となって変化しなくなった「**状態**」S の分類と関係について記述します.ここでも PdV や TdS 等の示強変数と示量変数がペアとなって現われます.「熱力学」の数学的な側面を概観しておきます.

熱力学は数学的には 9.5.1 節で触れたモジュライ (パラメータ空間の幾何) の研究に対応します. 例えば, 理想気体の状態 S は数学的には T, P, V, N の空間内の超曲面 $\mathfrak{S}$ の点 $S \in \mathfrak{S}$ を成します. 点のモジュライとして超曲面を見るのです. 熱力学では,微小変化量 (曲面上の 1 形式) で,超曲面上で経路に依らずに定まる積分量を「**熱力学的量**」として定めるのが一つの目標となります. $\mathfrak{S}$ 上のランク 1 の実ベクトル束 (直線束) $\mathcal{L}_{\mathfrak{S}}$ の切断です. この目標は 12 章脚注 10 で述べたフロベニウスの積分可能性と 13.6.2 節のコホモロジーでの検討とに帰着します. 熱力学の大きな結果の一つは**熱量の微小変化量 $\delta Q (\in \Omega^1(\mathfrak{S}))$ はフロベニウスの意味で積分可能ですが,コバウンダリの元,つまり完全形式ではない**事実の発見です. そのため直線束 $\mathcal{L}_{\mathfrak{S}}$ 内で δQ の積分量は超曲面を構成する事ができません. フロベニウスの積分可能性より $\mathfrak{S}$ 上の関数 θ と S により $\delta Q = \theta dS$ とできます [3]. θ が物質によらない事も熱力学の成果です. θ を絶対温度と呼び,$T = \theta$ と再定義し,$\mathcal{L}_{\mathfrak{S}}$ のファイバー方向 S を**エントロピー**と呼びます. つまり,**エントロピーの微小変化 dS は完全形式**となります. 絶対温度零 $\theta \equiv T = 0$ を S の積分の起点と

することで，エントロピーは一意に定まり，$\mathcal{L}_e$ での $\mathfrak{S}$ 上の切断 $\mathfrak{S}_S$，つまり状態の関数となることが判ります．$\mathfrak{S}_S$ は S, T, P, V, N の空間内の 3 次元多様体とも見なせます．同様に**内部エネルギー U もその微少変化量 dU が完全形式で現われ**，絶対零度での値等を固定すると U, S, T, P, V, N 内の 3 次元多様体 $\mathfrak{S}_U$ をなします．つまり，不定でない場合は 6 次元の内 3 つを決めると他の 3 つが定まるのです．

より詳しくは積分 $\int_\Gamma \delta Q$ が超曲面 $\mathfrak{S}$ の経路 Γ に依存することが基礎です．この事実を背景として経路 Γ の識別にこの積分量や，積分量を固定した際の S の値の変化等を積極的に利用するのが熱力学の視点です．数学で言う**経路空間やループ空間** [2] を定量的に（位相幾何学の圏ではなく）識別するのです．**エネルギー保存則**（**熱力学第一法則**）から δQ や内部エネルギー dU には等式 $\delta Q = dU + PdV - \mu dN$ があります．$\mathfrak{S}_U$ 上に経路 Γ は一意に持ち上げられ Γ_U と定まります．μ は化学ポテンシャルと呼ばれるものです．Q の差や S の値によって定まる「効率」などから「最適」な経路や閉経路 Γ や Γ_U を定め，Q の正値性などから，熱力学の系を特徴付けます．それが**熱力学の第二法則**です．「最適」な経路が**カルノーサイクル**と呼ばれる閉曲線です．理想気体を一般の物質に置き換えても本質は同じです．

熱力学は物理学の中でも極めて難解な分野の一つです．しかし，エントロピー等の熱力学の理解を妨げているものの幾つかは，上記で述べたように解析幾何，微分幾何，コホモロジー論，経路空間やループ空間の幾何学などの数学であるように思われます．凸空間での最適化で利用される劣微分などの概念を援用すればルジャンドル変換等も扱え，凸空間でないときにどのような問題が生じるかも理解できます．代数幾何では特異点や被覆を持つ幾何学対象も扱えますので，**特異点論**や曲面の**被覆**等の概念を利用すると 3 重点や相転移現象も原理的には記述できることとなります．曲面 $\mathfrak{S}$ を T – V 面に射影したり，異なる N_1, N_2 に対する等 N 曲面を T, P, V の空間内の異なる曲面（異なる「状態」の集合）と眺めたりすることもできます．つまり，熱力学の不思議と思われている事象の多くは数学的記述によって数学的不思

議さに置き換えられます．それらを剥ぎ取った後に残るのが真の熱力学であると考えるべきです．

そもそも平衡とは「無限の過去から未来永劫変化しない」というのが定義ですので，それらを変化させるという問題設定自体は ill-posed な問題です．数学的には $\mathfrak{S}$ を考えている際には他を無視してもよいものですが，状態 $\mathcal{S}$ が別の超曲面 $\mathfrak{S}'$ 上の状態 $\mathcal{S}'$ の部分であった場合（例えば対応する系であるシリンダー $\hat{\mathcal{S}}$ が部屋 $\hat{\mathcal{S}}'$ の中にあり $N' = N + N^c$, $V' = V + V^c$ となる場合）を考えたりします．$\mathcal{S}'$ を超曲面 $\mathfrak{S}'$ 上を移動させた際に $\mathcal{S}$ が対応した $\mathfrak{S}$ の面内に留まることは保証されません．「準静的」等の概念を利用して，数学的な事実を現実の系との対応させ，物質固有のものと共通のものを見極め，自然の中の普遍性を議論するというのが物理学ということです．

13.8 電磁場

13.8.1 $\mathbb{E}^3$ での振舞い：電場，磁場

$\mathcal{M} \equiv \mathbb{E}^3$ として，ベクトル解析の基本を示しましょう．$\Omega^1(\mathbb{E}^3)$ と $\Omega^2(\mathbb{E}^3)$ の代表的な元として

$$E = E_i dx^i, \quad B = B_{ij} dx^i \wedge dx^j$$

を考えましょう．このとき，それぞれの外微分は

$$dE = \left(\frac{\partial}{\partial x^i} E_j\right) dx^i \wedge dx^j$$

$$*dE = \epsilon_{ijk}\left(\frac{\partial}{\partial x^j} E_k\right) dx^i = (\mathrm{rot}\, E)_i dx^i$$

$$dB = \left(\frac{\partial}{\partial x^i} B_{jk}\right) dx^i \wedge dx^j \wedge dx^k$$

この時，$*d: \Omega^1(\mathbb{E}^3) \to \Omega^1(\mathbb{E}^3)$ を rot, $*d*: \Omega^1(\mathbb{E}^3) \to \Omega^0(\mathbb{E}^3)$ を div, $d: \Omega^0(\mathbb{E}^3) \to \Omega^1(\mathbb{E}^3)$ を grad と記すとします．命題 13.1 より次は自明です．

第13章 ベクトル解析のはなし

$$d^2 E = 0, \quad \text{div} \circ \text{rot} = 0$$
$$d^2 f = 0, \quad \text{rot} \circ \text{grad} = 0$$

これらを基本関係式として離散化して，マクスウェル方程式を具体的に有限要素法を利用して解くという手法を2章で紹介しました[4].

13.8.2 $\mathbb{E}^4$ のマクスウェル方程式

我々の時空間（時間と空間）は4次元ミンコフスキー空間 $\mathbb{M}^4$ なので本来は $\mathbb{M}^4$ で話をしなければなりませんが，マクスウェル方程式が (1) のようになることを見るために4次元ユークリッド空間 $\mathbb{E}^4$ での非物理的なマクスウェル方程式を考えましょう．以下の A を**ゲージ場**[9]とも呼びます．

$\mathbb{E}^4$ の座標を (x^0, x^1, x^2, x^3) とします．$A = \sum_{\mu=0}^{3} A_\mu dx^\mu \in \Omega^1(\mathbb{E}^4)$ とし，$j = \sum_{\mu=0}^{3} j_\mu dx^\mu \in \Omega^1(\mathbb{E}^4)$ とするとき $\mathbb{E}^4$ でもマクスウェル方程式は

$$d^2 A = 0, \quad *d*dA = j \tag{5}$$

となります．実際 $E_i := \partial_i A_0 - \partial_0 A_i$, $B_i := \sum_{j,k=1}^{3} \epsilon_{ijk} (\partial_j A_k - \partial_k A_j)$ に対し，$\mathbf{E} := (E_1, E_2, E_3)$, $\mathbf{B} := (B_1, B_2, B_3)$, $\mathbf{i} := (j_1, j_2, j_3)$ とすると (5) は

$$\text{div}\,\mathbf{B} = 0, \qquad \partial_0 \mathbf{B} + \text{rot}\,\mathbf{E} = 0,$$
$$-\text{div}\,\mathbf{E} = j_0, \quad -\partial_0 \mathbf{E} + \text{rot}\,\mathbf{B} = \mathbf{i}$$

---

[9] ランク1の複素ベクトル束 L の切断 ψ を考えます．ψ に対して，$E = \int d^4 x \overline{\partial_i \psi} \, \partial_i \psi$ とするエネルギーを考えましょう．ここで $\partial_i := \partial/\partial x^i$ としています．定関数 $a \in \mathbb{R}$ に対して ψ を $e^{\sqrt{-1}a}\psi$ としてもエネルギー E は不変です．これを大局的ゲージ自由度と呼びます．これを局所的に拡張することを考えます．ランク1の実ベクトル束 $L_\mathbb{R}$ の切断 α に対して $\psi(x) \to e^{\sqrt{-1}\alpha(x)}\psi(x)$ とする変換を考えます．($e^{\sqrt{-1}\alpha(x)}$ を $\mathbf{U}(1)$ 束の切断と言ったりします．) E を拡張して $D_i := (\partial_i + \sqrt{-1}\,A_i)$ に対して $\overline{E} := \int d^4 x \overline{D_i \psi} D_i \psi$ とします．ψ の変換に対して，同時に $A_i \to A_i - \partial_i \alpha$ と変換させるとエネルギー $\overline{E}$ は不変となります．これを局所ゲージ不変性と呼び，ψ と A の2つの変換をあわせて局所ゲージ変換と呼びます．マクスウェル方程式がこのゲージ変換に不変なため，A_i を $\mathbf{U}(1)$ ゲージ場と呼んだりします．

となります.符合が本物とずれていますが,マクスウェル方程式そのものです[1, 2, 3].

13.9 弾性体論

弾性体論は,計量を保存しない変形を考えるため単純な微分幾何で語れない対象です[5].[5]の導入部を現代数学的に表現してみましょう.

3次元の弾性体 $\mathcal{M}$ を考えます.厳密には開集合 U を考えればよいのですが,ここでは $\mathcal{M}$ 自身を対象とします.3次

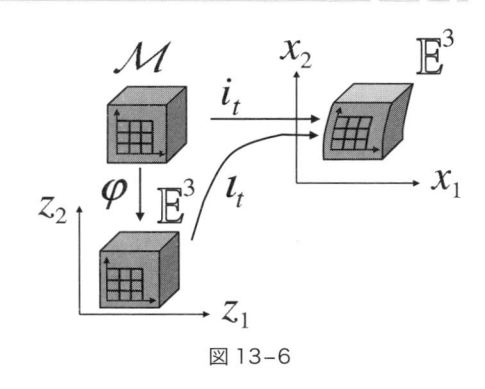

図 13-6

元ユークリッド空間 $\mathbb{E}^3$ へ滑らかで単射な関数 φ により

$$\varphi : \mathcal{M} \to \varphi(\mathcal{M}) \subset \mathbb{E}^3$$

を考えます.この $\varphi(\mathcal{M})$ での $\mathbb{E}^3$ による座標(局所パラメータ)を $z = (z^1, z^2, z^3)$ とします.各点 $p \in \mathcal{M}$ に対し自然な長さがあるとします.つまり,$z = \varphi(p)$ とし微小長さの2乗である $T_p^*\mathcal{M}^{2\otimes}$ の切断 $\mathfrak{g}_\mathcal{M}(\varphi(p)) = \delta_{ij} dz^i dz^j$ が定義でき,適当なパラメータ s により $\int_{z^2}^{z^1} \sqrt{\delta_{ij} \dfrac{dz^i}{ds} \dfrac{dz^j}{ds}}\, ds$ が長さに相当するとします.13.4節で述べた計量が δ_{ij} の場合です.そこで

$$\omega(z, s) := \sqrt{\delta_{ij} \frac{dz^i}{ds} \frac{dz^j}{ds}}$$

を導入します.この距離や座標の構造も含めた $\varphi(\mathcal{M})$ を $\mathcal{C}_\mathcal{M}$ と書きましょう.これは物理的には例えば,図13-6に示すように結晶のアドレスや結晶粒塊の互いの相対位置を表したものです.**弾性体論の保存量はこの写像 φ で,それが弾性体論の本質です**.

第13章 ベクトル解析のはなし

　ここで $\mathcal{M}$ を別の $\mathbb{E}^3$ への埋め込んで曲げてみましょう．曲げても z の座標によって $\mathcal{M}$ の点は定まります．（図の格子の点の座標を z と見るとそれぞれの座標軸は屈曲に沿って屈曲します．）$t \in [0,1]$ を用意して，t に依存した埋め込み $i_t : \mathcal{M} \to \mathbb{E}^3$ とし

$$\iota_t := i_t \circ \varphi^{-1} : \mathcal{C}_\mathcal{M} \to \mathbb{E}^3,$$

とします．$\mathbb{E}^3$ にもユークリッド空間の長さとして微小長さの2乗 $g_{\mathbb{E}^3}(x) = \delta_{ij} dx_i dx_j$ があります．$\mathcal{M}$ を曲げると $\mathbb{E}^3$ から誘導される長さは変化します．$\mathcal{M}$ はリーマン多様体で二つの異なる計量が入るのです．

　そこで，$t=0$ の初期状態の時に座標系を各点 $z \in \mathcal{C}_\mathcal{M}$ に対して，$\iota_0^*(dx^i)(z) := d(\iota_0^* x^i)(z) := dx^i(\iota_0(z))$ を $\iota_0^*(dx^i)(z) = dz^i(z)$ で合わせます．これは伸び縮みなしの自然長という力のない状態に対応します．

　$t > 0$ で変形を考え，各点 $z \in \mathcal{C}_\mathcal{M}$ で $\iota_t^* dx^i(z) := d(\iota_t^* x^i)(z) := dx^i(\iota_t(z))$ の動きを眺めましょう．上述のパラメータ s の微分

$$\frac{d\iota_t^*(x^i(z))}{ds} = \frac{\partial \iota_t^*(x^i)}{\partial z^j} \frac{dz^j}{ds}$$

$$= \frac{\partial \iota_0^*(x^i)}{\partial z^j} \frac{dz^j}{ds} + t \left[\frac{d}{dt} \frac{\partial \iota_t^*(x^i)}{\partial z^j} \right]_{t=0} \frac{dz^j}{ds} + \cdots$$

$$= \frac{dz^i}{ds} + t \left[\frac{d}{dt} \frac{\partial \iota_t^*(x^i)}{\partial z^j} \right]_{t=0} \frac{dz^j}{ds} + \cdots$$

により，各点 $z \in \mathcal{C}_\mathcal{M}$ で長さの変化分

$$\delta_t \omega_x(z,\, s) := \int_0^t dt\, \frac{d \sqrt{\delta_{ij} \frac{d\iota_t^* x^i}{ds} \frac{d\iota_t^* x^j}{ds}}}{dt}$$

$$\sim \sqrt{\delta_{ij} \frac{d\iota_t^* x^i}{ds} \frac{d\iota_t^* x^j}{ds}} - \sqrt{\delta_{ij} \frac{dz^i}{ds} \frac{dz^j}{ds}}$$

は，上記の展開から2次 (t^2) 以上を無視すると [10]

$$\delta_t \omega_x(z,\, s) = \eta_{ij} e^i e^j \omega(z,\, s)$$

となります．但し

---

[10] $\sqrt{\delta_{ij}(a_i + a_k b_{ik} t)(a_j + a_\ell b_{j\ell} t)} \approx \sqrt{a_i a_j (\delta_{ij} + (b_{ij} + b_{ji})t)} \approx \sqrt{a_i a_i} + \frac{1}{2} \frac{t a_i a_j}{\sqrt{a_k a_k}}(b_{ij} + b_{ji})$

240

$$\eta_{ij} := \frac{1}{2}\left(\frac{\partial u_i}{\partial z^j} + \frac{\partial u_j}{\partial z^i}\right)$$

$$e^i := \frac{dz^i}{ds}\left(\sqrt{\delta_{ij}\frac{dz^i}{ds}\frac{dz^j}{ds}}\right)^{-1}, \quad u^i := t\frac{d\iota_t^* x^i}{dt}$$

です．e^i は単位球面に値を持つ方向ベクトルです．η_{ij} を**歪テンソル場**と呼びます．自然長からのずれとしてフックの法則より $\delta_t \omega(z)$ に応じた力が与えられるとします．$\eta = (\eta_{ij})$ が伸縮を表現しているので，ある行列 A が存在し，応力

$$\sigma_{ij} = (A\eta)_{ij}$$

があると考えられます．フックの法則に従ったバネの力が $F = kx$ に対してエネルギー $E = kx^2/2$ であったように，自由エネルギー F は

$$\mathcal{F} := \frac{1}{2}\left(\lambda(\operatorname{tr}\eta)^2 + \mu\operatorname{tr}(\eta^2)\right)$$

となります．これを変分原理に従って変分することで弾性体の様々な力が計算できることとなります．

因みに，流体力学はオイラー方程式までは微分幾何学の枠内で美しく定式化できます[6, 7]．

Tip of the Day

[1] は代数的位相幾何，微分幾何を物理屋に向けて紹介した本です．初等的なところから指数定理まで，丁寧にかつ直感的に書かれています．筆者はこの本のオリジナル版を通して，物理の世界から数学に慣れ親しむようになりました．

参考文献

[1] 中原幹夫, 佐久間一浩 理論物理学のための幾何学とトポロジー 1, 2 ピアソンエデュケーション 2000 年, 2001 年

[2] R. ボット, L. W. トゥー (三村護訳) 微分形式と代数トポロジー シュプリンガー 1996 年

[3] B.F. シュッツ (家正則, 観山正見, 二間瀬敏史訳) 物理学における幾何学的方法 吉岡書店 1987 年

[4] 五十嵐一, 亀有昭久, 加川幸雄, 西口磯春, A. ボサビ, 新しい計算電磁気学 培風館 2003 年

[5] E. ランダウ, I. リフシッツ (佐藤常三, 石橋善弘訳) 弾性理論 東京図書 1989 年

[6] 郡敏昭 Yang-Mills 方程式のハミルトン形式 (力学系と微分幾何学) 数理解析研究所講究録 (2004), 1408, 110–122

[7] V. I. Arnold, B. A. Khesin, Topological Methods in Hydrodynamics (Applied Mathematical Sciences) 2nd ed., Springer, 1999

問題 *13.1* ☆

$\mathcal{M}$ を微分可能多様体とし，1つのパラメータ $t \in \mathbb{R}$ でパラメータ化された無限回微分可能な写像 $g_t: \mathcal{M} \to \mathcal{M}$ で $g_{t_1}g_{t_2} = g_{t_1+t_2}$, $g_{-t} = g_t^{-1}$ かつ $g_0 = id$ を満たすものを考える．これを**フロー**と呼ぶ．$\mathcal{M}$ の点 p の周りにチャート U_p とその座標 $(x_1, ..., x_n)$ により局所的に眺める．$t = 0$ で U_p において $X = X^i(\partial/\partial x^i)$ により，$|t| \ll 1$ に対して $g_t = e^{tX}$ として座標関数に作用しているとする．この時，H を $\mathcal{M}$ 上のファイバー束 $\mathcal{E}$ の切断とし，**リー微分**を

$$\mathcal{L}_X H(p) := \lim_{s \to 0} \frac{1}{s}(H(p) - \tilde{g}_s H(p))$$

で定義する．但し，$|s| \ll 1$ に対して $\tilde{g}_s$ は H の性質によって g_s から自然に定まるもので，1) $\mathbb{R}$ 値関数 $f \in \Omega^0(\mathcal{M})$ の場合 $\tilde{g}_s f(p) := f(g_{-s}p) = e^{-sX}f(p)$，2) $T\mathcal{M}$ の切断(ベクトル場) Y の場合 $\tilde{g}_s Y(p) := g_{s*}Y(g_{-s}p) \equiv e^{-sX}Y(p)e^{sX}$ となる．g_{s*} は g_s に対する**微分写像**と呼ばれるもので $\mathcal{M}$ 上の関数 f に対して $(g_{s*}Y)(f) := Y(f \circ g_s)$ と定義されるものであり，dg_s とも書く．つまり後者は $Y(p)$ をある関数 $f(p)$ への作用と考えれば $g_{s*}Y(g_{-s}p)f(p) = e^{-sX}(Y(p)(e^{sX}f(p)))$ となり自然に理解できる．このとき $\mathcal{M}$ を $\mathbb{E}^n$ として以下を示せ．

1) $\mathcal{M}$ 上の $\mathbb{R}$ 値関数 $f \in \Omega^0(\mathcal{M})$ に対して，$\mathcal{L}_X f(p) = X^i(\partial_i f)$．

2) $T\mathcal{M}$ の切断(ベクトル場) Y に対して，$\mathcal{L}_X Y = [X, Y] = XY - YX$．

3) $\mathcal{L}_X(H(p) \otimes H'(p)) = (\mathcal{L}_X H(p)) \otimes H'(p) + H(p) \otimes (\mathcal{L}_X H'(p))$．

4) $\tau \in \Omega^p(\mathcal{M})$ に対して，$(\mathcal{L}_X \tau)(X_1, ..., X_p) = X(\tau(X_1, ..., X_p)) - \sum_{i=1}^{p} \tau(X_1, ..., [X, X_i], ..., X_p)$，但し，ペアリングとして $dx^i(\partial_j) = \langle \partial_j, dx^i \rangle = \delta_j^i$ とするものから定まるものとして $\tau(X_1, ..., X_p)$ を定める．

Column 13

流体をめぐる数学のはなし

アーノルド 　　　　　　　　マースデン

　流体力学は数学の応用部門として最も重要な位置を占めてきました．17世紀から流体の理解に向けて様々な数学の道具が開発され，それらが数学自身や物理学の発展を後押ししました．しかしながら，20世紀後半から，光学と同様に純粋科学としては十二分に理解され尽くされており，純粋科学の枠内での研究対象としては終了していると捉える風潮があるようです．

　ルレイ（1906–1998）は 1934 年に流体の**ナヴィエ・ストークス方程式の弱解**についての論文を書きます．その後，位相幾何学的な視点から付録 A.10 で触れた関数の一般化である層を発見しました．層の概念の発見への動機のひとつには，ナヴィエ・ストークス方程式の解空間の位相幾何学的な分類があったのではないかと思われます．ナヴィエ・ストークス方程式の非線型性は，クレイ数学研究所の 7 つのミレニアム懸賞問題に示されるように未解決問題であり，深いものです．層の基本となる**関数芽**は**特異点理論**で重要となるツールですが，それらを利用して乱流などの流体の特異性の解析が試みられています．

アーノルド（1937-2010）[1]やマースデン（1942-2010）[2]とその共同研究者達は1970年前後に流体力学が幾何学的には**微分同相写像群**という**無限次元リー群**で記述できることを示し，**オイラー方程式**に現われる**ラグランジュ微分**を微分同相写像群のゲージ場の共変微分であると同定します．**ゲージ理論**（13章脚注9参照）は，可換な場合に関しては量子力学の構築当時に，また**朝永振一郎**（1906-1979）や**ファインマン**（1918-1988）らが量子電磁場理論の構築に向け電磁場の量子力学の関係を論じた時に，発展した理論です．また，その後，**非可換ゲージ場（ヤン・ミルズ場）**が楊振寧（1922-）やミルズ（1927-1999）らによって発見され，爆発的な発展を遂げ，現在ではゲージ理論は素粒子論の中核をなしています．数学ではアティヤ（1929-）らが中心となって研究を始め，その微分幾何的意味づけや代数幾何的意味づけが1970年代には明確となりました．ゲージ理論は現在も続く素粒子理論と現代数学の優美な関係の発端となったのです．

　つまり，アーノルド，マースデンの視点は流体力学が無限次元空間のゲージ理論に相当するものであると主張し，粘性項のない非圧縮性流体はハミルトニアン系であることを示します．それは，オイラー（1707-1783）がゲージ理論の原型を2世紀も前に発見していたということも暗に意味するのです．流体から得られるものは極めて根源的です．少し意外な関連としては，4次元ミンコフスキー空間を局所的に持つ微分可能多様体の微分同相写像の分類は，宇宙の理解や宇宙の量子化とも関係します．また，流体に関わる応用の問題、特に圧縮性流体や多層流体などではたくさんの未解決問題があります．つまり，ナヴィエ・ストークス方程式の解の分類を含め，**解決していない問題が流体力学にはたくさん残っている**のです．

　アーノルドもマースデンも，ハミルトン力学系を主な研究対象のひとつとして，幅広い分野の研究を行った20世紀の巨匠です．彼らは晩年に至るまで，流体力学の困難な問題に挑戦し続けていました．アーノルドは特異点についての研究を行い代数的な方法と解析的な方法の融合を示しました．2000年代に入って二人がこの世を去ったことに時代の流れを感じますが，彼らの残したものを通して，幅広く眺めることで見えてくる数学の風景に変わりはありません．想像するだけで楽しくなります．

実際，**渦の挙動**の微分同相写像での取り扱いなども全く非自明です．［3］では上記の微分同相写像の渦への作用が，物理的なものとそうでないものがあることを示し，それらを力学と運動学と称し区別しています．量子場の理論の摂動論における on-shell 状態，off-shell 状態を想起させ，また渦のモデュライ空間の分類においても興味深い視点です．また，微分同相写像は，解析幾何，無限次元リー群，特異点論などと融合されることで界面を含む流体の計算アルゴリズムも提示でき，それにより**インクジェット**等の流体の計算も可能となります［4］．ルレイが発見した層の流体力学への応用という視点では，12 章で述べた CIP 法はルレイからの流れの上に立っているともいえますし，応用も含め興味深いものです．更には，Khesin とアーノルドらをはじめとして，ルレイの視点に従って代数的位相幾何学的な観点から流体方程式の解の空間の分類の研究も進行しています［13 章:7］．アーノルドは晩年に 80 頁の短い本［5］を著しました．そこでは，乱流のランダムネスや渦糸に関わる位相的な視点を見据えて，コラム 11 で取り上げたパーコレーションや 7 章の章末で述べた焦線などとを，有限体(ガロア体)上の射影幾何によって整数論的な観点から統合して行こうという試みが展開されています．**抽象的だから役に立たないということはありませんし，実用的だからその数学が深くないということもまたない**のです．

[1] B. Khesin and S. Tabachnikov, Memories of Vladimir Arnold, Notices of the AMS, 59 (2012), 492 − 495.

[2] T. Ratiu and A. Weinstein, Remembering Jerry Marsden (1942 – 2010) Notices of the AMS 59 (2012) 758 − 775

[3] 福本康秀　渦運動の基礎知識　1. 渦度の運動学と力学　ながれ 24(2005)207 - 219

[4] S. Matsutani, K. Nakano, K. Shinjo, *Surface tension of multi-phase flow with multiple junctions governed by the variational principle*, Math. Phys. Analy. Geom. **14** (2011) 237 - 278.

[5] V. I. Arnold, Dynamics, Statistics and Projective Geometry of Galois Fields, Cambridge Univ., 2010

第14章 共役勾配法とフィルター空間

本章では数値計算を行う際に重要となる共役勾配法とフィルター空間についての話をしたいと思います．

その前に，科学の中の数値解析のひとつの位置づけについて話をしましょう．

アリストテレスの時代には，自然科学は「なぜ」に答えることであったのに対して，ダ・ヴィンチ（1452–1519），ガリレイ（1564–1642）らは「どのようになっているか」を知ることが科学であるとしました．

石がなぜ落ち，風船はなぜ上に昇るのかという問いに対し，「物質を分類し，天空のものは上昇することを，地上のものは下にあることを，その性質としているのだ」はアリストテレス流の一つの解です．

ガリレイは「なぜ」の問いに答えることを拒絶し，自然を数学で記述することにより「どのようになるのか」に答えます．「物はどのように落ちるか」を知ることが科学の目的であると位置づけ，物がなぜ落ちるかについて答えることを諦めた，ともいえます[1]．

第一次世界大戦の後，フッサール（1859–1938）[2]はそれを「**自然の数学化**」

---

[1] 物が落ちるのは万有引力によると，ニュートン（1642-1727）は発見しました．それはアインシュタイン（1879-1955）による一般相対論によって包含され，等価原理に還元されます．しかし，「物の落下は一般相対論に従う」と記述されても「なぜ時空間が一般相対論に従うのか」の問いに答えられるわけではありません．

[2] フッサールは光学を学んだ後にワイエルシュトラス（1815-1897）とクロネッカー（1823-1891）から数学を教わり，コラム6で取り上げた話題の渦中において変分法で学位を取るなど，物理，数学から後に哲学に転向した哲学者です．

第14章 共役勾配法とフィルター空間

と呼び，20世紀前半の科学の危機の原因がこのガリレイの「自然の数学化」にあると論じました．自然を数学化する過程において，1) 世界 (現象) を理想系である「**極限形態**」としてモデル化し，2) モデル化された理想系を量的に**数学化**していったと見るのです[1]．例えば，慣性系なるものは摩擦のある空間では実現できない (ガリレイの相対性原理は常に破れている) にも関わらず，そのようなものが実現するとして，ガリレイは運動を数学で記述したのです．

　これにより**科学が「日常的な生活世界」から乖離して行った**とフッサールは批判します．フッサールの視点は極めて社会科学的 (哲学的) なものですが，実際，ガリレイ以降，科学は理想的な極限状態を抽出，想定することにより発展してきました．

　例えば，文字通り「日常的な生活世界」の問題である「ゆで卵をテーブルの上で高速で回すと立ち上がってゆくという現象」に対して[3]，20世紀は予測できる状態までには至りませんでした．

　他方，コンピュータ技術の急速な発展により，20世紀後半より，複数の理想化された実験室の現象を複合することで，**より現実的な現象を計算機上で模擬すること**が可能となりました．我々は「日常的な生活世界」を完全に取り込むことはできませんが，計算機科学により，極限形態のみでしか機能しない科学ではない，**より現実的な現象を予測するという手段**を手に入れたのです．

　例えば，先の卵の問題も数値実験という手法を利用しながら，下村らによって21世紀になって考察され解決されました[2,4]．また，児玉らの遠浅の浅瀬での海の波を表現するKP方程式の解の完全な分類[5]や，箱玉というモデル化とそれによる数値実験により渋滞という「日常的な生活世界」を科学する西成らの研究[6]，肖・横井らの自由界面の流体である跳水の再現[7]

---

[3] 筆者は [2] で知りました．[3] の「コマの不思議」の章にも書かれています．摩擦の効果等の深い洞察により現象の本質は既に捉えています．寺田寅彦 (1878-1935) からの伝統かもしれませんが，[3] を始めとして日常の世界からかけ離れない物理，数理現象への透徹した解析が戸田盛和 (1917-2010) の著作にはあります．

なども，ガリレイから始まった科学の精神を受け継ぎながら，極限化された現象をより現実に近づける試みと受け取ることができます．

企業で求められる数学の多くも，極限的な科学の数学化ではなく，より現実的な現象の数学化です．筆者の業務も，デバイスやデバイスを構成する材料に関する，先端技術ではあるけれど実験室の外でも実現できる物理現象を表現し，予測できるようにすることです．現象を予測することにより，現象を制御できるようにするのです．それはガリレイ的な科学的手法の範疇ではありますが，より現実的な世界への視点があります．

この意味で，計算機によるシミュレーション科学の発展の一部は，フッサールの極限形態の追求による日常的生活世界からの乖離による科学の危機に対するひとつの答えであると言えるかもしれません．

その際，**マルチスケール科学**と呼ばれる領域のズームイン，ズームアウトに相当する空間の**フィルター性**がとても重要です．数値計算で重要となる共役勾配法と共に述べたいと思います．

14.1 共役勾配法

物理の数値計算で重要となる対称行列 $A \in \mathrm{Mat}_\mathbb{R}(n)$ と $b \in V := \mathbb{R}^n$ に対する一次方程式

$$Ax = b, \quad (A^t = A), \tag{1}$$

の求解を考えましょう．以降 A と b を固定します．つまり，$A^{-1}b$ を求めるのです．数値計算で現れる行列 A の成分は殆ど零であり，非零となる場所が非常に少ないことが特徴です．

共役勾配法は背景にケーリー・ハミルトンの定理を持つ代数的な計算手法です．行列 A とベクトル u とが与えられた際に線型独立な基底として $A^\ell u$ $(\ell = 0, 1, \cdots, n-1)$ を考えています．これを数値計算では**クリロフ手法**と呼びます．

第14章 共役勾配法とフィルター空間

14.1.1 準備：内積空間

後のために，6章の内積のところでのシュミットの直交化を復習しておきます．V に通常のユークリッド内積 $(\,,\,)$ を与えます．つまり $(u, v) := \sum_{i=1}^{n} u_i v_i$ とします．また，同時に $\det A \neq 0$ を仮定して計量行列を $m: V \ni u \mapsto (Au)^t = u^t A \in V^*$ とする内積 $(u, v)_A := (u, Av)$ も取り扱います．つまり，内積空間として $H := (V, (\,,\,))$ と $H_A := (V, (\,,\,)_A)$ を考えます．基底 $\{u_\ell \mid \ell = 0, 1, \cdots, n-1\}$ に対して内積 $(\,,\,)_A$ での直交基底は次のように書けます：

$$v_\ell = u_\ell - \sum_{i=0}^{\ell-1} \frac{(u_\ell, Av_i)}{(v_i, Av_i)} v_i. \tag{2}$$

14.1.2 共役勾配法（CGM）

それでは (1) を解くことにします．標準的な共役勾配法の説明をまず行います[8]．

$$\begin{aligned}\Psi(x) &:= \frac{(x - A^{-1}b, A(x - A^{-1}b))}{2} \\ &= \frac{1}{2}(x, Ax) - (b, x) + \frac{1}{2}(b, A^{-1}b)\end{aligned} \tag{3}$$

$\Psi(x)$ の x の成分に関する極値は (1) を満たします．$\partial \Psi(x)/\partial x_i = 0$ は $(Ax)_i - b_i = 0$ となります．

共役勾配法は**逐次最小法**に従います．つまり，V の（k ステップめの）元 x_k から始まり，$\Psi(x)$ をより最小化する加法元を考えます．ある $p_k \in V$ により

$$x_{k+1} := x_k + \alpha_k p_k \in V \tag{4}$$

を考え，$\alpha_k \in \mathbb{R}$ で $\dfrac{\partial \Psi(x_k + \alpha_k p_k)}{\partial \alpha_k} = 0$ を満たすものを探しましょう．計算により，それは

$$-(A^{-1}b - x_k, Ap_k) + \alpha_k(p_k, Ap_k) = 0 \tag{5}$$

となります．そこで，$r_k := A(A^{-1}b - x_k)$ を導入することで，(5) は
$$\alpha_k = \frac{(r_k, p_k)}{(p_k, Ap_k)}$$
を意味します．$r_{k+1} = A(A^{-1}b - x_{k+1}) = A(A^{-1}b - (x_k + \alpha_k p_k))$ より
$$r_{k+1} = r_k - \alpha_k Ap_k$$
となります．r_{k+1} を新たな基底とする部分空間を考え，H_A でのシュミットの直交化を行うと
$$p_{k+1} := r_{k+1} - \frac{(r_{k+1}, Ap_k)}{(p_k, Ap_k)} p_k$$
となります．但し $(r_{k+1}, Ap_j) = 0$ $(j < k)$ となっているために (2) より右辺が単純になっています．この p_{k+1} を利用して，(4) に代入して x_{k+1} を計算するのです．適当な $x_0 \in V$ から始めて $p_0 = r_0 := b - Ax_0$ とし，これらを繰り返すことで，(1) の解を得ます．これが**共役勾配法**（**CGM**）です．逐次的に解に近づいてゆきます．

14.1.3　ケーリー・ハミルトンの定理から

共役勾配法では，x_0 が特殊な点でない限り，最低限 n 回逐次計算を行えば (1) の解にたどり着くことが証明されます．証明は行いませんが，ケーリー・ハミルトンの定理（定理 11.11）との関係を注意しておきます．

$\langle A^\ell \rangle \equiv \langle A^{\ell-1} \rangle_A := x_0^t A^\ell x_0$ として，

$$\tau_\ell := \begin{vmatrix} \langle A \rangle & \cdots & \langle A^{\ell+1} \rangle \\ \langle A^2 \rangle & \cdots & \langle A^{\ell+2} \rangle \\ \vdots & \ddots & \vdots \\ \langle A^{\ell+1} \rangle & \cdots & \langle A^{2\ell+1} \rangle \end{vmatrix},$$

$$\phi_\ell(X) := \frac{1}{\tau_{\ell-1}} \begin{vmatrix} \langle A \rangle & \langle A^2 \rangle & \cdots & \langle A^{\ell+1} \rangle \\ \langle A^2 \rangle & \langle A^3 \rangle & \cdots & \langle A^{\ell+2} \rangle \\ \vdots & \vdots & \ddots & \vdots \\ \langle A^\ell \rangle & \langle A^{\ell+1} \rangle & \cdots & \langle A^{2\ell} \rangle \\ 1 & X & \cdots & X^\ell \end{vmatrix}$$

と X の多項式を導入します．$\phi_\ell(X)$ の最高次数の係数は 1 となっていま

第14章 共役勾配法とフィルター空間

す[4]。6章、11章での話を考えますと $\phi_\ell(A)$ は $\mathbb{R}[A]$ の $\mathbb{R}$ ベクトル空間としての基底でもあり、$\mathrm{Mat}_\mathbb{R}(n)$ の元とも見なせます。証明は6章の直交多項式で述べたものと全く同じですが、次を得ます：

命題 14.1 (1) $\langle \phi_\ell(A)\phi_m(A)\rangle_A = \dfrac{\tau_\ell}{\tau_{\ell-1}}\delta_{m,\ell}$

(2) $\langle \phi_{\ell-1}(A)A\phi_\ell(A)\rangle_A = \langle \phi_\ell(A)\phi_\ell(A)\rangle_A$

(3) $\phi_{\ell+1}(A) + b_\ell \phi_\ell(A) + a_\ell \phi_{\ell-1}(A) = A\phi_\ell(A)$

但し、$a_\ell := \dfrac{\langle \phi_\ell \phi_\ell\rangle_A}{\langle \phi_{\ell-1}\phi_{\ell-1}\rangle_A}$, $b_\ell := \dfrac{\langle \phi_\ell A \phi_\ell\rangle_A}{\langle \phi_\ell \phi_\ell\rangle_A}$

$A \in \mathrm{GL}(n,\mathbb{R})$ の場合は、ケーリー・ハミルトンの定理（定理 11.11）により $f(A) := A^n + \cdots + a_1 A + a_0 = 0$ となる a_ℓ が存在します。多項式のユニーク性より $\phi_n(A) = 0$ は $f(A) = 0$ と一致します。このとき、$\phi_n(0) = a_0$ より A の代わりにジェネリックな元 X を使い、

$$\Phi_n(X) := -\frac{\phi_n(X) - \phi_n(0)}{\phi_n(0)X} \in \mathbb{R}[X]$$

が $\mathbb{R}[X]$ の元として定義できます。$\Phi_n(A)$ を使うと

$$A^{-1} \equiv -\frac{1}{a_0}(A^{n-1} + \cdots + a_1) = -\Phi_n(A) \tag{6}$$

となります。

命題 14.2 (1) の解は $-\Phi_n(A)b$ として得られる．

CGM は $\{p_k\}$ を基底とし、命題 14.1 では $\{A^\ell x\}$ を基底とするため、両者の一致を明確に示すことはできませんが、CGM の背景にこのような代数的側面があることは注意すべきことです。

---

[4] このような多項式のことを**モニック**と呼びます．

14.1.4 前処理付き共役勾配法(PCGM)

数値計算では n は $10^3 \sim 10^8$ 等十分大きな値です．共役勾配法(CGM)では任意の $\varepsilon > 0$ に対し十分大きな ℓ で

$$\|x_n - x_\ell\|^2 < \varepsilon$$

とできます．更に，数値的には n に比べて結構小さい ℓ で上式が達成されることが分かります．

共役勾配法は代数的な計算アルゴリズムです．代数的なアルゴリズムは等号による解法であり，不等号を基礎とした解析的なものとは基本的には相容れません．従って，共役勾配法の収束を評価することは一般的に難しいものです．

(3)より $\mathrm{Spect}(A)$ を A の固有値全体とし，$\kappa = \dfrac{\max \mathrm{Spect}(A)}{\min \mathrm{Spect}(A)} \geq 1$ とすると

$$\Psi(x_k) \leq 4\left(\frac{\sqrt{\kappa}-1}{\sqrt{\kappa}+1}\right)^{2k} \Psi(x_0)$$

とする評価がされます．つまり，固有値の広がりが小さいと，より早く解に近づくのです．より κ を小さくする試みが**前処理付き共役勾配法(PCGM)**です[8]．適当な行列 C により

$$C^{-1}A(C^t)^{-1}(C^t u) = (C^{-1}y)$$

として，$C^{-1}A(C^t)^{-1}$ を新たな行列とすることで κ を小さくできます．変更点は見かけ上

$$p_{k+1} = (CC^t)^{-1} r_{k+1} + \frac{((CC^t)^{-1} r_{k+1},\ Ap_k)}{(p_k,\ Ap_k)} p_k$$

のみです．ここに様々な仕掛けをするのです．

14.2 PCGMとフィルター構造

ここでは6章で紹介した有限要素法を基礎に，メッシュの階層性を利用した前処理付き共役勾配法を紹介します．図14-1(a)-(c)のように空間に階層性を持たせることで共役勾配法を高速化する方法です．

第14章 共役勾配法とフィルター空間

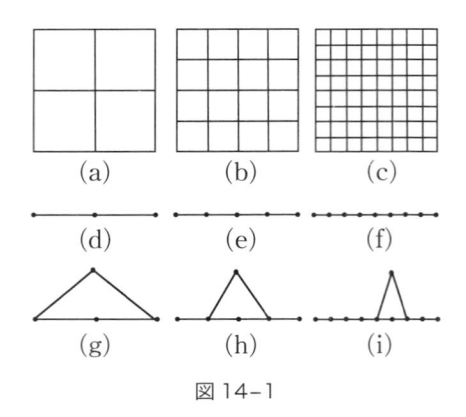

(a) (b) (c)
(d) (e) (f)
(g) (h) (i)

図 14-1

14.2.1 メッシュの階層性

簡単のために 1 次元で $S^1 := \text{``} [0, 2^\ell N a_\ell)$ に周期境界条件を課した領域" を考えます．但し，$a_\ell := a/2^\ell (>0)$ は正の実数で ℓ, N は自然数とします．そこで図 14-1 の 1 次元格子 (d), (e), (f) に対応して (g), (h), (i) のように基底

$$\varphi_n^{(\ell)} = \begin{cases} (x/a_\ell - (n-1)) & \text{for } x \in [a_\ell(n-1),\ a_\ell n) \\ ((n+1) - x/a_\ell) & \text{for } x \in [a_\ell n,\ a_\ell(n+1)) \\ 0 & \text{otherwise} \end{cases}$$

を考え，関数空間としての $\mathbb{R}$ ベクトル空間

$$V^{(\ell)} := \left\{ \sum_n a_n^{(\ell)} \varphi_n^{(\ell)} \,\middle|\, a_n^{(\ell)} \in \mathbb{R} \right\}$$

を考えると $V^{(\ell-1)} \subset V^{(\ell)} \subset V^{(\ell+1)}$ となる包含関係と $\iota_\ell : V^{(\ell)} \to V^{(\ell+1)}$ とすると，$\iota_\ell(\varphi_n^{(\ell)}) = \varphi_{2n-1}^{(\ell+1)}/2 + \varphi_{2n}^{(\ell+1)} + \varphi_{2n+1}^{(\ell+1)}/2$ となることより，単射な線型写像が定まります．

フィルター付き K ベクトル空間 W とは W が K ベクトル空間であり，ベクトル空間として

$$W = \bigcup_{i \in \mathbb{Z}} W_i, \quad \cdots \subset W_i \subset W_{i+1} \subset \cdots,$$

という性質を持つことです[9]．従って，$V:=\bigcup_{\ell\in\mathbb{Z}}V^{(\ell)}$ は $V^{(\ell)}=0$ $(\ell<0)$ とすることでフィルター付き $\mathbb{R}$ ベクトル空間となります．V は**フィルター構造をもつ**と言います．

14.2.2 フィルター付きヒルベルト空間

V の内積 $E_\ell:V^{(\ell)}\times V^{(\ell)}\to\mathbb{R}$ として

$$E_\ell(f^{(\ell)},g^{(\ell)}):=\frac{1}{2}\int dx\left(\frac{df^{(\ell)}}{dx}\frac{dg^{(\ell)}}{dx}+\mu f^{(\ell)}g^{(\ell)}\right) \tag{7}$$

を考えます．これにより計量行列 $\mathfrak{m}_\ell:V^{(\ell)}\to V^{(\ell)*}$ が与えられ，次の図式によりフィルター構造を持つ内積空間(ヒルベルト空間)(V, E)が定義されます：

$$\begin{array}{ccc} V^{(\ell)} & \xrightarrow{\iota_\ell} & V^{(\ell+1)} \\ \mathfrak{m}_\ell \downarrow & & \downarrow \mathfrak{m}_{\ell+1} \\ V^{(\ell)*} & \xleftarrow{\iota_\ell^\#} & V^{(\ell+1)*} \end{array}$$

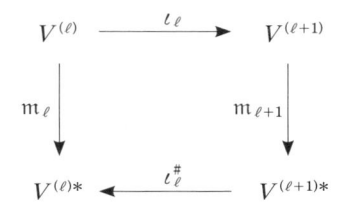

図式より，$\iota_\ell^\#:V^{(\ell+1)*}\to V^{(\ell)*}$ を $\mathfrak{m}_\ell=\iota_\ell^\#\mathfrak{m}_{\ell+1}\iota_\ell$ となるように定義できます．これより $\pi_{\ell+1}:V^{(\ell+1)}\to V^{(\ell)}$ で $\pi_{\ell+1}\iota_\ell=id_{V^{(\ell)}}$ とするものが存在し，次が得られます；

補題 14.3

1. $\pi_{\ell+1}=\mathfrak{m}_\ell^{-1}\iota_\ell^\#\mathfrak{m}_{\ell+1}$
2. $\pi_\ell=\iota_{\ell-1}^*$ つまり，$E_\ell(\pi_{\ell+1}x,y)=E_{\ell+1}(x,\iota_\ell y)$，
3. $E_\ell(x,\iota_{\ell-1}\pi_\ell x)\geqq 0$

14.2.3 加法的多重格子法

(7)の変分原理により得られる

$$\left(\frac{d^2}{dx^2}-\mu\right)f=0$$

第14章 共役勾配法とフィルター空間

に対応する線型方程式は有限要素法の方程式としては $\mathrm{m}_\ell f^{(\ell)} = 0$ です．例えば $\ell \leq m = 3$ の階層性を利用した前処理を紹介しましょう[10]．

粗い格子で大局的な解からのズレ，細かい格子で微細なズレをそれぞれ補正する気分です．

多くの場合で，$\pi_{\ell+1}\iota_\ell - \iota_{\ell-1}\pi_\ell$ はゼロではありません．このことに注意して，次のことを考えます．

命題 14.4 $f_n^{(m)} \in V^{(m)}$ と十分小さい ε と $f_{n+1}^{(m)} := f_n^{(m)} - \varepsilon \iota_{m-1} \pi_m f_n^{(m)}$ とに対し，$E_m(f_{n+1}^{(m)}) \leq E_m(f_n^{(m)})$ となる．但し，$E_m(f) := E_m(f, f)$．

証明： $E_m(f_{n+1}^{(m)}) = E_m(f_n^{(m)}) - 2\varepsilon E(f_n^{(m)}, \iota_{m-1}\pi_m f_n^{(m)}) + O(\varepsilon^2)$ ∎

ここで $\mathrm{m}_\ell^{-1} \iota_\ell^\#$ を $\tilde{\iota}_\ell^\# f^{(\ell)}$ と近似して

$$\sum_{i \in L^{(\ell-1)}} \frac{\sum_{j \in L^{(\ell)}} f_j^{(\ell)} \mathrm{vol}(\mathrm{supp}(\varphi_j^{(\ell)}) \cap \mathrm{supp}(\varphi_i^{(\ell-1)}))}{\mathrm{vol}(\mathrm{supp}(\varphi_i^{(\ell-1)}))} \varphi_i^{(\ell-1)}$$

とします．但し vol は体積を意味し，$\mathrm{supp}(f) := \overline{\{x \in \mathbb{R} \mid f(x) \neq 0\}}$，$\overline{U}$ は集合 U の閉包の意味です．

これらを利用して，14.1.4 節の前処理部分として

$$(CC^t)^{-1}(f_n^{(3)}) = (1 + \varepsilon_1 \iota_2 \tilde{\iota}_3^\# \mathrm{m}_3 + \varepsilon_2 \iota_2 \iota_1 \tilde{\iota}_3^\# \mathrm{m}_3) f_n^{(3)}$$

とすることで，フィルター性を利用した前処理付き共役勾配法が考えられ，高速化できます[10]．これを**加法的多重格子法**と呼びます．

14.3 フィルター構造の他の応用

14.3.1 フィルター付き環

K 代数は K ベクトル空間でもあります．フィルター付き K ベクトル空間と同様に，環構造にもフィルター構造が入ります．**フィルター加群も含め代数構造においてフィルター性はとても重要です**．（問題 14.1 を参照）

カラー撮影におけるCCDイメージセンサなどでは，カラーフィルターにより特定の光のスペクトルを遮断し3原色（RGB）に分解し，それを再配置してディスプレイなどでカラー画像として再構築します．数学的なフィルターも対象を分解し，情報を遮断することで対象を解析してゆく際の道具です．その事を以下，少し眺めましょう．

多項式環 $R=\mathbb{C}[X]$ を考えます．$a\in\mathbb{C}$ に対して，$T_a:R\to R$ を $(X\to X-a)$ とする並進を考えます．$t_a:=X-a$ とすることで，T_a は R と $T_a(R)=\mathbb{C}[t_a]$ との間の環同型写像とも見なせます．t_a は a の廻りの**局所パラメータ**と呼ばれます．R の元 $f(t_a)=\sum_i a_i t_a^i$ の t_a の最高次数を $\deg_a(f)$ とすると $\deg_a$ は写像 $\deg_a:R\to\mathbb{Z}$ となります．このとき

$$R_{a,n}:=\{f\in R\mid \deg_a f\leq n\}$$

とし，$R_{a,0}=\mathbb{C}$ に注意すると，$R_{a,n}$ は $R_{a,0}$ 加群（$\mathbb{C}$ ベクトル空間）であり

$$\mathbb{C}\equiv R_{a,0}\subset R_{a,1}\subset R_{a,2}\subset\cdots\subset R_{a,n}\subset R_{a,n+1}\subset\cdots,\quad R_{a,n}R_{a,m}\subset R_{a,n+m}$$

という性質を持ちます．但し，$R_{a,n}R_{a,m}=\{fg\mid f\in R_{a,n},\ g\in R_{a,m}\}$ です．これが**フィルター付き環**の例です．（詳しくは問題14.1を見てください．）面白いことに $\deg_a$ は**付値**という性質，$f\in R_{a,n},\ g\in R_{a,m}$ に対して

$$\deg_a(fg)=\deg_a(f)+\deg_a(g),\quad \deg_a(f+g)\leq\max(\deg_a f,\deg_a g)$$

を持ちます．$\deg_a f\neq\deg_a g$ のときは常に不等号は等号となります．

フィルター付きの世界の重要性は R の元 f と g に対して，例えば $f=g\bmod t_a^\ell$ というような見方ができることです．$f=1+2t_a+3t_a^2$ と $g=1+2t_a+4t_a^2$ は，$\bmod t_a^2$ までは同一視できるのです．11章のイデアルの言葉を利用すると，f,g は $R/(X-a)^2 R$ の元として同一視でき，$R/(X-a)^3 R$ では異なることが判ります．（$(X-a)^\ell R=(X-a)^\ell$ は 11.2.7 節のイデアルの積でもあります．）これは $|t_a|<1$ と考えると解析の収束の話題とよく似ています．実際，問題11.1で示したようにテーラー展開の類似物も用意できます．背景には

$$0\xleftarrow{\pi_1} R/(X-a)R \xleftarrow{\pi_2} R/(X-a)^2 R \xleftarrow{\pi_3} R/(X-a)^3 R \xleftarrow{\pi_4} \cdots$$

が存在しています．$f\equiv g\in R/(X-a)^\ell R$ だったものが $\ell'<\ell$ で $\pi_{\ell'}\circ\cdots\circ\pi_\ell(f)=\pi_{\ell'}\circ\cdots\circ\pi_\ell(g)$ と等号が成立したりする事があり得ます．詳

第14章 共役勾配法とフィルター空間

しく見ることが常に正解だという漠然とした感覚がありますが，**精度を下げることで見えてくる事があるのだ**ということを意味しています．**フィルター構造を持つ空間での等号はこのような自由度をもつ**のです．**何がどこまで等しく，どこから異なるかをフィルターを通して見ることが可能**です．階層性のある有限要素法などの等号や精度もこのように眺めるのが自然です．実際，14.2 節で紹介した加速法などはこのような視点で構成されています．

整数論でも，11 章で見たように整数環 $\mathbb{Z}$ と素数 p に対して $n = m \bmod p^\ell$ という見方が重要です．テーラー展開の類似を考えるとこれは

$$0 \xleftarrow{\pi_1} \mathbb{Z}/p\mathbb{Z} \xleftarrow{\pi_2} \mathbb{Z}/p^2\mathbb{Z} \xleftarrow{\pi_3} \mathbb{Z}/p^3\mathbb{Z} \xleftarrow{\pi_4} \cdots$$

という全射の環準同型写像の矢印を遡る極限を想定していることになります．問題 11.1 で示しましたがその極限を **p 進整数**といい $\mathbb{Z}_p$ と書きます．

代数幾何では環 A の素イデアル全体をスペクトラムから来た $\mathrm{Spec}(A)$ と書きます．例えば，
$\mathrm{Spec}(R) := \{(0)\} \cup \{(X-a)R \mid a \in \mathbb{C}\}$, $\mathrm{Spec}(\mathbb{Z}) := \{(0)\} \cup \{p\mathbb{Z} \mid p: 素数\}$,
です．R や $\mathbb{Z}$ などの対象 A を $\mathrm{Spec}(A)$ の各点（各素イデアル）で素イデアルから作られるフィルター構造で眺め，更には $\mathrm{Spec}(A)$ の点全体をスキャンするというのが現代数学的な見方です．少し対応がズレていますが，各点でカラーフィルターで光のスペクトルを分類し，それらをまとめることで画像を再構成するカラー画像の画像処理と同じです．

このようなフィルター的な等号の視点は，計算機の並列化やネットワークや，画像処理等々を考える場合も有力となります．先の $\deg_a$ に対して，可積分系で超極限と知られている作用

$$\mathrm{ult}_\beta : \mathbb{R}[e^{-\beta A_1}, \cdots, e^{-\beta A_r}] \to \mathbb{R}[A_1, \cdots, A_r], \quad \mathrm{ult}_\beta(f) = \lim_{\beta \to \infty} \frac{1}{\beta} \log f$$

を考えると，これは

$$\mathrm{ult}_\beta(fg) = \mathrm{ult}_\beta(f) + \mathrm{ult}_\beta(g), \quad \mathrm{ult}_\beta(f+g) = \max(\mathrm{ult}_\beta(f), \mathrm{ult}_\beta(g))$$

という性質を持ち，$\deg_a$ の付値としての性質と ult_β が対応していることが見えます．トロピカル代数とか，マックス・プラス代数とか，脱量子化とも呼ばれるものです．定義より統計力学を想起させますし，階層性は物理学でも重要ですので，このような視点は様々なところで有用となると思われます．

14.3.2 代数的多重格子法

図 14-1 から派生したフィルター構造とは全く異なる，行列自身に内在するフィルター性を利用して 1 次方程式を解く，あるいは高速化する方法である**代数的多重格子法**の考え方を紹介しましょう．

そもそも行列はブロック行列として眺めると，

$$A = \begin{pmatrix} A_{11} & A_{12} \\ A_{21} & A_{22} \end{pmatrix}$$

となります．$A \in \mathrm{Mat}_\mathbb{R}(2n)$ を $A_{ij} \in \mathrm{Mat}_\mathbb{R}(n)$ とすることで $\mathbb{R}[A_{ij}] \subset \mathbb{R}[A_{11}, A_{12}, A_{21}, A_{22}] \equiv \mathbb{R}[A]$ より，一種のフィルター構造を持ちます．線型方程式(1)を解くためには求めたいものは A^{-1} です．そこで

$$A^{-1} = \begin{pmatrix} B_{11}^{-1} & B_{12}^{-1} \\ B_{21}^{-1} & B_{22}^{-1} \end{pmatrix}$$

とすると，例えば $B_{11} = A_{11} - A_{12} A_{22}^{-1} A_{21}$ となります．これは**シューアの補行列**と呼ばれるものです[5]．より小さな行列 B_{ij} の逆行列が判れば A^{-1} が判る事が判ります．このような行列に内在する階層性を利用して 1 次方程式を解いたり，高速化する方法を**代数的多重格子法**と呼びます．

14.3.3 フィルター構造と計算機科学／物理

コンピュータビジョンにおいても階層的な考え方は重要です．例えば，画像の特徴抽出において階層性をベースとした SIFT (Scale invariant feature transformation) は，特徴抽出の標準ツールとなっています．また，1974 年のフィールズ賞受賞者であるマンフォード (1937-) は，代数幾何の世界から離れ，画像認識の研究を行い，確率と階層性との融合である**階層的ベイズ統計**の重要性を説きました．

---

[5] 20 世紀を代表する万能数学者であるゲルファント (1913-2009) の最後の研究とも思われる**非可換行列式**の原型でもあります [11]．**産業数学と抽象数学との接点**を，ゲルファントが **21 世紀に入って与えた**という事に面白さを感じます．コラム 14 を参照して下さい．

第14章 共役勾配法とフィルター空間

　また，4章で述べたようにGoguenらは圏論的な立場で，層という概念を利用することで，ネットワークや計算機アルゴリズムに内在するフィルター構造が，情報理論において本質的であると述べました．

　量子力学の数学定式化にも関連する，12章に述べたD加群も，フィルター構造の上に定式化されます．D加群での複素数を，整数論で重要な問題11.1や14.3.1節で紹介したp進数に置き換えると，整数論的に興味深い種々の定理と関連します．p進数をはじめ整数論においてもフィルター性が重要です．

　更には宇宙の大域構造や高分子物理など，くり込み群も含め，階層性を制するものが自然現象や社会現象を制すると言われるほどフィルター構造は重要です．計算機科学では**マルチスケール解析**として取り扱われるようになっています．このようなフィルター構造により空間を捉えた**トポス**という概念により，物理学を再構築しようという動きがロンドン大学のIshamらによって活発になされています[12]．

　局所と大局を並べて論じることのできるフィルター構造はますます今後重要となります．それが21世紀の科学観の礎になるのではないかと感じます．

Tip of the Day

　[13]は著名な専門家により極めて簡潔に，かつ正確に纏まった名著です．鉄道マニアが時刻表を眺めるのと同様に，眺めるだけで世界が広がります．「**数学とはなにか**」と問うと眉間に皺がよってしまいそうですが，音楽が音を楽しむように，数学を**数楽**と見るのも悪くないと思います．クラシックからジャズ，フォーク，ロック，ヒップホップそれぞれに音楽観があるように，それぞれの数学観があってもよいのではと感じます．口笛を吹く気分で[13]を手に数学の世界を散歩するのは楽しいものです．

参考文献

[1] E. フッサール (細谷恒夫, 木田元訳) ヨーロッパ諸学の危機と超越論的現象学 中公文庫 1995年

[2] 渡辺慎介 最後の戸田セミナー (戸田先生お別れ会) 2010年12月／小特集：戸田盛和ーその物理と人間の魅力 日本物理学会誌 66巻9号 2011年

[3] 戸田盛和 おもちゃの科学1 日本評論社 1995年

[4] 下村裕 ケンブリッジの卵 ——回る卵はなぜ立ち上がりジャンプするのか 慶應義塾大学 2007年

[5] Y. Kodama, *KP solitons in shallow water*, J. Phys. A **43** (2010) 434004.

[6] 西成活裕 渋滞学 新潮社 2006年

[7] K. Yokoi, F. Xiao, *Mechanism of structure formation in circular hydraulic jumps*, Phyics D **161** (2002) 202–219.

[8] 森正武 室田一雄 杉原正顕 線形計算 (岩波講座応用数学) 1997年

[9] 堀田良之 代数入門 − 群と加群 − 裳華房 1987年

[10] N. Marco, B. Koobus, A. Dervieux, *An additive multilevel optimization method and its application to unstructured meshes*, J. Sci. Comput. **12** (1997) 233–251.

[11] I. Gelfand, S. Gelfand, V. Retakh, R.L. Wilson, *Quasideterminants*, Adv. Math. 193 (2005), 56–141

[12] C. J. Isham, *Topos Methods in the Foundations of Physics in Deep Beauty*：*Understanding the Quantum World through Mathematical Innovation*, ed.by H. Halvorson, Cambridge, 2011.

[13] 日本数学会編 岩波数学辞典 第4版 岩波 2007年

第14章 共役勾配法とフィルター空間

問題 14.1 ★

環 R がフィルター環とは $R = \bigcup_{i \in \mathbb{Z}} R_i$ となる部分加法群 R_i からなり、各 R_i が i) $i < 0$ に対しては環の零元 $R_i = \{0\}$ と一致し、ii) フィルター性 $R_i \subset R_{i+1}$ を満たし、iii) 添え字に対する次数の保存 $(R_i R_j) := \{fg \mid f \in R_i, g \in R_j\} \subset R_{i+j}$ を満たし、iv) $1 \in R_0$ となるときである。

1) R_0 は環となる事と R_i は R_0 加群である事を示せ。

2) フィルター環 R に対して左 R 加群 M が、フィルター付き左 R 加群とは、$M = \bigcup_{i \in \mathbb{Z}} M_i$ となる部分加法群 M_i からなり、各 M_i が i) フィルター性 $M_i \subset M_{i+1}$, ii) 添え字に対する次数の保存 $(R_i M_j) := \{fm \mid f \in R_i, m \in M_j\} \subset M_{i+j}$ を満たす事である。R 自身がフィルター付き左 R 加群となる事と、各 M_i が R_0 加群となる事を示せ。

3) フィルター環 R に対して、次数付き環 $\mathrm{gr} R := \bigoplus_{i \in \mathbb{Z}} \mathrm{gr}_i R$ と定義する。但し、$\mathrm{gr}_i R := R_i / R_{i-1} := \{[r] \subset R_i \mid [r] := \{r + r' \mid r' \in R_{i-1}\}, r \in R_i\}$。このとき付録 B.2 に従い、$r' \in R_{i-1}$ のとき $[r] = [r+r']$ となる事(r や $r+r'$ を代表元と呼び、$\mathrm{gr}_i R$ は代表元に依らずに定まる事)を確かめよ。$\mathrm{gr}_i R$ は R_0 加群となる事を示せ。$r_i \in R_i, r'_i \in R_{i-1}$ に対して $[r_i][r_j] := [r_i r_j]$ の対応は $[r_i + r'_i][r_j + r'_j] = [r_i r_j]$ より代表元に依らずに積が定義でき $\mathrm{gr} R$ が環となる事を示せ。

4) $A := \mathbb{R}[x]$ とした際に $[\partial, x] = 1, [\partial, \partial] = 0$ とすることで集合 $D := \left\{ \sum_{i=0}^n p_i \partial^i \mid p_i \in A, n < \infty \right\}$ を考える。$\partial \equiv \partial/\partial x$ のことである。但し、$P = \sum p_i \partial^i, Q = \sum q_j \partial^j \in D$ に対して、$PQ = \sum_{i=0} \sum_{j=0} \sum_{k=0}^i \dfrac{i!}{i!(i-k)} p_i (\partial^k q_j) \partial^{i+j-k} \in D$ とすることで D は非可換環となる。(D 自身が 12.4 節で述べた D 加群の一種となる。)

4.1) $D_n := \left\{ \sum_{i=0}^{m} p_i \partial^i \mid p_i \in A, m \leq n \right\}$ とすると $D = \bigcup_n D_n$ はフィルター環となる事を確かめよ．

4.2) D_0 は A と一致する（正確には環同型である）事を示せ．

4.3) $P \in D_n, Q \in D_m$ に対して，$[P, Q] \equiv PQ - QP \in D_{m+n-1}$ を確かめよ．

4.4) $\mathrm{gr}D$ は x と可換な不定元 ξ により $\mathbb{C}[x, \xi]$ と環として同型となる事を確かめよ．$\sigma : D \to \mathbb{R}[x, \xi] \equiv \mathrm{gr}D$ とする．

4.5) D_1 を $\mathbb{R}$ ベクトル空間として $D_1 = D_0 \oplus L$ としたとき $L = \{p\partial \mid p \in A\}$ である．$P = p\partial, Q = q\partial \in L$ に対して $\sigma([P, Q]) = \{\sigma(P), \sigma(Q)\}_{PB}$ を示せ．但し，右辺はポアソン括弧と呼ばれるもので $\{\sigma(P), \sigma(Q)\}_{PB} := \frac{\partial \sigma(P)}{\partial \xi} \frac{\partial \sigma(Q)}{\partial x} - \frac{\partial \sigma(Q)}{\partial \xi} \frac{\partial \sigma(P)}{\partial x}$ としている．（これが**量子力学での交換関係とポアソン括弧との対応関係**に相当し，L は 13 章のベクトル場に対応する．）

Column 14

幅広い数学，再構築への道

ゲルファント

　11章のはじめで述べましたが，20世紀はクライン（1849-1925）が嘆いた数学の分岐が進行し，その結果，数学全体が発展した世紀であったように感じます．他方，1990年代後半から，コンピュータ科学の発展により，産業から生活レベルに至るまで様々なものが数学を利用することで質的に変化してきています．実際，6章の文献[1]では，有限要素法のボクセル法を利用することで**トポロジーの最適化問題**として建造物の最適な形状を計算機によって，それも問題を限定をすれば汎用表計算ソフトウエアで計算できることを示しています．ダ・ヴィンチ（1452-1519）がスケッチを描き，ガリレイ（1564-1642）が目指した建造物の梁に関する問題も，計算機を利用することで全く新しいアプローチで新たなパラダイムが切り開かれているのです．

　また，従来，抽象的で役に立たないだろうと考えられていたものが直接役に立ったりするのが，暗号や符号理論も含めたサイバーな現代社会です．2000年に入ってインターネットやネットワークに関わるものに関しても量的な変化が質的な変化を産む状況になりました．4章で取り上げた**圏論と計算機科学との関係**の延長として，Sendroiuは[1]ネットワーク上の情報を，グラフに適当な位相（**グロタンディーク位相**）を入れることで，その上での**層の理論**を構成し，普遍性の高いシステムの構築を目指す試みを行っています．**グロタンディーク**（1928-）が発展させた様々な抽象的な道具が、複雑に絡み合った21世紀の社会構造や社会システムを表現する言葉として力を持ち始めたように思います．例えば，ネットワークに関わる複雑性をコホモロジーに

より解明する研究がGhrist-平岡ら[2]によってなされています．そこでは，局所と大局がコホモロジーを通して解明されてゆきます．

グロタンディーク位相の背景にあるのは**階層的な性質**です．対象をズームインしたり，ズームアウトしたりする考え方です．この考え方は，統計物理における**くりこみ群**，高分子物理学や数値シミュレーションでの**マルチースケール解析**，数値計算手法でのマルチグリッド法，画像処理でのSIFT(**スケール不変特徴変換**)，**パーシステントホモロジー**[3]，論理学での**階層的論理**[コラム9:4]など，極めて多岐に渡った分野でほぼ同時発生的に生まれてきています．Sendroiu[1], Ghrist-平岡ら[2], Isam[14章:12]のように，これらの多くはグロタンディークの構築した数学の枠内で語られるべきものです．

数学は幅広いものであります．それは，言葉としての広さです．2009年にこの世を去った**ゲルファント**(1913-2009)[4]は関数論から，量子力学に直接関わる非可換論，群の表現論，ソリトン理論，超幾何関数の一般化など極めて幅広い研究を行いました．そして，その影響は数学に留まらず，物理学から生物学までに及びます．

オイラー(1707-1783)，ベルヌーイ一家，ガウス(1777-1855)らの数学の広がりは，19世紀で途絶えたわけではなく，20世紀までは継続していたという事をゲルファント，アーノルド(1937-2010)などから教えられます．

上で述べたように21世紀に入って**数学に対しても総合的視野が，少なくともアカデミアの外の世界では，以前にもまして強く求められています**．彼ら20世紀の巨匠たちが21世紀に入って次々とこの世を去り，分岐した数学で育った世代が主流となる中で，ゲルファントやアーノルドの流れを絶やさないよう，**大局的な視点から今後，幅広い数学を再構築しなければならない**と考えています．

[1] E. Sendroiu, *Sheaf tools for computation* Appl. Math. Comput. **184** (2007) 131-141.
[2] R. Ghrist and Y. Hiraoka, *Network Codings and Sheaf Cohomology* NOLTA 2011, 266-269 (2011/9/1).
[3] 平岡裕章 タンパク質構造とトポロジー ―パーシステントホモロジー群入門― 共立出版 2013年
[4] V. Retakh, Israel Moiseevich Gelfand, Part I, II Notices of the AMS, 60, (2013) 24-49, 162-171

付録

A. 位相について

　位相（トポロジーとも言う）について，数学科以外の学生が学ぶ機会は多くの大学のカリキュラムではあまりないように思われます．しかしながら，現代数学を利用する際には位相という概念はとても重要であり，このことが現代数学の利用を妨げている要因のひとつと感じています．そこで本書の付録として位相について，少し記しておこうと思います [1]．

　位相幾何学と言えば，変形によって取っ手のついたコップとドーナッツが同じであるとかというような絵を見た読者もあるとは思いますが，ここではそのようなお話ではなく，実用的な立場で位相を使うということを目指すものです．

　そもそも，不動産屋の広告では「最寄り駅より 200 m」という記載よりも「最寄駅より徒歩 20 分」という示し方をします．直線距離で 10 m であっても，道がなければ 10 分かかるというようなことがあるからです．日常生活において，ものごとの近さを距離以外のもので適切に計ることができるにも関わらず，数学ではそのような概念がないように感じるときがあります．**「数学的にはそうだけれど現実は」という話の多くは数学が悪いのではなく，その利用方法が悪いのです．**

　現代数学は様々な数学的現象を普遍化し，分類し，分類した類の個々の性質と，分類した類間の広い意味の代数的構造とを，研究するものです．

　その研究を行うためには類別を行わなければなりません．そのためには，2 つのもの（点）の「近さ」を示すことが必要になります．以下で示す**位相はこの近さに対する概念であり，近さを「開集合」として提示します**．それが，

位相が現代数学で必須となる理由なのです．

A.1 部分集合について

部分集合という概念は現代数学ではとても大切です．ここで**集合**というのは非可算無限（付録 B.3 節参照）も含めて点の集まりのことです．集合 X を考えます．このとき，部分集合全体を $\wp(X)$ と記し，**冪集合**と呼びます．

例えば，有限集合 $X_0 = \{1, 2, 3, 4\}$ の場合 $\wp(X_0)$ は部分集合の集まり全体ですから，

$\wp(X_0) := \{\emptyset, \{1\}, \{2\}, \{3\}, \{4\}, \{1, 2\}, \{1,3\}, \{1,4\}, \{2,3\}, \{2,4\}, \{3,4\},$
$\{2,3,4\}, \{1,3,4\}, \{1,2,4\}, \{1,2,3\}, \{1,2,3,4\}\}$

となります．また $X_1 = \{a, b, c\}$ の場合は

$\wp(X_1) := \{\emptyset, \{a\}, \{b\}, \{c\}, \{a, b\}, \{a, c\}, \{b, c\}, \{a, b, c\}\}$

となります．$\wp(X)$ の要素（つまり，点）に相当するものが（部分）集合です[1]．

X の位相 $\mathcal{T}$ とはこの $\wp(X)$ のある部分集合のことです．つまり，X の特殊な部分集合の集合のことです．「**集合の集合**」を族と数学では呼びますので，族の性質を取り扱うのがこの付録の目的です．X の**ある性質を満たす特殊な部分集合の族が位相**というもので，**位相の元を開集合と呼び**，「**近さ」の基準**とします．X には様々な位相を付与することができます．位相の違いによって多様な「近さ」を付与することができます．不動産屋の例のように同じ地図に対しても，直線距離や，徒歩での時間，一方通行も含めた自動車での時間等々，様々な「近さ」が付与できるのと同じです．ユーク

---

[1] 集合の集合を考えているのです．プログラム言語の用語を使えばポインターの集合を考えているようなものです．どんなに複雑な対象も個々にラベル（名札）が付いていれば，そのラベルを集めればラベルの集合と見なせます．$\wp(X_1)$ の例では $\{a\}$, $\{a, b\}$, $\{a, c\}$ を "A", "AB", "AC" と名付けて，$\{A, AB, AC, ...\}$ と考え，そのラベルを点と見るのです．逆に点としてラベル，例えば "AB" を定めればラベルと対応付いた複雑な対象，例えば $\{a, b\}$ を指定することができます．

付録

リッド空間（9 章）などにはユークリッド距離（6 章）から定まる**標準位相**と呼ばれるものが自然に定まって，通常，それを暗黙の内に利用するのですが，原理的な立場に立てば**どの位相にするかは，数学を利用する人が決めることで先天的には全く定まっていません**．位相 $\mathcal{T}$ の要素（つまり，ある特殊な性質をもつ部分集合）を開集合と呼びます．開集合が「近さ」に対応する概念となりますので，**位相とは各点の近さを集めたデータベース**というわけです．**どのデータベースを使うかによって自分の近さが異なる**というわけです．例えば，「湯」と「水」も中国語の辞書（データベース）では「スープ」と「水」に対して，日本語の辞書（データベース）では「温かい水」と「冷たい水」とを区別するものだったりしますので，基準（データベース）を決めるということはとても大切です．別の視点からいえば，第二外国語を勉強すると母国語が判るように，別の位相を知ることで，ユークリッド距離から定まる標準的な位相のことが判ったりしますので，一生「ユークリッド距離から定まる位相」のみしか使わないと決めている人も他の位相のことを知ったり，位相は恣意的に決めるものだということを知ったりすることは大切です．

A.2　$\varepsilon-\delta$ の背景

$\varepsilon-\delta$ の生まれた背景には，**数学において「小さい」という概念が存在しない**という事実があります．

数学には物理現象を表す言葉としての役割があります．宇宙の現象を数学で表す際には太陽系の大きさは一つの単位となったり，光が一年間で到達する距離が単位になったりします．しかし，その中には太陽があり，地球があり，地球の中には，大陸があり，山脈があり，湾があり，岬は岩石で出来ており，岩石の形は数 m で変化をし，その組成は数 cm 単位で変化し，更に細かくすると，原子単位の大きさになります．原子単位は高エネルギーなもので眺めることで素粒子に分解されます．それら多様な状況全てを数学によって表現するために，数学に単位がないのです．そもそも，

「小さい」という概念が数学には内在しません．従って，「小さい」という基準をまず，数学を利用する人が決めなければなりません．0.0001 は 1 に比べて小さいけれど，10^{-9} よりは大きいのです．更には 1 を 1 [光年] に当てるか，1 [μm] に当てはめるかは利用者が決めることなのです．

数学には単位がないということと，「小さい」という概念がないという事実を認めた後に，「小さい」を厳密化したものが ε-δ です．ε という利用者が決めた単位で「小さい」という概念の普遍的な性質が成り立つか否かを問うのです．（10 章 5 節を参照）

例えば，関数 $f:\mathbb{R}\to\mathbb{R}$ において，$x=a$ 点の周りの**関数の連続性**は $f(a)=b$ として，任意の $\varepsilon>0$ に対して関数の値（縦）方向を眺めた際に，定義域（横）方向 $|x-a|<\delta$ となる任意の $x\in\mathbb{R}$ においては何時でも $|f(x)-f(a)|<\varepsilon$ となるような δ が常に存在することです．適当にパラメータ $\varepsilon>0$ を選び，「ε **に対する連続性**」を「$f(a)=b$ と $b+\varepsilon$ **とを区別しない解像度で同一と見なせる** f **の値** $(b-\varepsilon, b+\varepsilon)$ **を持つ領域**（f **の定義域**）**が** $x=a$ **の周りに** $\delta>0$ **で連結して広がっている**」と見なしていると解釈できます．現実系では ε に下限があって，原子オーダーでは分離されているもの（2 枚の紙の箱）が接着剤等の接合によってサブ mm オーダーの ε では連続的と見なせたりするのと同じです．この「ε に対する連続性」が任意の**小ささ** $\varepsilon>0$ で成り立つというのが点 a での**数学における連続性**を意味するのです．もしも，定義域のすべての点で連続であれば f は連続となります．

他方，例えば，建築学を学ぶ際の「小さい」は，木造建築であれば建築物より十分小さいものではありますが，木の細胞壁間の大きさより十分大きいという事が暗黙の内に定まります．（正確には細胞壁の集合を統計的に扱えるので木の種類にもよりますが，数十 [μm] くらいまでの精度は出せたりすると思われます．）流体を取り扱うのであれば原子オーダーを取り扱うことはありません．つまり，数学を応用する場合においてはその研究分野を限定してしまえば，ε は暗黙の内に明確に定まってしまうため，大学においては数学以外で ε-δ を積極的に利用したりはしません．しかしながら，

付録

異種の研究分野を融合することで新たなデバイスや材料を開発や生産するような現場においては，この $\varepsilon-\delta$ の考え方は極めて有用な概念となるのです．複数の物性値やコスト，寿命などを関係させるシステム（関数）の応答を眺めるわけですから「自然な小ささ」などという固有の概念自身，意味を失います．「小さい」の基準を，数学を利用する者が定めて，その中で対象となるものの性質 δ の存在を問わなければなりません．例えば，「品質工学」という開発・生産の現場で活用されている手法では，開発，生産において $\varepsilon-\delta$ をシステマティクに（統計処理も含めて）利用する方法論を提示しています．

この小ささの概念の普遍性と脆弱性を受け継いで形成されたものが，位相という概念です．

A.3 位相の定義

位相の定義を書きましょう．集合の集合を族と呼びます．

定義 A.1 X の部分集合の族 $\mathcal{T}_X$（つまり $\mathcal{T}_X \subset \wp(X)$）が位相（トポロジー）とは次の 3 つの性質を持つものである．
1) $\mathcal{T}_X$ は X と空集合 $\emptyset$ を含む．
2) $\mathcal{T}_X$ の任意の元 U と V とに対して，$U \cap V$ も $\mathcal{T}_X$ の元である．
3) 有限とは限らない添え字集合 Λ とそれにより指定された任意の $\mathcal{T}_X$ の元の部分集合 $\{U_\lambda \in \mathcal{T}_X \mid \lambda \in \Lambda\}$ に対して，$\bigcup_{\lambda \in \Lambda} U_\lambda$ も $\mathcal{T}_X$ の元である．

$\mathcal{T}_X$ の元を X の**開集合**と呼ぶ．$(X, \mathcal{T}_X)$ の組を**位相空間**と呼び，$\mathcal{T}_X$ や X が自明に分かる場合は X や $\mathcal{T}_X$ を位相空間の略記として書く．

注意すべきことは，集合 X の元を扱うのではなく，X の部分集合たちを並べて，その性質を論じて，「**ある性質を持つ部分集合**」達を「**近さ**」の基準である「**開集合**」達として認識していることです．また，定義 A.1 の 2) を

「2') 有限個の部分集合 U_i ($i \in I$) に対して $\bigcap_{i \in I} U_i$ も $\mathcal{T}_X$ の元である.」とする場合もあります.人間の操作は有限回しかできないという事実を認めると 2) と 2') は同一である事が判ります.

A.4 位相の例,その1

A.4.1 位相の例1-1

先ほど,位相にはたくさんの種類があると言いましたが,星の数ほどというよりも対象が無限集合であれば無限の位相の付与の仕方が一般にあります.しかし,重要なものはそれ程あるわけではありません.その典型的な例としてよく挙げられるものをまず二つ上げます.

a) **離散位相**とは位相として冪集合を取ることです.つまり $\mathcal{T}_{X,離散} := \wp(X)$. これは定義 A.1 の 1), 2), 3) を満たし位相となります.

b) **密着位相**と呼ばれる集合族 $\mathcal{T}_{X_0,密着} := \{\emptyset, X\}$ も定義 A.1 の 1), 2), 3) を満たし位相の一種となります.

A.4.2 位相の例1-2

位相と言えば X として n 次元ユークリッド空間 $\mathbb{E}^n$ として,A.6.3 の例で示すユークリッド距離(6.2.2節)と ε-δ より定まる標準位相と呼ばれる位相が物理では最も重要です.これは所謂,素朴な意味の ε 近傍や連続の概念の基礎となっています.その前に位相の定義 A.1 がどのようなものかを眺めるために,より単純な位相の例をまず考えて見ましょう.そのために有限集合 $X_0 = \{1, 2, 3, 4\}$ を再度考えましょう.

$X_0 = \{1, 2, 3, 4\}$ の場合の例:

a) 離散位相は $\mathcal{T}_{X_0,離散} \equiv \wp(X_0) = \{\emptyset, \{1\}, \{2\}, \{3\}, \{4\}, \{1, 2\}, \{1, 3\}, \{1, 4\}, \{2, 3\}, \{2, 4\}, \{3, 4\}, \{2, 3, 4\}, \{1, 3, 4\}, \{1, 2, 4\}, \{1, 2, 3\}, \{1, 2, 3, 4\}\}$ となります.

b) 密着位相は $\mathcal{T}_{X_0,密着} = \{\emptyset, \{1, 2, 3, 4\}\}$ となります．

c) $\mathcal{T}_{X_0,c} := \{\emptyset, \{1\}, \{1, 2\}, \{1, 2, 3\}, \{1, 2, 3, 4\}\}$ も定義 A.1 の 1), 2), 3) を満たし位相の一種です．

d) $\mathcal{T}_{X_0,d} := \{\emptyset, \{2, 3\}, \{1, 2, 3\}, \{1, 2, 3, 4\}\}$ も位相の一種です．

e) $\mathcal{T}_{X_0,e} := \{\emptyset, \{1, 2\}, \{1, 3\}, \{1, 2, 3, 4\}\}$ は定義 A.1 の 2), 3) を満たさないので，位相ではありません．

(c), (d) の $\mathcal{T}_{X_0,c}$ や $\mathcal{T}_{X_0,d}$ は，$\{1\} \subset X_0$ や $\{2, 3\} \subset X_0$ にどれだけ近いかをもって位相を定義しています．つまり，その開集合（「近さ」）を定義しています．

$\{1\} \subset \{1, 2\} \subset \{1, 2, 3\} \subset \{1, 2, 3, 4\}$, $\{2, 3\} \subset \{1, 2, 3\} \subset \{1, 2, 3, 4\}$ というように $\{1\}$ や $\{2, 3\}$ を中心として，階層性がある構造が見えます．例えば，情報源からの情報の伝わり方を考える場合はこのような位相を考えて，$\{1\}$ や $\{2, 3\}$ を発信源とすればよいのです．つまり $X_0 = \{1, 2, 3, 4\}$ という 4 名の人が居て，1 や 2, 3 という人にどれだけ近いかによって，情報の伝達時間が異なるというような場合を表現できています．後者では 2 と 3 との立場が同じで**区別できないということ**が位相 $\mathcal{T}_{X_0,d}$ を選んだ事でわかります．このように位相を選択することで，つまり部分集合の族に構造を付与することで，**近さや同等性**のようなものが表現できます．この部分集合に着目するという視点がとても重要なのです．

位相という構造は恣意的に付加するものです．「位相を入れる」と言います．入魂という気分です．位相においては，どの部分集合を開集合とするか（つまり $\mathcal{T}_{X_0}$ の元に採用するか）ということが「近さ」を定めるということに対応します．この概念に対応して考えると $\mathcal{T}_{X_0,密着}$ では，X のどの元（点）も区別されることがありません．他方，$\mathcal{T}_{X_0,離散}$ では，X の全ての点が区別され，$x \in X_0$ の点に対して X を含める開集合が $\{x\}$ とできます．そのため逆に $\mathcal{T}_{X_0,c}$ や $\mathcal{T}_{X_0,d}$ のような構造はありません．

A.5 閉空間，閉包，内部，近傍，稠密の定義

位相に関わる諸々の性質を紹介するために一気に定義を列挙しましょう．

定義 A.2 位相空間 $(X, \mathcal{T}_X)$ に対して，X の部分集合 U が**閉集合**とは $U^c := X \setminus U$ が $\mathcal{T}_X$ の元であることである．つまり，**閉集合全体** $\mathcal{T}_X^{(c)}$ は $\mathcal{T}_X^{(c)} = \{U \mid X \setminus U \in \mathcal{T}_X\}$ となる．

定義 A.3 位相空間 $(X, \mathcal{T}_X)$ に対して，

1) X の部分集合 U の**閉包**とは $\overline{U} := \bigcap_{V \in \mathcal{T}_X^{(c)}: U \subset V} V$ のことである．

2) X の部分集合 U の**内部**とは $U^\circ := \bigcup_{V \in \mathcal{T}_X: V \subset U} V$ のことである．

定義 A.4 位相空間 $(X, \mathcal{T}_X)$ に対して，X の点 q の**開近傍** U とは q を含む $\mathcal{T}_X$ の元のことである．即ち $q \in U \in \mathcal{T}_X$．

X の部分集合 V (つまり $V \in \wp(X)$) が q の**近傍**とは $U \subset V$ となる q の開近傍 U が存在することである．

定義 A.5 位相空間 $(X, \mathcal{T}_X)$ において，X の部分集合 Y が X の中で**稠密（ちゅうみつ）**とは $\overline{Y} = X$ となることである．

A.6 位相の例その 2

A.6.1 位相の例 2-1：

a) 離散位相の場合は，開集合全体と閉集合全体は一致します．つまり開集合は閉集合となります．$\mathcal{T}_{X_0, 離散} \equiv \wp(X_0) \equiv \mathcal{T}_{X, 離散}^{(c)}$．

b) 密着位相でも上記の状況は同じです．$\mathcal{T}_{X_0, 密着} := \{\emptyset, X\} \equiv \mathcal{T}_{X_0, 密着}^{(c)}$．

閉集合の定義 A.2 と開集合の定義 A.1 より，閉集合全体 $\mathcal{T}^{(c)}$ は 1) X

と空集合 ∅ を含み, 2) $\mathcal{T}_X^{(c)}$ の任意の元 U と V とに対して, $U \cup V$ も $\mathcal{T}_X^{(c)}$ の元であり, 3) 有限とは限らない添え字集合 とそれにより指定された任意の $\mathcal{T}_X^{(c)}$ の元の部分集合 $\{U_\lambda \in \mathcal{T}_X^{(c)} | \lambda \in \Lambda\}$ に対して, $\bigcap_{\lambda \in \Lambda} U_\lambda$ も $\mathcal{T}_X^{(c)}$ の元である事が判ります. 実は閉集合全体はこれらを満たす $\wp(X)$ の部分集合として特徴付けられ, 定義 A.2 とは別の定義として採用できます.

また, X のどんな位相に関しても, **X や ∅ は必ず閉集合であり開集合でもある**としています.

A.6.2 位相の例 2-2：有限集合 $X_0 = \{1, 2, 3, 4\}$ の場合

A.4.2 節の離散位相の場合, 明らかに, $\mathcal{T}_{X_0,\text{離散}}^{(c)} \equiv \wp(X_0) \equiv \mathcal{T}_{X_0,\text{離散}}$, 密着位相の場合も $\mathcal{T}_{X_0,\text{密着}}^{(c)} \equiv \mathcal{T}_{X_0,\text{密着}}$ となっていることが判ります. $\mathcal{T}_{X_0,c}$ の場合の閉集合全体は $\mathcal{T}_{X_0,c}^{(c)} = \{\{1, 2, 3, 4\}, \{2, 3, 4\}, \{3, 4\}, \{4\}, ∅\}$ となります.

ここで $\mathcal{T}_{X_0,c} \cup \mathcal{T}_{X_0,c}^{(c)} \neq \wp(X_0)$ であることに注意しましょう. 一般に **X の部分集合の中には閉集合でも開集合でもないものがある**ということです. 例えば, $\mathcal{T}_{X_0,c}$ の位相の場合, $\{2, 3\}$ や $\{2\}$ は開集合でも閉集合でもありません. $\wp(X)$ の場合は全ての部分集合が開集合であり, 閉集合でもあります. つまり, 位相に依存して部分集合も固有の特性を持つことになります.

一般に $U \subset X$ の閉包 $\bar{U}$ は U を含む最も小さい閉集合となります. つまり $(X_0, \mathcal{T}_{X_0,c})$ において $\overline{\{1\}} = X_0$ となり全体を与えます. このような元を**生成元**と呼びます. 代数幾何などを除いては通常の位相ではそのような元は現われませんが, $X_0, \mathcal{T}_{X_0,c}$ において X_0 の元 $1 \in X_0$ の特殊性を意味します.

A.6.3 位相の例 2-3：$\mathbb{E}^n$ の標準位相の定義

$\mathbb{E}^n$ の点 p と $\varepsilon > 0$ に対して, 開球と呼ばれる $U_{p,\varepsilon}$ を

$$U_{p,\varepsilon}:=\{q\in\mathbb{E}^n\,|\,|q-p|<\varepsilon\}$$

とし

$$\mathcal{T}_{\mathbb{E}^n}^{(0)}:=\{U_{p,\varepsilon}\,|\,p\in\mathbb{E}^n,\,\varepsilon>0\}\cup\emptyset$$

と定義します．$\mathcal{T}_{\mathbb{E}^n}^{(0)}$ は位相の定義である条件を満たしません．定義を満たすように

$$\mathcal{T}_{\mathbb{E}^n}:=\Big\{\bigcap_{i:\text{有限}}\bigcup_{\lambda_i\in\Lambda i}U_{\lambda_i}\,|\,U_{\lambda_i}\in\mathcal{T}_{\mathbb{E}^n}^{(0)},\,\Lambda_i\text{は添え字の集合}\Big\}$$

とします．これが位相の定義を満たすのは明らかです．$\mathcal{T}_{\mathbb{E}^n}$ を $\mathbb{E}^n$ の**標準位相**と呼びます．実は定義の中の $\bigcap_{i:\text{有限}}$ 有限は必要なく，簡潔に書くと $\mathcal{T}_{\mathbb{E}^n}$ は $\{U\in\mathcal{T}_{\mathbb{E}^n}^{(0)}$ の任意の集合和$\}$ となります．

ここで最も重要な事は $\mathcal{T}_{\mathbb{E}^n}^{(0)}$ **の定義の中で ε は零を許さない**ということです．従って $p\in\mathbb{E}^n$ に対して，$\{p\}\notin\mathcal{T}_{\mathbb{E}^n}$ となります．つまり，自分自身は開集合ではないのです．そのために，p を含む開集合として $U_{p,\varepsilon}$ のような無限小離れた点の集合がご近所となるのです．このような**近傍の概念が，位相を通して導入される**のです．

$\{p\}\in\wp(\mathbb{E}^n)$ という事実より，$\mathcal{T}_{\mathbb{E}^n}\subsetneqq\wp(\mathbb{E}^n)$ となります．$\mathcal{T}_{\mathbb{E}^n}$ と $\wp(\mathbb{E}^n)$ の要素の数は共に非可算無限ですし，無限を比較する議論は単純でありませんが，$\mathcal{T}_{\mathbb{E}^n}$ は $\wp(\mathbb{E}^n)$ より集合としてずいぶん小さいことが知られています．つまり，A.6.2 節の X_0 の例のように，標準位相も十分特別な部分集合のみを開集合と選択している事を意味しています．

$n=1$ の場合：$\mathcal{T}_{\mathbb{E}}^{(0)}:=\{(a,b)\,|\,a,b\in\mathbb{E},\,a\neq b\}$ となります．$\mathbb{E}^1$ の部分集合（つまり $\wp(\mathbb{E}^1)$ の元）には開集合でも閉集合でもないものがたくさんあります．一次元の場合 (a,b) などは開集合，$[a,b]$ は閉集合となりますが，$[a,b)$ などは $a<b$ のときに開集合でも閉集合でもありません．同時に任意の $\varepsilon:=(b-a)/2,\,(a<b)$ に対して，開集合 (a,b) はどんな解像度でも定義できます．（A.2 節で述べたように，日常の物理現象に内在するべき「小ささ」の下限というものが数学にない事に対応しています．）また，点 $p\in\mathbb{R}\equiv\mathbb{E}^1$ に対して $\{p\}$ も閉集合ですし，$\bigcup_{i:\text{有限}}\{p_i\}$ も閉集合です．が，

275

閉集合の定義 A.2 と A.6.1 節より閉集合の集合の無限和は必ずしも閉集合とは限りません．実際，$\mathbb{Q} \subset \mathbb{R} \equiv \mathbb{E}^1$ は点のあつまりですが，$\mathbb{Q} \notin \mathcal{T}_\mathbb{E}^{(c)}$ です．$\overline{\mathbb{Q}} = \mathbb{R} \equiv \mathbb{E}^1$ となります．つまり，$\mathbb{Q}$ は $\mathbb{R} \equiv \mathbb{E}^1$ の中で稠密ということです．

A.7 連続，同相

逆像 f^{-1} に関しては付録 B.3.3 節を参考にする必要がありますが，ようやく連続についての話ができる準備ができました．4.6.1 節で述べた圏論の視点から述べると連続な写像は位相空間において自然な射と考えることができます．

定義 A.6 位相空間 $(X, \mathcal{T}_X), (Y, \mathcal{T}_Y)$ に対して写像 $f: X \to Y$ が連続とは任意の $U \in \mathcal{T}_Y$ に対して $f^{-1}(U) \in \mathcal{T}_X$ であることである．

例を考えましょう：
a) $\mathcal{T}_X$ が離散位相の場合は，写像 $f: X \to Y$ はどんな写像も連続となります．（あまり，指摘しているものを見た事がありませんが，数値計算の差分法が上手く機能しない場合の幾つかはこの事実のためです．）
b) 標準位相をもった 2 つの 1 次元実ユークリッド空間 $X := (\mathbb{E}, \mathcal{T}_\mathbb{E})$ と $Y := (\mathbb{E}, \mathcal{T}_\mathbb{E})$ とその間の写像 $f: X \to Y$ を図 A−1(a) のように考えます．図のように 1 点 x_0 で「不連続」な状況（$y_1 = f(x_0) = f(x_0 - 0) \neq f(x_0 + 0) = y_2$）を考えています．$y_1' < y_1 < y_2' < y_2$ となる y_1', y_2' を選び，$U := (y_1', y_2') \subset Y$ とすると $f^{-1}(U) = \{x \in \mathbb{E} \mid f(x) \in U\} = (x_1', x_0]$ となります．但し，x_1' は $f(x_1') = y_1'$ とします．$(x_1', x_0]$ は X の標準位相では，開集合ではないため，この写像 f は上記の定義の意味で連続ではありません．つまり，素朴な意味の不連続と定義 A.6 の連続の定義とは整合しています．

逆に，図で $y_1 = y_2$ の状況では定義 A.6 は f が連続であることを意味します．つまり，**定義 A.6 の連続は，標準位相を選べば，A.2 節の連続と一致**します．

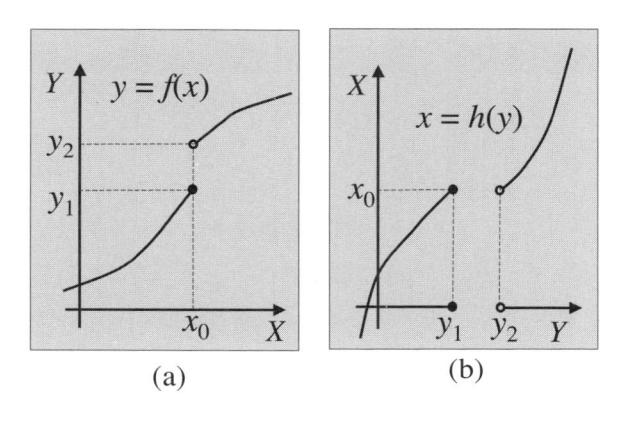

図 A-1 不連続の例(a) と同相でない例(b)

次に同相(トポロジカルに同値)という概念を紹介しておきます．同相は位相空間の同一性を表すもので，位相空間の集合は同相という同値関係で，同値類(付録 B.2 節)として分類されます．

定義 A.7 位相空間 $(X, \mathcal{T}_X)$, $(Y, \mathcal{T}_X)$ に対して全単射な写像 $f : X \to Y$ が**同相写像**とは f も逆写像 f^{-1} も連続の場合である．また，同相写像が存在する二つの位相空間は**同相**であるという．

この同相という概念が，位相の啓蒙書に多く書かれている話です．穴一つのドーナッツと取っ手が穴一つのコップとが同相であるという話です．同相の定義において f^{-1} も連続であることを掲げていますが，この必然性は図 A−1 (b) を眺めれば理解できます．$Y := \mathbb{E}^1 \setminus (y_1, y_2]$ とし，Y の位相を $\mathcal{T}_Y := \{U \cap Y \mid U \in \mathcal{T}_{\mathbb{E}^1}\}$ とします．つまり $(y, y_1]$ は Y の開集合となり

ます．このとき，図A-1(b)は$x = h(y)$の図ですが，これは全単射でかつ$h : Y \to X$は連続ですが，h^{-1}は連続の例の(b)の理由と同等な理由により連続ではありません．

A.8 ボレル集合族 [2,3]

付録B.3.4節に注意して，位相空間$(X, \mathcal{T}_X)$に対して
$$\mathcal{B}_{\mathcal{T}_X, X} \equiv \mathcal{B}_X := \Big\{ \bigcap_{i \in I} \bigcup_{\lambda_i \in \Lambda_i} U_{\lambda_i} \,\Big|\, U_{\lambda_i} \in \mathcal{T}_X \cup \mathcal{T}_X^{(c)},\ I,\ \Lambda_i は可算集合 \Big\}$$
とすると$\mathcal{B}_X$もまた$\wp(X)$より一般的には小さいものです．これを**ボレル集合族**と呼びます．$\mathcal{B}_X$の元Uは補集合$U^c := X \backslash U$に対して閉じています．つまり，任意の$U \in \mathcal{B}_X$に対して$U^c \in \mathcal{B}_X$となり，また，可算個の$U_i \in \mathcal{B}_X$に対しても$\cap_i U_i \in \mathcal{B}_X$となります．

1次元ユークリッド空間$\mathbb{E}^1$とその標準位相$\mathcal{T}_{\mathbb{E}^1}$に対するボレル集合族$\mathcal{B}_{\mathbb{E}^1}$の場合，その中には$\mathcal{T}_{\mathbb{E}^1}$の元である$(a, b)$や閉集合全体である$\mathcal{T}_{\mathbb{E}^1}^{(c)}$の元である$[c, d]$のみではなく，それらには含まれない$(a, d]$なども含みます[2]．

先の有限集合$X_0 := \{1, 2, 3, 4\}$を例として考えましょう．$\mathcal{B}_{\mathcal{T}_{X_0, c}, X_0} = \wp(X_0)$となりますし，$\mathcal{B}_{\mathcal{T}_{X_0, d}, X_0} = \wp(X) = \{\emptyset, \{1\}, \{4\}, \{1, 4\}, \{2, 3\}, \{2, 3, 4\}, \{1, 2, 3\}, \{1, 2, 3, 4\}\}$となります．

$\mathbb{E}^n$の標準位相$\mathcal{T}_{\mathbb{E}^n}$の場合，$p \in \mathbb{E}^n$に対して$\{p\} \in \mathcal{B}_{\mathbb{E}^n}$となります．$[0, 1]$の中に非可算無限個（B.3.4節参照）の点が存在しますが，上記の定義の中で$\{p\} \in \mathcal{B}_{\mathbb{E}^n}$となる点を非可算無限個の集合和について言及しているわけではありません．次の可測関数や測度を定義するためにボレル集合族

---

[2] ボレル集合族$U_i \in \mathcal{B}_{\mathbb{E}^1}$に対して，次に示すような積分$\int_{U_i} f(x) dx$を定義しますが，直感的に理解できる$\int_{[a, b]} f(x) dx = \int_{[a, b)} f(x) dx = \int_{(a, b)} f(x) dx$とする等号を考えると$\mathbb{E}^1$の標準位相の開集合$(a, b)$だけではなく$[a, b)$や$[a, b]$などを自然に含む集合族が必要になるので，このように，閉集合や補集合などに閉じた定義になっています．

のうちの一部をより一般化したものを抽出し，定義し，σ **集合族**と呼びます．
　連続の場合と同様に二つの**ボレル集合族** $(X, \mathcal{B}_X)$ と $(Y, \mathcal{B}_Y)$ に対して，写像 $f: X \to Y$ が**可測**とは任意の $U \in \mathcal{B}_Y$ に対して $f^{-1}(U) \in \mathcal{B}_X$ となることです．また，Y として $\mathbb{E}^1$ の標準位相から定まるボレル集合とした場合，f を**可測関数**と呼びます．値域 Y が複素アフィン空間 $\mathbb{C} \equiv A_{\mathbb{C}}^1$（9.2.1 節）の場合も $\mathbb{R}^2$ と同相であることで類似の定義ができ，可測関数と呼びます．
　$\mathbb{R}_{\geq 0}: \{x \in \mathbb{R} \mid x \geq 0\}$ として**測度**の定義をしましょう．

定義 A.8　位相空間 $(X, \mathcal{T}_X)$ から定まるボレル集合族 $\mathcal{B}_X$ に対して，**測度**とは，
$$\mu: \mathcal{B}_X \to \mathbb{R}_{\geq 0} \cup \infty$$
とする写像で以下の 2 つを満たすものである：
1) $\emptyset$ に対して，$\mu(\emptyset) = 0$．
2) $U_j \cap U_k = \emptyset$ $(j \neq k)$ を満たす可算個の $U_i \in \mathcal{B}_X (i = 1, 2, ...)$ に対して $\mu\left(\bigcup_{i=1}^{\infty} U_i\right) = \sum_{i=1}^{\infty} \mu(U_i)$．

　最も重要な事は，**測度（数学的な量）は各点で定まる関数ではなく，部分集合によって値が定まる関数である**ことです．このような関数を**集合関数**と呼びます．
　定義 A.8 2) より $U, V \in \mathcal{B}_X$ で，$U \subset V$ に対しては $\mu(U) \leq \mu(V) \in \mathbb{R}_{\geq 0}$ となっています．つまり，**集合の大小関係**が丁度，（体積や面積などの）**実数値の大小関係**にぴったり一致しています（付録 B.3.2 参照）．$\mathbb{R}$ は**全順序集合**（付録 B.3.2 参照）なので，実数値のためにどんな元も比較できる**量**となっていることも重要です．また，$U, V \in \mathcal{B}_X$ に対してボレル集合族の定義から，$U \cap V, U \cap V^c$ も $\mathcal{B}_X$ の元でかつ $U = (U \cap V) \cup (U \cap V^c)$ です．測度は定義 A.8 の 2) より $\mu(U) = \mu(U \cap V) + \mu(U \cap V^c)$ となります．つまり，体積や面積同様，分割や分割による総体積の保存も自然に定義されています．「**広がりを持つものを操作する際には，部分集合を取り扱う**」と

いうのが 19 世紀末から 20 世紀前半に確立された数学的な概念ですが，この考えは，純粋数学以外の分野にはまだ十分広まっているとはいえないように思います．

$\mathcal{B}_X$ の元 U で，$\mu(U) = 0$ となるものは，長さや体積などに寄与しないという意味で重要な意味を持ちます．それらは**測度零**の元と呼びます．脚注 2 に示したように線分の両端や有限個の点は抜いても，付けても長さというものに影響を与えません．それは面積を測りたいときに太さゼロの曲線はなんの影響も与えないだろうという直観的な事実に対応します．測度 μ が与えられた場合，$\mathcal{N}_{X,\mu} := \{U \in \wp(X) \mid U \subset V \in \mathcal{B}_X, \mu(V) = 0\}$ を**測度零集合**と呼びます．測度零の元は $\mathcal{B}_X$ を（一般的には）はみだして定義されているのです．それらは測度（長さや面積や体積）に何の影響も与えませんし，後で定義する現代的な積分の値にも影響を与えませんので，μ と $\mathcal{B}_X$ を拡張することができます．つまり，$\mathcal{N}_{X,\mu}$ と $\mathcal{B}_X$ に対して「それらの無限集合和，無限集合積と補集合の操作で閉じた $\wp(X)$ の最小の集合」を $\overline{\mathcal{B}_{X\mu}}$ とし，μ を $\overline{\mathcal{B}_{X\mu}} \setminus \mathcal{B}_X$ で μ の値をゼロにする事で μ を $\overline{\mathcal{B}_{X\mu}}$ 上の関数と出来ます．この操作を μ による $\mathcal{B}_X$ の**完備化**と呼びます．

ここで，**ルベーグ積分**を紹介しておきましょう．$U \in \mathcal{B}_X$ に対して $I_U(x) = \begin{cases} 1 & x \in U \\ 0 & \text{それ以外} \end{cases}$ とする I_U は可測関数となります．そこで，係数 $a_i \in \mathbb{R}$ と $U_j \cap U_k = \emptyset$ $(j \neq k)$ を満たす有限個の $U_i \in \mathcal{B}_X$ に対して $g := \sum_i a_i I_{U_i}$ となる関数も可測関数となります．この g のことを**単純関数**と呼びます．このとき，積分を厳密化しましょう．つまり g の積分を

$$\int_X g(x) \mu(dx) := \sum_i a_i \cdot \mu(U_i)$$

と定義します．

この単純関数を利用することで一般の $f: X \to \mathbb{E} = \mathbb{R}$ が可測関数の積分を定義するというのがルベーグ積分の考え方です．f に対して，単純関数 $\{f_n\}_{n=1,2,\ldots}$ で各点 $x \in X$ において $\lim_{n \to \infty} |f(x) - f_n(x)| = 0$ なる単純関数の関数列を用意します．この関数列を利用して f の積分を

$$\int_X g(x)\mu(dx) := \lim_{n\to\infty} \int_X f_n(x)\mu(dx)$$

と考えるのが，現代風な積分（ルベーグ積分）の定義となります．上述したように $\mathcal{B}_{T_{X_0,c},X_0} = \wp(X_0)$ に対して，$f:X_0\to\mathbb{R}$ を考えると $x\in X_0$ に対して $\mu(\{x\})=1$ とすることで

$$\int_{X_0} f(x)\mu(dx) = \sum_{i=1}^{4} f(i)$$

と書けます．他方，$\mathcal{B}_{T_{X_0,d},X_0}$ の場合，$\{2,3\}$ の区別ができませんので $f(2)\neq f(3)$ の場合は可測関数とならず，積分が定義できません．$f(2)=f(3)$ で $\mu(\{2,3\})$ を 2 とすると，上記の式が再度成り立ちます．このように現代風の積分の定義は，離散の際には総和も内包する極めて自然なものなのです．

また，問題 6.2 に関連し，X 上の可測関数 f, g で

$$\int_X |f(x)-g(x)|\mu(dx) = 0$$

となるものを考えます．厳密ではありませんがこの式は「**測度零集合**を除いて $f(x)=g(x)$ である」ということを意味しています．この関係は**同値関係**（付録 B.2 節参照）となり，$f\sim g$ とできます．この関係の事を測度零集合を除いて等しいとして**殆ど至るところ等しい**と呼びます．より正確には関数列の極限を考え，**概収束**，**測度収束**，以下の L^1 **収束**などを区別しながら，対処しなければなりません．

A.9　関数空間の位相 [4]

簡単な議論から関数 $h:X\to\mathbb{R}$ が連続ならば h は可測関数である事が知られているので，問題 6.2 で述べたエルミート内積をもつ関数空間の同値類をもう少し厳密に取り扱いましょう．標準位相から定まるボレル集合族と自然な測度（ルベーグ測度）μ に対して，関数空間として

$$\hat{L}_\mu^p := \left\{ f:X\to\mathbb{C} \text{可測} \mid \int_X |f(x)|^p \mu(dx) < \infty \right\}$$

を考えます．また $f\in\hat{L}_\mu^p$ に対し $\|f\|_p:=\left(\int_X|f(x)|^p\mu(dx)\right)^{1/p}$ はノルムとなり，L^p ノルムと呼びます．$\|f-g\|_p=0$ となる可測関数 f と g とは問題 6.2 で述べたように同値類 $f\sim g$ にあると考えて，同値類を定義できます．厳密には関数列の収束も考慮しますがこの同値類による商集合（B.2 節を参照）である $L_\mu^p:=\hat{L}_\mu^p/\sim$ を L^p 空間と呼びます．これらにより，

$$U_{\mu,f,\varepsilon}^p:=\{g\in L_\mu^p\,|\,\|f-g\|_p<\varepsilon\}$$

とすることで関数空間の中に開近傍が定義できます．つまり，これを位相の基として関数空間に位相を定義します．定義 A.1 の 1) を満たすために**完備性**（任意のコーシー列が閉じる）が重要となり，それらを満たすように空間を拡張（**完備化**）します．その際に関数列の収束を考えるのです．正整数 $q<p$ に対して $\|f\|_q\leq\|f\|_p$ が言えます．これより $\hat{L}_\mu^p\subset\hat{L}_\mu^q$ が判ります．更には L_μ^p の元を L_μ^q のの同値類として眺め直すことで $\iota:L_\mu^p\to L_\mu^q$ が自然に定義されるため $L_\mu^p\subset L_\mu^q$ となります．

このような位相を伴う関数空間はノルム線型空間である**バナッハ空間**，より一般には**線型位相空間**（位相を持ったベクトル空間）として取り扱えます．また物理や工学で現れるエルミート内積を持つ関数空間は L^2 空間であり，6.2 節で述べたように，内積を持ったバナッハ空間である**ヒルベルト空間**として取り扱うこととなります．

本書のはじめに述べましたが，線型代数の主な適用先は関数です．8 章で述べた群環も関数と見なせ，その線型代数的な性質を眺めることが（一般化した）離散フーリエ変換です．6.3 節や 8.8 節の有限要素法や差分法などの数値解析においても関数を扱っていました．当然，その極限にも相当する微分方程式論等の解析においても関数が主役です．

微分幾何学でも座標関数，代数幾何や整数論の数論幾何では問題 11.1 のように局所的には関数と見なせる座標環，数値計算においてレベルセット法で知られる解析幾何では形状に結びつく零点を与える大局関数などが幾何学的性質を表現します．

純粋，応用を問わず，現代数学では，多くの場面で研究対象を関数を通して表現し，その性質を問うという研究形態をとります． その際，2 つの

関数(またはそれに類するもの(環や加群の元))が同一か否か，また両者の近さを判断する必要が出てきます．

一般に関数空間は魑魅魍魎が住む怖い世界で，距離なども定義できるとは限りません．が，例えば，問題 6.2 で示したような L^p ノルムによる同値性を組み込むことで，幾つかは可能となります．その他，14.1 節の数値計算の収束計算では，微分作用素から定まる一種のエネルギー積分(L^2 ノルム) や sup ノルムなどから定まる位相を(陰に)利用し，代数幾何などでは素イデアルの包含関係から定まる位相などを利用します．つまり，**様々な位相により，関数の中に同一性や，近さや遠さを操ることとなります．このような普遍的な思想が純粋，応用問わずに重要である**ということがこの付録の始めに書いたことです．

A.10 層

部分集合からの関数という立場では，層という概念があります．位相空間 $(X, \mathcal{T}_X)$ を固定しましょう．

また $U \in \mathcal{T}_X$ に対して，$\mathcal{F}_U := \{f : U \to \mathbb{R} \,|\, f :$ ある性質$\}$ の関数の族を定義しましょう．ある性質に相当するものは"連続"，"解析的"，"滑らか"などですが，ここでは連続としておきます．つまり，$\mathcal{F}_U \equiv \mathcal{C}^0(U, \mathbb{R})$ です．

このとき次が定まります：

1) $U, V, W \in \mathcal{T}_X$ で $U \subset V$ に対して，$\rho_{UV} : \mathcal{F}_V \to \mathcal{F}_U$ という写像があって，$U \subset V \subset W$, $\rho_{UW} = \rho_{UV}\rho_{VW}$ となります．つまり，$f \in \mathcal{F}_V$ に対して定義域 V を U に制限した $f|_U$ は $\mathcal{F}_U$ の元となるので，$\rho_{UV}(f) = f|_U$ として定義すればよいのです．以下，ρ_{UV} はこの制限とします．

2) $U \in \mathcal{T}_X$ に対して $\mathcal{U}_U := \{V_\lambda \subset U \,|\, V_\lambda \in \mathcal{T}_X$ かつ $\cup_\lambda V_\lambda = U\}$ とし，

2-1) $f, g \in \mathcal{F}$ で全ての $V_\lambda \in \mathcal{U}_U$ に対して $\rho_{V_\lambda, U}(g) = \rho_{V_\lambda, U}(f)$ ならば $f = g$ となります．

2-2) 全ての $V_\lambda \in \mathcal{U}_U$ に対して $\mathcal{F}_{V_\lambda} \ni f_\lambda$, $\mathcal{F}_{V_{\lambda'}} \ni f_{\lambda'}$ で $V_{\lambda, \lambda'} := V_\lambda \cap V_{\lambda'}$ に

対して $\rho_{V_{\lambda\lambda'},V_\lambda}(f_\lambda) = \rho_{V_{\lambda\lambda'},V_{\lambda'}}(f_{\lambda'})$ となる f_λ たちが存在すれば，$f_\lambda = \rho_{V_\lambda,U}(f)$ となる $f \in \mathcal{F}_U$ が存在することが言えます．

背景に $h: \mathcal{T}_X \to \mathcal{F} := \{\mathcal{F}_U \mid U \in \mathcal{T}_X\}$ とする集合関数があり，$U \to \mathcal{F}_U$ という対応を考えています．$\mathcal{F}_U = \{f: U \to \mathbb{R} \mid f : 連続\}$ という関数の族が上記の 1, 2 を満たすことを示しましたが，**複素関数論等では 1, 2 により関数の一般化した族を定義し「層」と呼びます** [5]．

位相空間を考えれば，その位相空間としての構造に応じて「関数」を考えるということは極めて自然なことです．それが「定義域を伴った関数の族」である層です．系の特徴を反映した局所と大局という幾何学的配置に対して，局所的に定義されるものと大域的に定義されるものとの関係を論じるのが，純粋数学でも，応用数学でも，物理でも，情報科学でも，その他の工学分野でも，本質的な目標となっているように思われます．それらは位相と層によって論じられるのが自然なように思われます．しかしながら，位相が現在の形に定義されて 1 世紀を経ても位相は非数学者間ではまだ十分に流布されていないように思われます．層に至ってはその有用性を共有できているものは，純粋数学の中でも代数的な分野の周辺に留まっているのも事実です．今後，自然な道具である位相と層が様々な分野で活用されることが期待されます．

参考文献

[1] 齋藤正彦　数学の基礎 − 集合・数・位相　東京大学出版　2003 年
[2] 小谷眞一　測度と確率　岩波書店　2005 年
[3] 河田敬義　復刻：積分論　共立出版　2009 年
[4] 志賀浩二　線形という構造へ―次元を超えて　紀伊國屋書店 2009 年
[5] L.V. アールフォルス（笠原乾吉訳）　複素解析　現代数学社 1982 年

B 代数の基礎知識，及び本書の記法について

B.1 群，環，体

代数に関わる定義が散在しているので，それらを少しまとめて，足りないことを補ってみたいと思います[1]．演算 * については定義 1.2 に記載し，群に関しては定義 5.1 に，加法群に関して定義 1.3 に記載しました．

本書の記法としては $\mathbb{Z}$ は**整数全体**，$\mathbb{Q}$ **は有理数（分数）全体**，$\mathbb{R}$ **は実数全体**，$\mathbb{C}$ **は複素数全体**であるとしています．

定義 B.1 演算 * が集合 A に定義できるとは，A から任意の 2 つの元 a, b に対してある A の元との対応が定義されており，その対応した元を $a*b \in A$ と書くとき，任意の $a, b, c \in A$ に対して，$(a*b)*c = a*(b*c) \in A$ となる事である．この時，演算 $*: A \times A \to A$ が定義できると言う．

定義 B.2 集合 G が群とは，演算 ∘ が定義できていて，任意の $g \in G$ に対して $g \circ e = e \circ g = g$ となる**単位元** $e \in G$ が唯一存在し，各 $g \in G$ に対して $h \circ g = g \circ h = e$ となる**逆元** $h \in G$ が存在するときである．g の逆元を g^{-1} と記す．

特に，$g_1 \circ g_2 = g_2 \circ g_1$ とき**可換**といい，等号が一般に成り立たない場合を**非可換**という．すべての元が可換な場合を**可換群**あるいは**アーベル群**と呼ぶ．

幾つかのアーベル群を**加法群**と呼び，演算 ∘ を ＋，単位元 e を 0 とし，g^{-1} を $-g$，$g_1 + (-g_2)$ を $g_1 - g_2$ と略記する．

定義 B.3 集合 R が**環**とは 1) R が加法群で 2) $R \times R \to R((x, y) \mapsto xy)$ とする単位元 1 を持つ積が定義され，3) 積と加法群の演算とが整合性をもつ

ている，即ち，$x, y, z \in R$ に対し $(x+y)z = xz+yz$, $x(y+z) = xy+xz$ であり，加法群の単位元 0 に対し $0X = 0$ となるものである．

環 R が K-ベクトル空間のとき K**代数**と呼ぶ．また，すべての元に対して積が可換のときに**可換環**と呼ぶ．

環の定義の中で積の単位元 1 を含まない単位元なし環を環として，上記の環を「単位元つき環」と区別する慣習もあります．11.2.4 のイデアルのある種のものは単位元なし環となります．例えば $n\mathbb{Z}$ は単位元なし環の例となります．

定義 B.4 集合 F が**体**とは 1) F が可換環で 2) $F^\times := F\setminus\{0\}$ が積に関して群である．

体 F としては $\mathbb{R}, \mathbb{Q}, \mathbb{C}$ などがあり，素数 p に対して 11.2.8 の**剰余環**である $\mathbb{F}_p := \mathbb{Z}/p\mathbb{Z}$ も体となります．$\mathbb{F}_p$ を**有限体**と呼びます．これらの体がベクトル空間の係数となるのです．

定義 B.5 環 R（群 G）に対して R の部分集合 S（G の部分集合 H）が R の**部分環**（G **の部分群**）とは，$R(G)$ の演算で $S(H)$ が環（群）となっていることである．

ユークリッド空間に関して，ユークリッド内積を持つベクトル空間をユークリッド空間と呼んでいるテキストもありますが，本書では，平行線などが意味を持つ空間として**並進移動がユークリッド空間の特徴である**として，$\mathbb{E}^n$ と記して $\mathbb{R}^n$ とはできるだけ区別しています．また，アフィン空間としての K^n に対しても A_K^n と記しています．但し，関数の定義等ではベクトルとしてではなく $\mathbb{R}, \mathbb{C}, \mathbb{Q}$ を単なる集合の意味で使ったりしています．

B.2 同値関係と同値類

集合 X に**同値関係**〜があるとは X の任意の2元 X, y が関係 $x \sim y$ を満たすか，満たさない ($x \not\sim y$) かが定まり，任意の $x, y, z \in X$ に対して，関係が i) $x \sim x$ (反射律), ii) $x \sim y$ ならば $y \sim x$ (対称律), iii) $x \sim y$ かつ $y \sim z$ ならば $x \sim z$ (推移律) を満たすことです．

そもそも同値関係などの X における関係とは $X \times X$ に対して関係が満たすものを選ぶことで $X \times X$ の部分集合，例えば $\{(x, y) \in X \times Y \mid x \sim y\}$ を選択していることと同じです．

集合 X に対して，同値関係〜があるときに X の元 a に対して，a の**同値類**を
$$[a] := \{b \in X \mid b \sim a\}$$
とします．$[a]$ は X の部分集合 ($[a] \subset X$)，つまり $\wp(X)$ の元 ($[a] \in \wp(X)$) です．$[a] \ni b$ に対して $[a] = [b]$ [3] という関係が成立します．このように a の同値類 $[a]$ は表現の仕方の数は $[a]$ の元の数だけあり，任意性があります．それでも $[a]$ を $[a]$ とか $[b]$ とかで，代表することができますので，この a や b を同値類の代表元と呼びます．同値関係の定義より，$a, c \in X$ に対して，$[a]$ と $[c]$ は $[a] = [c]$ または $[a] \cap [c] = \emptyset$ となります．つまり，同じか異なるかということですので $X = \bigcup_i [a_i]$，但し $[a_i] \cap [a_j] = \emptyset$ とできます．このような同値類の集合を，**商集合**と呼び，
$$X/\sim := \{[a] \mid a \in X\}$$
と定義します．$X/\sim$ は **X を関係〜で割った空間**と呼びます．

例えば $X_a := \{あ, い, う, え, お, か, き, く, け, こ, さ, し, す, せ, そ\}$ であ〜い〜う〜え〜お，か〜き〜く〜け〜こ，さ〜し〜す〜せ〜そとした場合，$[あ] = \{あ, い, う, え, お\}$，$[か] = \{か, き, く, け, こ\}$，$[さ] = \{さ, し, す, せ, そ\}$ ですし，$[あ] = [う] = [お]$ です．$X_a/\sim = \{[あ], [い], ..., [せ], [そ]\} = \{[あ], [く], [し]\}$ となります．これは $\{あ, か, さ\}$ と

---

[3] 集合としての等号は全単射の写像が存在することを意味します．

考えてもよいので，多くの商集合は通常の集合のように取り扱うことができます．

B.2.1 ベクトル空間の商ベクトル空間

K ベクトル空間 $V = U \times W \equiv K^n$ の場合を考えます．ここで $v = (v_1,...,v_\ell, v_{\ell+1},...,v_n)$ に対して，K 線形写像である射影 $p_1(v) = (v_1,...,v_\ell) \in U \equiv K^\ell$ と $p_2(v) = (v_{\ell+1},...,v_n) \in W \equiv K^{n-\ell}$ とを考えます．任意の $v_{\ell+1}$, $\cdots$, v_n に対して

$$(v_1,...,v_\ell, v_{\ell+1},...,v_n) \sim (v_1,...,v_\ell, v'_{\ell+1},...,v'_n)$$

とする関係を考えると，同値関係になり，

$$V/\sim \equiv U = K^\ell$$

となります．より抽象的には $u, v \in V$ に対して，$p_1(u) = p_1(v)$ ならば $u \sim v$ という同値関係です．

K 線形写像 $f := X \to Y$ に対して**核**と呼ばれるものを

$$\mathrm{Ker}(f) := \{ v \in X \mid f(v) = 0 \}$$

と通常，書き，定義 3.1 の**像**を $\mathrm{Img}(f) = f(X)$ と書くことがあります．これにより，

$\mathrm{Ker}(p_1) = W, \mathrm{Ker}(p_2) = U, \mathrm{Img}(p_1) = p_1(V) = U, \mathrm{Img}(p_2) = p_2(V) = W$

となります．一般に像の次元を f の階数 (rank) といいます．

上記のような適当な基底を利用して，商集合 $V/\sim$ を**商ベクトル空間**といい

$$V/\mathrm{Ker}(p_1) \equiv V/\mathrm{Img}(p_2) \equiv V/W := V/\sim$$

と記したりもします．標語的に述べると「ベクトル空間をベクトル空間で割るとベクトル空間となる」というベクトル空間の重要な性質です．

B.2.2 剰余環など

11.2.8 節に剰余環の話がありますが，商集合に環構造や群構造が上手く定義できる場合があります．このような場合も同様に理解できることにな

ります．また，問題7.2のクリフォード代数なども非可換な剰余環であります．

B.3 集合記号，逆像，無限大など

本節では集合記号，逆像，無限大などの少し注意が必要な内容について記しておきます[2]．

B.3.1 集合記号

Borel 集合族に関わる集合族を σ 代数と呼ぶことがありますが，集合間にある自然な集合和，集合積，集合差について記しておきます．集合 X と Y に対して，

1) **集合和**は $X+Y \equiv X \cup Y := \{x \mid x \in X \text{ または } x \in Y\}$,
2) **集合積**は $XY \equiv X \cap Y := \{x \mid x \in X \text{ かつ } x \in Y\}$,
3) **集合差**は $X-Y \equiv X \backslash Y := \{x \mid x \in X \text{ かつ } x \notin Y\}$,

となります．$X(Y+Z) = XY+XZ$ 等の等号が成り立ちますが，集合差は $X \backslash Y = X \backslash (X \cap Y)$ となり交わった部分のところだけが削られるので，例えば $\emptyset - Y = \emptyset$ や一般に $X-(Y-Z) \neq X+(Z-Y)$ となります．従って，これらは広い意味の代数的な構造であることは事実ですが，定義 B.3 のような代数には一般になりません．X の部分集合 U に対して U の (X での) U の**補集合** U^c は $U^c \equiv X \backslash U$ となります．

B.3.2 大小関係

大小関係を一般化したものとして順序というものがあります．集合 X に**順序（半順序）** $\leq$ を持つとは $X \times X$ の元と $\leq$ により真偽が定まり，1) すべての $x \in X$ に対して $x \leq x$（**反射律**）2) $X, y \in X$ で $x \leq y$ で $y \leq x$ ならば $x = y$（**反対称律**）3) $x, y, z \in X$ で $x \leq y$ で $y \leq z$ ならば $x \leq z$（**推移律**）を満たすことです．順序を持つ集合のことを**順序集合**と呼びます．

集合 A の冪集合 $\wp(A)$ や位相空間 $(A, \mathcal{T}_A)$ は包含関係 $\subset$ という大小

関係(順序)を自然に保持しています．しかし，A の二つの部分集合 U と V を適当に選んだ場合，二つに包含関係があるわけではありません．つまり，一般には $U \subset V$ または $V \subset U$ のどちらかを必ず満たすとは限りません．順序集合は必ずしも2元に大小関係が定まるとは限らないのです．(その場合 $U \leq V$ も $V \leq U$ も満たされない(偽)と見なします．)

他方，順序集合 X で，そのどんな2元をとっても大小関係 $x \leq y$ か $y \leq x$ が定まる場合，X を**全順序集合**と呼びます．全順序集合は一列に並んでいるということを意味していますので，例えば $\mathbb{Z}$ や $\mathbb{R}$ やそれらの部分集合などが全順序集合です．また，$\mathbb{Z}$ や $\mathbb{R}$ やそれらの部分集合によってパラメータ化されている集合も順序関係をパラメータの順序と整合よく持てば全順序集合となります．

全順序に対して，上記の順序をより明示的に半順序と呼ぶことがあります．その際，順序集合を**半順序集合**，poset (partial ordered set) と呼んだりもします．半順序集合としては，14.2.1 節のフィルター付き K ベクトル空間や問題 14.1 のフィルター環やフィルター加群，位相空間などがその例となり，豊富な数学的構造を持つこととなります．

B.3.3 逆像

ここでは連続，同相，可測の概念を定義する際に必要となる逆像というものを導入しましょう．$f: X \to Y$ を集合間の写像としたときに，$Y \supset U$ に対して $f^{-1}(U) := \{x \in X \mid f(x) \in U\}$ を U の逆像といいます．逆像は，逆写像とは異なる概念です．f は全単射である必要はありません．逆像 $f^{-1}(U)$ は f が写像でありさえすれば定義でき，f の像 $f(X) \subset Y$ に対して，$f^{-1}(U) = f^{-1}(U \cap f(X))$ となります．付録 A で見たように逆像は極めて重要な現代数学のアイテムで，重要な役割を果たします．

f が全単射のとき $Y \ni y$ に対して $f^{-1}(y) := f^{-1}(\{y\})$ は**逆写像**に一致します．

B.3.4 無限大

無限大について少し述べておきます[2, 3]．ある数 $a \in \mathbb{R} \cup \{\infty\}$ が無限か有限かの区別は，例えば $a = a+1$ を満たすか否かです．等号が成り立てば無限，成り立たなければ有限ということです．

集合 X に対して，X から自然数全体 $\mathbb{N} = \{1, 2, 3, ...\}$ へ全単射が(ひとつでも)存在すれば，集合 X が**可算無限**といい，X を**可算無限集合**と呼びます．無限集合で可算無限でないものは**非可算**または**非可算無限**といいます．$\mathbb{N}$ の部分集合($\mathbb{N}$ 自身も含め)と全単射写像が存在する場合は**可算**と言います．(本によっては，可算を可算無限に当て，本書の可算を「有限または可算」と記載するものもあります．)

$\mathbb{N}$ や $5\mathbb{N} := \{5x \mid x \in \mathbb{N}\}$ などは可算無限集合です．更には，整数全体 $\mathbb{Z}$ や有理数全体 $\mathbb{Q}$ なども可算無限集合となります．$\mathbb{Q}$ は少し議論が必要ですが，$\mathbb{Z}$ の場合は $\lfloor x \rfloor$ を x を超えない最大の整数としますと $\mathbb{Z} = \left\{ (-1)^i \left\lfloor \dfrac{i}{2} \right\rfloor \,\middle|\, i \in \mathbb{N} \right\}$ となります．

非可算集合の例としては，例えば実数全体 $\mathbb{R}$ があります．$\mathbb{R}$ が非可算集合である事を少し眺めましょう．もしも，全単射 $f := \mathbb{N} \to \mathbb{R}$ があったとして矛盾を導きましょう．つまり，$\alpha(i) := (\tanh(f(i)) - 1)/2$ とすると $\alpha : \mathbb{N} \to (0, 1)$ は全単射です．10進法で各 $a_{i,j} \in \{0, 1, ..., 9\}$ とすると

$$\begin{aligned}
\alpha(1) &= 0.a_{1,1}a_{1,2}a_{1,3}a_{1,4}\cdots \\
\alpha(2) &= 0.a_{2,1}a_{2,2}a_{2,3}a_{2,4}\cdots \\
\alpha(3) &= 0.a_{3,1}a_{3,2}a_{3,3}a_{3,4}\cdots \\
&\cdots\cdots
\end{aligned} \tag{1}$$

という対応があります．このとき，対角成分 $a_{1,1}, a_{2,2}, a_{3,3}, \cdots$ に着目し $b_i \in \{0, 1, ..., 9\}$ を $b_i \neq a_{i,i}$ とするように選び，$\beta := 0.b_1 b_2 b_3 \cdots$ としましょう．β はどの $\alpha(i)$ とも少なくとも1ヶ所，何処かの桁の数が異なっているため α の像 $\mathrm{Img}(\alpha) \equiv \{\alpha(i) \mid i \in \mathbb{N}\}$ に含まれず $(0, 1)$ の元であるため，即ち f が全射でないことを意味し，上記の仮定に矛盾があることが判るわけです．このような $a_{i,j}$ に着目する手法を**対角線論法**といいます．

付録

参考文献

[1] 堀田良之　代数入門 — 群と加群 —　裳華房　1987 年
[2] 齋藤正彦　数学の基礎 — 集合・数・位相　東京大学出版　2003 年
[3] 玉野研一　なっとくする無限の話　講談社　2004 年

表 B-1: ギリシャ文字、ドイツ文字の読み方

記号	読み	記号	読み	記号	読み
α, A	アルファ	β, B	ベータ	γ, Γ	ガンマ
δ, Δ	デルタ	ϵ, ε, E	イプシロン	ζ, Z	ツェータ
η, H	エータ	$\theta, \vartheta, \Theta$	テータ	ι, I	イオタ
κ, χ, K	カッパ	λ, Λ	ラムダ	μ, M	ミュー
ν, N	ニュー	ξ, Ξ	クシー	π, ϖ, Π	パイ
ρ, ϱ, P	ロー	$\sigma, \varsigma, \Sigma$	シグマ	τ, T	タウ
υ, Υ	ウプシロン	φ, ϕ, Φ	ファイ	χ, X	カイ
ψ, Ψ	プサイ	ω, Ω	オメガ		
$\mathfrak{A}$	アー	$\mathfrak{g}$	ゲー	$\mathfrak{h}$	ハー

問題の解答

1. 線型空間とはなにか

問題 1.1 領域 $A[\text{cm}^2]$ を取り,固体数 $N \sim 10^6 A$ に対する変化量 δN をベクトル量と認識したいので,その基準とする個数(基準単位)δN_0 を決める.例えば,温度計の目盛を $0.1\,°\text{C}$,時間の単位を 1 時間として,$\delta N_0 = 10^{-4} N[\text{時} \cdot 0.1\,°\text{C}]^{-1} = 10^2 A[\text{時} \cdot 0.1\,°\text{C}]^{-1}$ となる.個体数は統計的なものであるので A が十分大きいと大数の法則により平均値が定まる(増減に相関がなければ中心極限定理によって $\sqrt{10^2 A}$ に比例して偏差が定まる).温度の変化量 $\delta T [0.1\,°\text{C}]$,時間経過 $\delta t [\text{時}]$ に対して $|\delta T| \ll 50$ で,固体数の変化量 δN は $10^{-4} \delta T \delta t N$ 程度となる.$1 \ll \delta N \ll N$ のとき,δN_0 の単位で $\delta N/\delta N_0 = \delta T \delta t$ は実ベクトル量と見ることができ,$\delta T_1 \delta t_1$ と $\delta T_2 \delta t_2$ について和や定数倍が定義できる.

δN_0 が十分大きな量であっても偏差や測定誤差等々により,上記の仮定が成り立たなくなる状況が起りえる.例えば,その下限として $10^{-2} \delta N_0$ の解像度で系を取り扱うということは,$\delta T_1 \delta t_1$ は実数値を取るが,$\delta T_1 \delta t_1 \equiv \delta N/\delta N_0 = 10^{-2}$ の時などは 0 と同一視するということである.このような同一視は付録 B.2 節の同値類のように上手く定義できるものではないことに注意する.また,解像度が $10^{-2} \delta N_0$ なのか $10^{-3} \delta N_0$ なのかは状況に依存する.系を数学で表現する際には種々の固有の注意が必要となる.出版されている論文等では,このような微妙なことはあらわに表現せず,よく検討された慣例(例えばエラーバー表示等)に従うので,対象とする専門分野の慣例に従えば,その対応に苦慮する必要は一般にはない.前例のない対象に立ち向かう場合は,数学と現実との適合性については慎重に対処することが必要である.同時に標語的には「どんな(非線型な)対象でも,そのなんらかの微小変化を考えれば,変化量はベクトル空間と眺めることが可能である」という視点は重要である.

2. 1次独立について

問題2.1

1) $\dim_{\mathbb{C}} V_{n,m} = m - n + 1$.
2) 原点は零値関数，定値関数を含むためには $nm \leq 0$.
3) $\exp(\sqrt{-1}\,\ell(x+x_0)) = \exp(\sqrt{-1}\,\ell(x_0))e_\ell$ より $\ell \in [n, m]$.
4) $\dim_{\mathbb{R}} V_{-n,n} = 2\dim_{\mathbb{C}} V_{-n,n}$ より次元は $4n+2$. 実際 $V_{-n,n}$ の元は $a_{0r} + \sqrt{-1}\,a_{0i} + \sum_{\ell=1}^{n}((a_{\ell r}+a_{-\ell r})\cos(\ell x)-(a_{\ell i}-a_{-\ell i})\sin(\ell x)+\sqrt{-1}(a_{\ell i}+a_{-\ell i})\cos(\ell x)+(a_{\ell r}-a_{-\ell r})\sin(\ell x))$ と書ける．

問題2.2 8章7節のガウスの和を参考にせよ．

問題2.3 多くの状況で解析関数と整数との類似性がある事が知られている．その一つの例になっている．

3 線型写像と双対空間のはなし

問題 3.1 加法群の単位元 0 は $0+0=0$ により特徴付けられる．従って $0_V+0_V=0_V$ より $f(0_V+0_V)=f(0_V)$ となり，線型写像の定義より $f(0_V)+f(0_V)=f(0_V)\in W$ より示された．

問題 3.2

1), 2) $C=f(A)$ として $f:A\to C$ とするとき $f(A)=C$ となり全射の定義より自明．

3) 2) より f が単射であれば $f:A\to f(A)$ は全単射となる．この対応を恒等写像であると考え $f(A)$ と A を同一視すれば，$f(A)\subset B$ より主張は確かめられた．

4) 単射であることより $f(a)=f(b)$ ならば $a=b$ である．条件は $f(a)-f(b)=0_V$ とできる．つまり，線型写像の場合 $f(a-b)=0_V$ ならば $a-b=0_U$ が単射の定義と考えてよい．これより単射ならば $f^{-1}(0_V)=0_U$ が言えた．逆は自明である．

5) 線型写像 f が全射とは $\dim_K V=\mathrm{rank}(f)$ である事と同値である．また，線型写像 f が単射とは $\dim_K U=\mathrm{rank}(f)$ である事と同値である．

6) 線型写像 f が単射とは $\mathrm{Ker} f=0_U$ のことである．

問題 3.3 $u=\sum_{i=1}^{n}\beta_i a_i$ を考え，$g_f(v+u)=\sum_{i=1}^{n}(\alpha_i+\beta_i)f(a_i)\in W$ となる．また $\gamma\in K$ に対して，$g_f(\gamma v)=\gamma g_f(v)$ となる．$f(a_1)=f(a_2)=b_1$ になっている場合は行列表示で $\begin{pmatrix} 1 & 1 & \cdots & \cdots \\ \vdots & \vdots & \ddots & \cdots \\ \vdots & \vdots & & \vdots \end{pmatrix}\begin{pmatrix} \alpha_1 \\ \alpha_2 \\ \vdots \end{pmatrix}$ となっていることである．

問題 3.4 $f(u_1)+f(u_2)=(u_1,\ v)+(u_2,\ v)$ が $f(u_1+u_2)=(u_1+u_2,\ v)$ と

なるのは $v=0$ のときだけである．もちろん $af(u)=a(u, v)$ と $f(au)=(au, v)$ との一致を見てもよい．$v=0$ の場合はどちらも一致する．

問題 3.5

1) $\mathrm{Map}(A, K)$ の元 α_1 と α_2 に対して $\alpha_1+\alpha_2:A\to K$ を $(\alpha_1+\alpha_2)(a):=\alpha_1(a)+\alpha_2(a)$ と定義すれば和が定義できる．定数倍も同様にすればよい．

2) A の各要素 a_i $(i=1,\cdots,n_A:=\#A)$ に対して K の値を定めているので $\alpha\in\mathrm{Map}(A, K)$ とは $\hat{\alpha}\in K^{n_A}$ として各 i 成分の値を $\hat{\alpha}_i:=\alpha(a_i)$ としていることである．

3) 任意の $\beta\in\mathrm{Map}(B, K)$ と $a\in A$ に対し $f^*\beta(a):=\beta(f(a))$ とすると，$f^*\beta\in\mathrm{Map}(A, K)$ となる．線型性は自明．

4) $\alpha=0\in\mathrm{Map}(A, K)$ とは，任意 $a\in A$ に対して $\alpha(a)=0$ のことである．$\beta\in\mathrm{Map}(B, K)$ に対して任意 $a\in A$ に対して $f^*\beta(a)=0$ とは $\beta(f(a))=0$ のことである．f が全射より任意の $b\in B$ に対して $\beta(b)=0$ を意味し $\beta=0$ となる．問題 3.2 の 4 より単射となる．

問題 3.6

例を示す．$\alpha(x):=(\tanh(x)+1)/2$ とすると $\alpha:\mathbb{R}\to(0, 1)\equiv\{x\,|\,0<x<1\}$ は単調増加な関数である事に注意すると，α は写像としては全単射である．従って $\alpha^{-1}:(0, 1)\to\mathbb{R}$ も全単射である．$\hat{\alpha}:\mathbb{R}^2\to(0, 1)^2$ を $(x, y)\mapsto(\alpha(x), \alpha(y))$ とする．ここで集合の積のベクトル表示により $(a, b)\in(0, 1)^2$ は 10 進法により $a=0.a_1a_2a_3\ldots$, $b=0.b_1b_2b_3\ldots$ と書ける．但し a_i, b_i は 0 から 9 までの自然数である．例えば $a=0.124522\ldots$, $b=0.43221\ldots$ のとき $a_1=1, a_2=2, a_3=4\ldots, b_1=4, b_2=3, b_3=2\ldots$ である．このとき $(0, 1)\ni h(a, b)=0.a_1b_1a_2b_2a_3b_3\ldots$ とすると（上記の例では $0.142342\ldots$），これは写像として全単射となる．従って
$$\mathbb{R}^2\xrightarrow{\hat{\alpha}}(0, 1)^2\xrightarrow{h}(0, 1)\xrightarrow{\alpha^{-1}}\mathbb{R}$$
は全単射な写像である．

4 テンソル積をめぐって

問題 4.1 $n \neq m$ のとき $x^m \otimes_R x^n$ と $x^n \otimes_R x^m$ とは $\mathbb{R}[x] \otimes_R \mathbb{R}[x]$ をベクトル空間とした場合に一次独立である. $x^\ell \otimes_R x^n$ に対して $x^\ell y^n$ に対応している. この対応を $\iota: \mathbb{R}[x] \otimes_R \mathbb{R}[x] \to \mathbb{R}[x, y]$ とすると $\iota(\sum_{i,j} a_{ij} x^i \otimes_R x^i) = \sum_{i,j} a_{ij} x^i y^i$. $u, v \in \mathbb{R}[x] \otimes_R \mathbb{R}[x]$ に対して $\iota(u) = \iota(v)$ ならば $u = v$ となれば, 単射となる. ι が線型写像なので, $\iota(u-v) = 0$ ならば $u - v = 0$ が言える事と同じ. 従って $\iota(u) = 0$ ならば $u = 0$ が言えれば単射である. (この事実は線型写像であれば一般に言える.) $\sum_{i,j} a_{ij} x^i y^i = 0$ ならば任意の i, j に対して $a_{ij} = 0$ より ι は単射であることが言えた. 逆も同様.

問題 4.2 行列表示という用語の意味は 1 章 7 節の例 2 におけるベクトル表示と同じ意味である.

5 行列式と跡のはなし

問題 5.1 $\dim \Lambda_V^{(m)} = n!/((n-m)!m!)$ となる．有限次元の線型空間は次元だけで定まっているので，次元が同じであれば線型写像で全単射が存在する事は自明．より詳細には，$V = \bigoplus_{i=1}^n \mathbb{R} e_i$ とし，$\Lambda_V^{(n)}$ の基底を $v := e_1 \wedge e_2 \wedge \cdots \wedge e_n$ としたとき，$\Lambda_V^{(m)}$ の基底 $a := e_{r_1} \wedge e_{r_2} \wedge \cdots \wedge e_{r_m}$ に対して，$\Lambda_V^{(n-m)}$ の基底 $b := e_{s_1} \wedge e_{s_2} \wedge \cdots \wedge e_{s_{n-m}}$ で，$a \wedge b = \pm v$ となるものが符号 $\pm$ を除いて唯一定まり，この対応で全単射となる．この対応は 13.7 節のホッジ作用素の作用と呼ばれるものとなる．

問題 5.2 $u \wedge v = (u_1 v_2 - u_2 v_1) e_1 \wedge e_2$ より $\iota(u \wedge v) = (u_1 v_2 - u_2 v_1) e_3$ となる．

問題 5.3 補題 5.10 と 5.6 節の逆行列の公式により
$$v_i = (A^{-1} b)_i = \frac{1}{\det A} \left(\sum_j a^{(i,j)} b_i \right) = u_i$$
となっている事より判る．

6 内積のはなし

問題 6.1 $z\equiv(z_1, z_2)\equiv z_1+\sqrt{-1}\,z_2=|z|\mathrm{e}^{\sqrt{-1}\theta}$ と $w\equiv(w_1, w_2)\equiv w_1+\sqrt{-1}\,w_2=|w|\mathrm{e}^{\sqrt{-1}\varphi}$ に対して内積 $(z, w)=z_1w_1+z_2w_2$ とすると実2次元ユークリッド平面には $(z, w)=|z||w|\cos(\varphi-\theta)$ として $\theta, \varphi\in[0, 2\pi)$ となる角度が定義できる．但し $|z|:=\sqrt{(z, z)}$．（内積が定義できなければ2つのベクトルの比較ができないため，角度という概念が成立しないことに注意する．）他方，エルミート内積は $(z, w)_H=z_1w_1+z_2w_2+\sqrt{-1}(z_1w_2-z_2w_1)$ より実部がユークリッド内積に一致する．問題5.2との関係としては虚部が外積と対応し，$|z||w|\sin(\varphi-\theta)$ は $\{0, z, z+w, w\}$ の平行四辺形の面積となる．（問題7.1も参照せよ．）

問題 6.2
1), 2) はエルミート内積の定義をチェックすればよい．
3) $\overline{f(s)}f(s)$ は各点で $\overline{f(s)}f(s)\in\mathcal{C}^0(S^1, \mathbb{R}_{\geq 0})$ である事より「$\int \overline{f(s)}f(s)ds=0$ ならば $f=0$」を仮定すれば定義6.3(2)を満たす．
4) エルミートとなるためには $\{A\}=\{h\in\mathcal{C}^0(S^1, \mathbb{R}_{\geq 0})\mid \int dsh\neq 0\}$ となり，-1 倍に閉じないのでベクトル空間ではない．

問題 6.3 任意の $h\in\mathcal{C}^1(S^1, \mathbb{C})$ に対して $\int ds\frac{d}{ds}h(s)=0$ である事に注意すると $\left(f, -\frac{d^2}{ds^2}g\right)_H$ は部分積分により $\left(f, -\frac{d^2}{ds^2}g\right)_H=\left(\frac{d}{ds}f, \frac{d}{ds}g\right)_H$ に一致し，$\overline{\frac{d}{ds}f(s)}\frac{d}{ds}f(s)\in\mathcal{C}^0(S^1, \mathbb{R}_{\geq 0})$ となる事より定まる．

問題 6.4
1) i 列が j 列と一致する際 ($x_i=x_j$ のとき)，$\det V_n$ が零となる事，各 x_j に

ついて $n-1$ 次式になっており，その係数は ± 1 である事より符号を除いて等式が定まる．x_n^{n-1} の項係数が 1 である事から符号も定まる．

2) 問題 5.3 より $h(x) = x^n - \sum_{i=0}^{n-1} a_i x^i$ となっている．実際，一番下の n 行目を i 行目分引くことにより
$$h(x_i) := \frac{1}{\det V_n} \begin{vmatrix} V_n^t & y \\ 0 & x_i^n - y_i \end{vmatrix}$$
となり $h(x_i) = x_i^n - y_i$ となっている事が判る．3) は行列式のラプラス展開より定まる．

問題 6.5

1) $(f, g) = \overline{(g, f)}$ 等により $\mathbb{R}$ 双線型性と定義 6.3(1) を満たすことは明白である．$f = \sum_i a_i z^i$ に対して $(f, f) = \sum_i |a_i|^2$ は非負となり，$(f, f) = 0$ は厳密に $f = 0$ を意味する．関数空間を制限したことで付録 A.9 節のような測度の議論をする必要なく等号が成り立っている事に注意する．

2) $f = \sum_n a_n z_n$, $g = \sum_m b_m z^m$ とすると $(f, g) = \frac{1}{2\pi} \int_0^{2\pi} \overline{f(\theta)} g(\theta) d\theta = \frac{1}{2\pi} \sum_{n,m} \int_0^{2\pi} \overline{a_n} b_m e^{\sqrt{-1}(m-n)\theta} d\theta$ となる．

3) τ の類似のものは，例えば
$$\begin{vmatrix} \langle w \rangle & \langle wz \rangle & \cdots & \langle wz^{n-1} \rangle \\ \langle wz \rangle & \langle wz^2 \rangle & \cdots & \langle wz^n \rangle \\ \vdots & \vdots & \ddots & \vdots \\ \langle wz^{n-2} \rangle & \langle wz^{n-1} \rangle & \cdots & \langle wz^{2n-3} \rangle \\ \langle wz^{n-1} \rangle & \langle wz^n \rangle & \cdots & \langle wz^{2n-2} \rangle \end{vmatrix} = \begin{vmatrix} b_0 & b_1 & \cdots & b_{n-1} \\ b_1 & b_2 & \cdots & b_n \\ \vdots & \vdots & \ddots & \vdots \\ b_{n-2} & b_{n-1} & \cdots & b_{2n-3} \\ b_{n-1} & b_n & \cdots & b_{2n-2} \end{vmatrix}$$
となる．

7 線型変換群のはなし

問題 7.1 $(u, v) = \sum_i (u_{i+}v_{i+} + u_{i-}v_{i-} + \sqrt{-1}(u_{i-}v_{i+} - u_{i+}v_{i-}))$ より $\sum_i (u_{i-}v_{i+} - u_{i+}v_{i-}) = (u, v)_S$ とするシンプレクティック積と一致する.

問題 7.2

1) 例えば $n=3$ の場合, $e_1e_2e_3 = -e_1e_3e_2$ や $e_1e_2e_2 = e_1$ となる. 他方 $n=2$ のとき $\mathrm{Cl}^{\mathbb{R}}[V] = \mathbb{R} \oplus \mathbb{R}e_1 \oplus \mathbb{R}e_2 \oplus \mathbb{R}e_1e_2$ より, $\mathrm{Cl}^{\mathbb{R}}[V] \ni \alpha_0 + \alpha_1 e_1 + \alpha_2 e_2 + \alpha_{12} e_1 e_2$.

2) $e_i \otimes e_i \in V^{0\otimes} = \mathbb{R}$ より, $e_i e_j$ の $i \neq j$ のみが $\mathrm{Cl}^{\mathbb{R}}[V]$ の基底となり, それらは $e_i e_j = -e_j e_i$ を満たすことより $\mathrm{Cl}^{\mathbb{R}}[V]$ と ΛV の基底間に集合としての全単射が存在する. 問題 3.2 より両者の空間には全単射な $\mathbb{R}$ 線型写像が存在する. 但し, $V^{\ell\otimes}$ は 4.5 節の記法である

3) どこで定義されているかに注意して $v = \sum_i v_i e_i$, $u = \sum_i u_i e_i \in V$ とすると $\gamma(u)\gamma(v) = \sum_i u_i v_i + \sum_{i>j} (u_i v_j - v_i u_j) e_i e_j$ となり, $\gamma(u)\gamma(u) = \sum_i u_i u_i$ となっている.

4) $(\sum_{i=0}^{n} \sum_{\ell_0 < \cdots < \ell_i} a_{\ell_0, \ldots, \ell_i} e_{\ell_0} \cdots e_{\ell_i})(\sum_{j=0}^{n'} \sum_{m_0 < \cdots < m_j} b_{m_0, \ldots, m_j} e_{m_0} \cdots e_{m_j})$ は関係式より各項の内幾つかが $V^{(2i+2j)\otimes}$ から $V^{(2i+2j-2k)\otimes}$ の元と読み替えられるが, $2k(k=0, 1, \ldots)$ が偶数であることから, 積が $\mathrm{Cl}^{\mathbb{R}}_{+}[V]$ の中で閉じる. 加法性について閉じていることは自明である.

5) $*$ の作用でベクトル空間 $\mathrm{Cl}^{\mathbb{R}}_m[V]$ の基底は変更されずに, 各基底の係数の符号のみが m に依存して変更されると考えればよい. また, α, β を基底で展開(例えば $n=2$ の場合, $\alpha = \alpha_0 + \alpha_1 e_1 + \alpha_2 e_2 + \alpha_{12} e_1 e_2$)すれば, $(\alpha\beta)^* = \beta^* \alpha^*$ となるのは自明.

6) $\alpha^{-1}\nu\alpha = \nu_1$ とすると, $\nu\alpha = \alpha\nu_1$. これに $*$ を作用させると $\alpha^*\nu = \nu_1\alpha^*$. よって $\alpha^*\nu\alpha^{*-1} = \nu_1 = \alpha^{-1}\nu\alpha$ となり, $\alpha\alpha^*\nu = \nu\alpha\alpha^*$ となる.

7,8) 定義より自明.

8 離散フーリエ変換と群の表現

問題 8.1 $a=1$, $N=25$, 初期値 $f_\ell^{(0)}$ を $\ell=12, 13, 14$ の時 1, それ以外は零として, $\epsilon=0.2$ と $\epsilon=0.6$ の場合を図に示した. 空間の領域を $\ell=-1, ..., 25$ まで用意し, $f_\ell^{(t)}$ から $f_\ell^{(t+1)}$ を $\ell=0, ..., 24$ に対して計算し, 計算した後に $f_{-1}^{(t+1)}:=f_{24}^{(t+1)}, f_{25}^{(t+1)}:=f_0^{(t+1)}$ として周期条件の計算をおこなった.

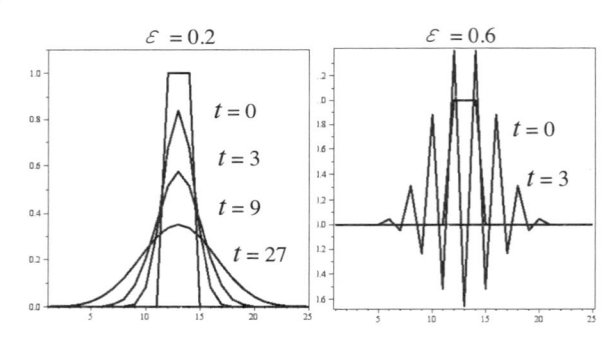

問題 8.2 $1+\zeta_n+\cdots+\zeta_n^{n-1}=0$ より 右辺 $=\frac{1}{n}\sum_i\left(\sum_j f_j \zeta_n^{ij}\right)\left(\sum_k \overline{g}_k \zeta_n^{-ki}\right)$
$=\frac{1}{n}\sum_i\left(\sum_{j,k} f_i \overline{g}_k \zeta_n^{i(j-k)}\right)=\frac{1}{n}\sum_{j,k} f_i \overline{g}_k n\delta_{jk}=\sum_i f_i \overline{g}_i$.

問題 8.3 右辺 $=\frac{1}{nm}\sum_{j=0}^{m-1}\left(\sum_{k=0}^{nm=1} f_k \zeta_{nm}^{-jnk}\right)\zeta_{nm}^{ijn}=\frac{1}{n}\sum_{k=0}^{nm-1} f_k \delta_{k\equiv i \bmod m}=$ 左辺.

問題 8.4 この問題は深遠な課題であり, ここで正解を与えられるものではない. 以下は筆者の経験に沿ったものを述べる. 1) 物理現象等の現実に起

こる現象においては特徴的長さが存在し，系の性質はその何倍や何分の一倍等で記述される．その際，並進対称性を表現できる領域がそれらの特徴的長さから定まる理論の適用範囲内にあれば適用範囲外で様々な揺乱があってもフーリエ変換等で記述できる．2)物理的には散逸や，相関のないノイズ等はフーリエ変換後のデータには明確な特徴を持った信号としては現われてこないことが多く，他方，興味のある信号(つまり特徴のあるフーリエ変換後のデータ)は(何らかの法則や人工的な規則に従った)周期的なものであり，それのみに着目するため，他はノイズとして片付けられ，周波数空間(フーリエ変換した関数の定義域)を制限するなどの処置により，多くの問題は通常，顕在化しない．3)系の外での散逸等々で信号(の振幅)が弱まるという視点は，急減少関数族やシュワルツ族などのフーリエ変換論を論じる土台とピッタリ対応しており，数学的基盤と現実が多くの場合対応している．

　このように改めて問われると現実の現象とその数学的表現の間には様々な微妙な問題が内在しており，通常，論文や教科書ではそのような問題とは適度な距離を保ち科学的視点を揺ぎ無いような基盤を築いているが，基盤のないマイナーな問題に立ち向かうときは場合によってはそれらの問題を根本からも再度問うこととなる．その際，なぜか上手く行く数理的事実の背後にはロバスト(頑強)な自然の寛容さが隠されており，トリッキーな解釈は大きな誤りを導く場合がある．斬新と陳腐は紙一重であるが，俯瞰した立場では歴然とした違いがある．

9 線型代数に関わる空間たち

問題 9.1

1) ι は $(a_{ij}) := (\iota(b_i)_j) \in \mathrm{Mat}_{\mathbb{R}}(2, 5)$ となります．$\sum_{\ell_1, \ell_2} a_{1\ell_1} a_{2\ell_2} e_{\ell_1} \wedge e_{\ell_2}$ より

例えば，$e_1 \wedge e_2$ の成分は $\begin{vmatrix} a_{11} & a_{12} \\ a_{21} & a_{22} \end{vmatrix}$ である．

2) 例えば，

$$\begin{vmatrix} a_{11} & a_{12} \\ a_{21} & a_{22} \end{vmatrix} \begin{vmatrix} a_{13} & a_{14} \\ a_{23} & a_{24} \end{vmatrix} = \begin{vmatrix} a_{11} & a_{13} \\ a_{21} & a_{23} \end{vmatrix} \begin{vmatrix} a_{12} & a_{14} \\ a_{22} & a_{24} \end{vmatrix} + \begin{vmatrix} a_{11} & a_{14} \\ a_{21} & a_{24} \end{vmatrix} \begin{vmatrix} a_{13} & a_{12} \\ a_{23} & a_{22} \end{vmatrix}$$

となる．

問題 9.2 式は

$$\int de_1 \cdots de_{2m} \sum_{n=0} \sum_{\ell_1, \ldots, \ell_n}^{m} \sum_{k_1, \ldots, k_n}^{m} \frac{1}{n!} A_{\ell_1 k_1} \cdots A_{\ell_n k_n} e_{\ell_1} \cdots e_{\ell_n} e_{m+k_1} \cdots e_{m+k_n}$$

$$= \sum_{k_1, \ldots, k_n}^{m} A_{mk_1} \cdots A_{mk_n} \varepsilon_{k_1, \ldots, k_m} = \det A$$

となり定まる．$\varepsilon_{k_1, \ldots, k_m}$ の定義は 13.7 節を見よ．

10 非線型のはなし：線型空間から

解答は略

11 ケーリー・ハミルトンの定理とジョルダン標準形とは

問題 11.1

1) $fh \notin M_\mathfrak{p}$ とすると $fh \in \mathfrak{p}$ であることである．つまり素イデアルの定義より f か h かが $\mathfrak{p}$ の元であり，仮定に反する．

2) $(x-a)$ の元は適当な $f \in R$ により $f(x) \cdot (x-a)$ となる．$f, h \in R$ で $fh \in (x-a)$ ならば f または h またはその両方が $(x-a)$ の元である事より判る．

3) $\alpha_0 = 0$ ならば $g \in \mathfrak{p}$ となる事から判る．

4) $g = \sum_{i=0}^n \alpha_i t^i, h = \sum_{i=0}^r \beta_i t^i$ より $hg = \sum_{i=0}^n \sum_{i=0}^r \alpha_i \beta_j t^{i+j}$ に対して $k = i+j$ とすることで $\sum_{k=0}^r \sum_{i,j \geq 0, i+j=k} \alpha_i \beta_j t^k \bmod t^{r+1}$ とできる．$k=0$ では，$\alpha_0 \neq 0$ に注意し，$\beta_0 \alpha_0 = 1$ より $\beta_0 = 1/\alpha_0 \neq 0$ となり $h \in M_\mathfrak{p} \bmod t^{r+1}$ である事が判る．$k > 0$ に対して $\{\beta_0, ..., \beta_{k-1}\}$ の値が定まっているとすると t^k 次の項は $\alpha_0 \beta_k + \sum_{i+j=k, i>0} \alpha_i \beta_j = 0$ となり，仮定より β_k が定まる．つまり，h が $\bmod t^{r+1}$ でユニークに定まり，r 次多項式に限定すれば多項式としても唯一となる．

5) $\alpha_0 \neq 0$ より $t = 0$ で分母が零にならない事より言える．

6) 4) と同様に $r' = 1, 2, ..., r+1$ に対して帰納的に $g \sum_{k=0}^{r'} \tilde{\beta}_k t^k \equiv 1 \bmod t^{r'}$ を満たさなければならないので，等号が成り立つ．つまり，$\beta_k = \tilde{\beta}_k$ である．つまり，代数的に定まっている．

7) $R = \mathbb{Z}$ とし，$\mathfrak{p} := p\mathbb{Z}$ とする任意の p で割れない整数 b は $b \in M_\mathfrak{p}$ となる．$\mathbb{Z}_\mathfrak{p}$ を $\mathbb{Z}_p$ と記し **p進整数**と呼ぶ．$\mathbb{Z}_p$ において $1/b = \sum_{k=0}^\infty a_k p^k$ と展開され，$\sum_{k=0}^r a_k p^k$ は $\bmod p^{r+1}$ で b の逆数 $(b \cdot \sum_{k=0}^r a_k p^k \equiv 1)$ となっている．これを **p進展開**と呼ぶ．（10進法や 2 進法等の表記法とは分子に相当する部分では一致している．）このとき p は小さい量と見なされ，$(b-a) = cp^n$ (c は p に素な数とする) となる整数 a, b に対して，(エキゾチックな) 距離として $|b-a|_p = p^{-n}$ を導入すると，この距離に対して級数は収束することとなる．この距離により整数には自然な位相(付録 A 章)が導入される．

12 微積分：線型代数として

問題 12.1

1) $\mu(a)=0$ は定義より自明．注意より $\sum_{i\text{有限}} f_i \otimes g_i = \sum_{i\text{有限}}(f_i \otimes 1)(1\otimes g_i - g_i \otimes 1) + \sum_{i\text{有限}} f_i g_i \otimes 1$ となり，最後の項は $0 \otimes 1 = 0 \otimes 0$ となることより定まる．

2) $R \otimes_R R$ 加群とすると $R \otimes_R 1$ の作用を考えることにより R 加群となる．

3) 左辺と中辺の差は
$$-\left(\sum_{i,j} f_i f_j' g_i g_j'\right) \otimes 1 + \left(\sum_i f_i \left(\sum_j f_j' g_j'\right)\right) \otimes g_i + \left(\sum_i f_i \left(\sum_j f_j' g_j'\right)\right) \otimes g_i$$
となり，それぞれが零となる事から証明される．また $\sum_j \left(\sum_i (f_i f_j' \otimes 1)(1 \otimes g_i - g_i \otimes 1)\right)(1 \otimes g_j' - g_j' \otimes 1)$ となる事より，$J \subset I = \mathrm{Ker}(\mu)$ となり，2)と同様の作用により R 加群となる．

4) は定義より自明．

5) $[\hat{d}(fg)] = [fg \otimes 1 - 1 \otimes fg]$ となる．g や f の作用についての定義により $gd(f) + fd(g) = [gf \otimes 1 - g \otimes f] + [fg \otimes 1 - f \otimes g]$ となる．両者の差は $[-fg \otimes 1 - 1 \otimes fg + g \otimes f + f \otimes g]$ であり，[ ] の中身は J の元であるので零となる．

6) $d(x) = 1 \cdot [(x \otimes 1 - 1 \otimes x)] = 1 \cdot d(x)$ である．$d(x^n) = d(x \cdot x^{n-1}) = xd(x^{n-1}) + x^{n-1}d(x)$ より帰納法により証明できる．

7) $[f \otimes 1 - 1 \otimes f] = (dy/dx)d(x)$ より $D = R \cdot d(x)$ となり，$\iota : R \to D$ は自然に定まる．

問題 12.2

1) $\langle f, f' \rangle, \langle g, g' \rangle \in \Omega$ と $a, b \in \mathbb{R}$ に対して，$a\langle f, f' \rangle + b\langle g, g' \rangle = \langle af + bg, af' + bg' \rangle$ より $\mathbb{R}$ ベクトル空間を定める．11.2節同様，剰余として $(f + \epsilon f')(g + \epsilon g') \equiv fg + (fg' + f'g)\epsilon \bmod \epsilon^2$ となる事より ρ の像 $\rho(\Omega)$

は環となり，その ρ^{-1} が自動微分での $\langle fg, fg'+f'g \rangle$ となる．

2) も同様である．

問題 12.3

1) $A_1, A_2 \in N_\rho$ に対して，$\rho((A_1+A_2)^*(A_1+A_2)) = \rho(A_1^*A_2) + \rho(A_2^*A_1)$ また $|\rho(A_1^*A_2)|^2 \leqq 0$．更に $B \in \mathfrak{B}$ に対して $|\rho((BA)^*BA)|^2 \leqq \rho(A^*A)$ $\rho((B^*BA)^*(B^*BA)) = 0$ より左加群であることが判る．

2) 11.2.8 節と同じである．

3) $\mathbb{C}$ ベクトル空間としての同型写像 $\psi: M \to H_M$ とする．M は $\mathfrak{B}$ 加群であるので，$\mathfrak{B}M \subset M$ より，$\pi_\rho(A) := \psi A \psi^{-1} \in \mathrm{End}_\mathbb{C}(H_M)$ となる．

4) $v_\rho := \psi(N_\rho)$ とすると，$H_M = \pi_\rho(\mathfrak{B})v_\rho$．これより定まる．

5) 定義に従えば定まる．

13 ベクトル解析のはなし

問題 13.1

1) $\mathcal{L}_X f(p) = \lim_{s \to 0} \frac{1}{s}(f(p) - e^{-sX} f(p))$

$= \lim_{s \to 0} \frac{1}{s}(f(p) - f(p) + sXf(p) + O(s^2))$

2) $\mathcal{L}_X Y = \lim_{s \to 0} \frac{1}{s}(Y(p) - e^{-sX} Y(p) e^{sX})$

$= \lim_{s \to 0} \frac{1}{s}(Y(p) - (1-sX)Y(1+sX) + O(s^2))$

3) $\lim_{s \to 0} \frac{1}{s}(H(p) \otimes H'(p) - \tilde{g}_s(H(p) \otimes H'(p)))$

$= \lim_{s \to 0} \frac{1}{s}(H(p) \otimes H'(p) - (\tilde{g}_s H(p)) \otimes H'(p) + (g_s H(p)) \otimes H'(p)$

$\qquad\qquad -\tilde{g}_s H(p) \otimes \tilde{g} H'(p))$ より自明.

4) $\tau(X_1, ..., X_p)$ を $\Omega^0(M)$ の元としてと考えると同時にテンソル積として考え $\mathcal{L}_X(\tau(X_1, ..., X_p))$ を考えればよい.

それは $(\mathcal{L}_X \tau)(X_1, ..., X_p) + \sum_{i=1}^{p} \tau(X_1, ..., \mathcal{L}_X X, ..., X_p)$ となる.

14 フィルター空間のはなし

以下で環 R としては $\mathbb{R}$ 係数の多項式全体の環 $\mathbb{R}[x]$ やそれに微分を付け加えた環 $\mathbb{R}[x, \partial_x]$ を想定している．

問題 14.1

1) $r_1, r_2 \in R_0$ に対して $(R_0 R_0) \subset R_0$ より $r_1 r_2 \in R_0$ と加法群 $r_1 + r_2 \in R_0$ より R_0 は環となる．$R_0 R_j \subset R_j$ より R_j は R_0 加法群となる．

2) 和は自明なので，$R_0 M_j \subset M_j$ より M_j は R_0 加法群となる．

3) $[r+r'] = \{r+r'+r'' \mid r'' \in R_{i-1}\}$ において R_{i-1} は加法群の条件より $r'+r'' \in R_{i-1}$ となり，$[r]$ に一致する．R_i も R_{i-1} も R_0 加群より $R_0 \ni a$ に対して $[ar]$ と $[ar+ar']$ は定義より一致し代表元に依らず，R_0 の $\mathrm{gr}_i R$ への作用が定まり，R_0 加群となる．積についても同様に定まる．

4)

4.1) $P \in D_n$, $Q \in D_m$ に対して $PQ \in D_{n+m}$ より $D_n D_m \subset D_{n+m}$．他は自明．

4.2) 定義より $D_0 := \{p_0 \mid p_0 \in A\} = A$．

4.3) $PQ = \sum_{i=0}^{n}\sum_{j=0}^{m} p_i q_j \partial^{i+j} + \sum_{i=0}^{n}\sum_{j=0}^{m}\sum_{k=1}^{i} \frac{i!}{i!(i-k)!} p_i (\partial^k q_j) \partial^{i+j-k}$ より第一項は QP にも含まれている事と第二項が D_{n+m-1} に属していることから定まる．

4.4) 3) より $[P][Q] = [p_n q_m \partial^{n+m}]$ より $[\partial]$ を ξ とすれば $\mathrm{gr}D = A[\xi]$ となり $\mathrm{gr}D = \mathbb{R}[x, \xi]$ となる．

4.5) $PQ = pq\partial^2 + p(\partial q)\partial$ より $\sigma([P, Q]) = (p\partial q - q\partial p)\xi$．他方 $\sigma(P) = p\xi$ より $\partial_\xi \sigma(P) \partial \sigma(Q) = p\partial q\xi$ となり，両者は一致する．

あとがき

　本書の内容は「線型代数のはなし —— 応用をめざして」という題名で「理系への数学」に 2010 年 12 月号から 2012 年 1 月号まで連載してきたものです．

　応用というわりには，ずいぶん原理的で抽象的なところまで遡って論じているという印象を持たれたと思います．

　応用，基礎に関わらず，問題を解くということは，それがどんなに些細な問題であろうと，まだ完全に解かれていない限りそれなりの困難さを伴います．誰にも解かれていない問題とは，何かしら固有の新たな問題を含んでいるものだからです．大勢で議論するような課題でないなら，一人で寡黙に考える事となります．まして，企業などで機密に関わるものであれば，誰にも質問できません．デカルトは方法序説において「発見することが困難である真実に対しては，多数の人がそれに賛同しているか否かはその価値の証明にはならない．困難な真実の発見は多くの人によってなされるよりたった一人によってなされることが多い．」(著者訳) と書いています．皆が関心を持っている問題であれば共同して考えればよいのですが，誰もが関心を払わない問題であってもひるむことなく，独力で答えを出さなければならないことがあるように思います．

　科学は西洋の文化です．土台を作り，石を並べ，その上に石を乗せるというものです．一人で立ち向かう時に，磐石で揺ぎ無い土台に立っているか否かは大きな違いです．小学校入学前の子どもの「なぜなぜごっこ」にならないために，線型代数くらいは根本から判っていることが大事だと思ったのが，線型代数に関する連載を始めた動機でした．一人で寡黙に考えるためには俯瞰する力を身につけておくべきなのです．

　応用というと「計算技術」や「計算手法」に走りがちですが，それらは必要なときに必要に応じて頑張れば身につくものです．流行り廃れや適用限界があって，場合によってはそれらの幾つかは有能な数学ソフトウエア等で代用できるかもしれません．しかし，それらを支える思想の方はそうはいきませ

ん．とはいえ，問題に対峙した切羽詰った状態で，「根本的な理解」というのはなかなか手が出せないも事実です．本書のオリジナル版の連載は，筆者の若い同僚をはじめとする若い人が，コーヒーを片手に，または寝転がりながら，読むことも想定して書きました．

「まえがき」で書いたように「線型代数はなぜ大事なのか」という素朴な疑問をきっかけに，線型代数が数学，物理，工学と直接繋がって，その基礎をなしている事例を，植物図鑑のように列挙してみました．欲を云うと不満足なところが多々ありますが，当初の目的の幾分かは達成できたと考えております．読者が更に本格的な勉強に進むことを希望しています．

本書は多くの方々の支援と協力によって著されたものです．特に，20余年に渡る横浜国立大学での玉野研一教授との月一回の土曜日の数学セミナーによって本書が生まれたと言っても過言ではありません．玉野研一教授，今野紀夫教授，齊藤革子氏，三橋秀生准教授，井出勇介氏，大西良博教授には，大局的な視点から詳細な原稿のチェックまで多くの示唆を頂きました．また，物理数学的な視点に関しては，1990年代参加させて頂いていた東京大学数理科学研究科での戸田セミナーと，東京都立大学での非線型放談会において故戸田盛和教授，齋藤曉教授，薩摩順吉教授，渡辺慎介教授，十河清教授，時弘哲治教授，石渡信吾准教授，大仁田義裕教授，Martin Guest 教授，故長島弘幸教授はじめとする様々な方々の影響を受けました．

2000年以降 John McKay 教授，Emma Previato 教授をはじめとして，Victor Enolskii 教授，Chris Eilbeck 教授，児玉祐二教授，山下純一氏との個人的な交流を通して，「数学を楽しむ」幅の広さと「人類共通の財産としての数学を推し進める」使命感とを教わることができ，狭窄的な視点から大きな視点に引き上げて頂きました．本書は，通常の業務の妨げにならないよう，ほぼ全ての休日を費やしましたが，そうした「次世代へ残すべきものを残す」というスケールの大きな考え方の下で適度な緊迫と緊張を保ちながら，楽しく執筆できました．

また，多くの箇所で述べたようにキヤノン（株）での筆者の20余年に渡る

業務の遂行において必要となった数学的課題が本書の根底のテーマです．詳細を述べることはできませんが，ものづくりの現場での数学のあり方に関する，新人時代の上司，先輩からの指導や，多岐に渡る分野の技術者との様々なデバイスや材料の研究開発における議論や共同作業，日常的な会話が本書の礎となっています．分化し散り散りとなった数学の現状に対して，それらが融合することにより，ものづくりなどに役に立っている実情を示すことで，これが動機付けとなり基礎数学が発展し，再度，数学がものづくりの現場へ回帰する一助に本書がなればと願っています．

このような試みに対して連載中に，中村佳正教授，時弘哲治教授，西成活裕教授，福本康秀教授，中原幹夫教授，五十嵐一教授，本間泰史教授，肖鋒准教授，横井研介氏から本書の方向性についての励ましを頂けたことは完成を迎えた大きな要因の一つです．その他，お名前を挙げることのできない多くの方々，特に，私の属する部署に関わる上司，同僚の励ましやご協力を頂きました．こころから感謝の意を表したいと思います．最後に，構想や文献について助言頂いた及川克哉氏，熟読により間違いを丹念に指摘して頂いた岩井史生氏，何より筆者が執筆した論文 [12 章:8] を見つけて頂き，本書の執筆を勧めて頂いた現代数学社の富田淳氏に感謝をいたします．

索引

A

A^*　111
A^t　74, 111

C

CIP 法　215–217
C^*環　221

D

det　74
D 加群　214–215, 262–263

E

$\mathrm{End}_K(V)$　40
ϵ–δ　174–175, 268–270

G

$\mathrm{GL}(n, K)$　78, 148, 228
$\mathrm{GL}(V)$　110
GNS 構成　221

H

$\mathrm{Hom}_K(V, W)$　37

J

J　112

K

KdV 方程式　170, 178–180
K 代数　109, 186, 286
K ベクトル空間　7, ベクトル空間を見よ

M

$\mathrm{Mat}_K(n)$　40, 70
$\mathrm{Mat}_K(n, m)$　37

O

O(n)　112, 145–146, 149, 154, 155

P

p 進数　306
p 進整数　199, 258
p 進展開　305

S

$\mathrm{SL}(n, K)$　111
$\mathrm{SL}(2, \mathbb{C})$　161
$\mathrm{SL}(2, \mathbb{R})$　116–120, 125, 161
$\mathrm{SL}(2, \mathbb{Z})$　143
$\mathrm{SO}(n)$　112, 145
$\mathrm{SO}(2)$　112–113, 146, 208–211
$\mathrm{SO}(3)$　113–115, 211–213
$\mathrm{Sp}(2n)$　112
$\mathrm{SU}(n)$　111
$\mathrm{SU}(2)$　113–115

T

tr　80–82

U

$\mathrm{U}(n)$　111
$\mathrm{U}(1)$　208–210

あ行

アーノルド　245–246
アーベル群　285
アーベル群の基本定理　194
アインシュタイン規約　227
アフィン空間　146, 146–148
アフィン変換　148
アミダくじ　71–72
安定性　139
位相, 位相空間　225, 270, 266–278
　離散位相／密着位相　271–272
　例　271–275

313

一次独立　18-19
　　例　19-22, 30-31
一次従属　20
一般線型変換群
　　／一般線型群　78, 110, 148-149, 209
イデアル　187-189, 198-199, 214-215,
　　　　　　　　219-221, 257-258
移流方程式　216
隠蔽化　61
ヴェイユ　121, 143, 160-161
永年方程式　192
エピポーラ幾何　152
エラスティカ　107, 166-170
エルミート共役　111
エルミート行列　93
エルミート多項式　100
エルミート内積　93, 102-104, 122, 221
エルランゲン・プログラム　145
遠近法　144, 149-152
演算　4-5, 285
エントロピー　235
オイラー　16-17, 88, 222, 245
　　エラスティカ　107, 166-170
　　ダランベールとの論争　203, 210, 215
　　オイラー表現（SO(3)）　113
　　オイラー方程式　245
オブジェクト　58, 58-60
オブジェクト指向
　　　　プログラミング　58, 61-62
重み関数　97, 97-100

か行

回帰時間　173
開集合　225, 270, 266-278

階数　48
外積　78-79, 86, 231
　　古典的表現　86
　　外積代数　57, 78-79, 122-123
階層性　254-256, フィルター構造も見よ
外微分形式　231
外微分作用素　231-232
ガウス　17, 142-143, 160, 222
　　ガウス括弧　119
　　ガウス光学　116-120, 143
　　ガウス整数　186
　　ガウスの和　30-31, 137, 143
　　ガウス積分　101
　　　　グラスマン数版　159
　　多重ガウス積分　100-102
カオス　163, 172, 175
可換　6, 186, 221, 285
可換環　186, 185-192, 285-286
加群　130, 130-137, 187, 214-215
カシミール　222
　　カシミール効果　222
　　カシミール作用素　212-213
可測／可測関数　279-281
加法群　4-6, 285
ガリレイ　68-69, 247-248
　　相対性原理　11, 155
ガロア　143
環　109, 185, 285-286
　　C^*環　221
　　可換環　186, 185-192
　　局所環　199
　　行列環　40
関手　60, 60-66
環準同型　186

関数空間　12, 22, 39-40, 43-44, 45-46,
　　　　　55-56, 204-213, 281-284
幾何代数　10, 86
基底　22
基本対称式　82
規約成分　133
逆行列　78
逆元　6, 71, 78, 285
逆格子空間　41-43
逆像　228, 276, 290
共変ベクトル場　230
共役勾配法　250-252
　　前処理付き　253-256
行列　37-39
　　エルミート共役　111
　　エルミート行列　93
　　行列の起源　70, 77
　　三角化　81, 195
　　正定値　93, 101, 155
　　対角化　93, 101
　　行列の積　38-39
　　対称行列　93
　　テンソル積表現　55
　　転置　74, 111
行列式　70, 74-78
　　非可換行列式　259
行列表示　37, 67
局所化／局所環　199
近傍　273
クライン　145, 178, 182, 264
グラスマン数の積分　159
グラスマン多様体　153-155, 158
グラム・シュミットの直交化　94
クリフォード代数　56-57, 122-123

グロタンディーク　66, 264-265
クロネッカー積　54
群　71, 110, 285
群環　128-129
形式和　23-24
継承　62
計量　91, 91-93, 95, 155, 230, 239
ゲージ場　238, 245
ケーリー・ハミルトンの定理
　　　　　　　　　192, 251-252
ゲルファント　221, 259, 265
圏論　58-63
　　階層性　260, 264-265
　　忘却関手　62-63
　　プログラミング　57-62
光学　116-120, 124-125
　　位相異常　121, 125, 143
　　焦線　121, 124
　　整数論との対応　119, 124, 143, 160
　　力学との対応　120
合同・相似　146
互換　71
コホモロジー　233, ホモロジーも見よ

さ行

最小原理　96, 106-108, 168
最大エントロピー法　83, 105
差分法　138-139, 217
示強変数／示量変数　44, 234-235
次元　22
四元数　幾何代数を見よ
自己準同型写像　40, 109
指数関数表示　114, 209
次数付き環　262-263

自動微分　220-221
シミュレーション　89, 248-249, 264-265,
　　　　　数値計算, ソフトウエアも見よ
射　モルフィズムを見よ
射影空間　147, 147-152, 153, 163-166
射影変換　147, 164
写像　34-36, 線型写像も見よ
　全射／単射／全単射／逆写像　36
　像／定義域　35
シューア分解　81, 195
シューアの補行列　259
シューアの補題　134
集合　289
焦線　121, 光学も見よ
シュワルツ微分　164
順序　289-290
準同型　環　131, 186-187, 221
準同型　群　131
準同型　線型写像　37
小行列式　77
消失点　144, 151
状態　熱力学　235
状態　量子力学　45-46, 81, 221
商ベクトル空間　288
剰余環　189-190, 288-289
ジョルダン標準形　183, 195-196
シンプレクティック　112, 119-120, 122,
　　　　　143, 161
シンプレクティック群　112, 143
シンプレクティック構造　119-120
シンプレクティック積　112
推移写像　229
数値解析　217, 248-249
　階層的手法　253-256, 259

共役勾配法　共役勾配法を見よ
差分法　217, 138-139
CIP 法　215-217
多重格子　255-256, 259
数値積分　169
補間関数　217, 137
ホモロジー　29, 265,
有限要素法　95, 有限要素法を見よ
　ラグランジュ補間　104-105
スカラー場　231
ストークスの定理　232-233
スピン群　123
スレータ行列式　154-155
正規直交基底　94
正準構造　119, シンプレクティックも見よ
整数論　32-33
　ガウスの和　137
　光学との関係　光学を見よ
　量子力学との関係　121, 125, 143, 222,
　　　　　量子力学も見よ
跡　70, 80-82
積分　グラスマン数　159
積分　定積分　43-44, 207
積分　不定積分　206
積分可能性　206, 212
接空間　226-227
切断　229
線型空間　7, ベクトル空間を見よ
線型基底　22
線型結合　20
線型写像　13, 36, 36-46, 48-49, 90-91,
　　　　　109-120, 204-216, 288
　階数　48
　核　48, 288

像　35, 288
単射　36, 48
全射，全単射　36
線型独立　18, 18–25
線型変換　40, 109, 110–121
素イデアル　188–189, 198–199,
　　　　　257–258，イデアルを見よ
素因子型分解　194–196
層　217, 283–284
相似　195
双線型写像　64, 90–91, 91–93
相対性原理　11, 155
双対空間　40–46, 90–91, 94
測度　279–281
ソシュール　68
素数／素元素　イデアルを見よ
ソフトウエア　61–62, 89, 97, 264–265,
　　　　　プログラミングも見よ

た行

体　7, 286
対象　オブジェクトを見よ
対称行列　93
対称群　70
K 代数　40, 109
代数学の基本定理　183, 189
体積形式　79–80
ダ・ヴィンチ　68–69, 144, 149, 247
楕円関数／楕円積分　170
多項式環　12, 186
多重格子法　255–256, 259
多重線型性　75
畳み込み積　129
タルボット　149, 160

単位元　6, 71, 285
単因子論　191–192
単純（加群）　133
弾性曲線　エラスティカを見よ
弾性体論　239–241
単体　25–26, 232–233
置換群　70–72
置換表現　63
チャート　225–226
中国式剰余定理
　整数版　184–185
　多項式版　191
　微分環　214
稠密　273
超関数　44, 207
超楕円関数／曲線　171, 178–179
直積環　190
直和　25
直交　94
直交多項式　97–100
直交変換群／直交群　112
定積分　43–44, 積分を見よ
テイラー展開　198–199, 209
ディラック　44, 46, 50–51, 84
デカルト　124–125
δ 関数　44, 207
テンソル積　53–56
　圏論的定義　64–65
　関数空間　55–56
　行列表現　53, 67
テンソル代数　56–57, 78–79, 122–123
テンソル場　231
　歪テンソル場　241
転置　74, 111

317

同型　131, 準同型を見よ
同相　277
同値類　287-288
導分　39-40, 219-220, 微分も見よ
特殊線型変換群/特殊線型群　111,
　　　　　　　　SL(n,K) も見よ
特殊相対性理論　93, 116, 155-156
特殊直交変換群/特殊直交群　112,
　　　　　　　　SO(n) も見よ
特殊ユニタリー群　111, SU(n) も見よ
特性空間　120
特性多項式　192
トポロジー　225, 266, 270, 277, 位相を見よ
トポロジー最適化　264, モジュライも見よ
トレース　80-82

な行

内積　93, 91-95
　エルミート内積　93, 103, 104, 122
　広義の内積　91-92
　正定値内積　93
内部　273
虹　121, 焦線を見よ
ニュートン　50, 88, 124-126
熱解析　11-12
熱伝導方程式　139, 234-235
熱力学　235-237
ノルム　93, 282

は行

パーコレーション　201
波動方程式　203, 210, 215
萩原雄祐　180
場の理論　83, 101-102

ハミルトン　10, 86, 125
反変ベクトル場　230
非可換　6, 40, 221, 285
非可換行列式　259
歪テンソル　241
非線型微分方程式　169
非退化条件　92, 内積, ノルムも見よ
微分　39-40, 201, 204-207
　自動微分　219-220
　導分　219-220
　偏微分　207
　リー微分　243
微分可能多様体　224-227
微分形式　231, 231-238
表現有限群／群環　130-131, 126-137
　SO(3), SU(2)　112-115
　リー群　212-213, 208-213
　誘導表現　135
ヒルベルト　107
　ヒルベルト空間　94, 221
　　フィルター付き　254-255
　ヒルベルトの零点定理　198
ピンホールカメラ　149-152
ファイバー束　227-230
フィルター構造　249-258, 259-260,
　　　　　　　　　　　　　　264-265
ファイルター付き
　加群　262-263
　環　256-258, 262-263
　ベクトル空間　253-255
付値　257
フーリエ級数　210
フーリエ変換　30-31, 214
　高速フーリエ変換　126, 136-137, 142

318

離散フーリエ変換　127-137
フォン・ノイマンの安定性理論　138-139
符号関数　73
フッサール　247-248
フラクタル　174-175, 200-202
プランシェレル・パーセバルの関係式　141
プリュッカー座標／関係式　155, 158
プログラミング　52-53, 57-62,
　　　　　　　　ソフトウエアも見よ
フロベニウスの積分可能条件　171, 212,
　　　　　　　　235, 積分可能も見よ
分布関数　43-44
ペアリング　41
閉集合　273-274
並進　145, 146, 199, 209
閉包　273
ベーカー　84, 178-180
冪集合　267, 271, 274
ベクトル空間
　Kベクトル空間　7, 7-14
　原点　7-9
　実ベクトル空間　1-2
　フィルター付き　254-255
　有理数ベクトル空間　19-20
　例　9-14, 15, 19-25, 39, 49, 67,
　　　　　　　　95-100, 288
　商ベクトル空間　288
ベクトル解析　4, 13, 224-241
ベクトル計算機　10
ベクトルの起源　10, 86
ベクトル表示　10
ベクトル束　227-230
ベクトル場，共変／反変　230
ベリー　121, 160

ベルヌーイ，ダニエル　33, 107, 168
ベルヌーイ，ヤコブ　33, 168
変分法　最小原理を見よ
ポアソン括弧　263
ポアソン総和則　141
ポアンカレ
　位相異常　121, 125, 光学も見よ
　ポアンカレ円盤　163
　ポアンカレ双対　86, 234
　ポアンカレ群　156
　リーマン球　162-166
忘却関手　62-63
ホッジ作用素　234-235
殆ど至るところ等しい　281
ホモロジー　25-29, 201, 233, 264-265
ボレル集合族　278-279

ま行

マースデン　245-246
マクスウェル方程式　238-239
マルチスケール科学　249, 260, 265
ミンコフスキー空間　155-156
無限　151, 291
　可算／非可算　291
無限次元　22
無限平面　150
メタプレクテッィク　121, ヴェイユも見よ
メビウス変換　164
モジュライ　154, 235
モニック　252
モルフィズム　58, 58-63
　ポリモルフィズム　61

や行

ヤコビ行列式／ヤコビアン　80
ユークリッド空間　7-8, 11, 144
ユークリッド内積　95
ユークリッド変換　149
有限体　286
有限要素法　95-97, 217
　　歴史　97, 106-108
　　ホモロジー　29
　　トポロジー最適化　264
ユニタリー群　111
余因子　77
余接空間　230

ら行

ライプニッツ　88-89
ラグランジュ補間　104-105
ラプラス　200-201
　　ラプラス作用素　200, 213
　　ラプラス変換　214
ランク　48
　　ベクトル束のランク　227
リー括弧　115
リー環　115-116, 210-213
リー群　111-120, 208-213
　　表現　208-213, 112-115
リー微分　243
リーマン　106, 171
　　閉リーマン面　84, 106, 162, 171
　　リーマン多様体　230, 240
離散フーリエ変換　127-137
流体力学　215, 245-246
量子化学　154-155
量子古典対応　262-263

量子力学　45-46, 143, 221, 262-263, 状態も見よ
　　水素原子　211-213
　　整数論との関係　222, 整数論も見よ
　　ルジャンドル多項式　99-100, 213
ルレイ　245
連続　225, 276-278
ローレンツ変換　156
ロジスティックマップ　172-174
ロンスキー行列式　164

わ行

ワイエルシュトラス　106, 178, 247

著者紹介：

松谷茂樹（まつたに・しげき）

1988 年	静岡大学大学院理学研究科修士課程(素粒子論)修了
1988 年	キヤノン(株)入社
現　在	キヤノン(株)解析技術開発センター 数理工学第三研究室室長
1995 年	論文博士(理学) 東京都立大学
専　門：	数値解析，数理物理，曲線論

線型代数学周遊 ―応用をめざして―

2013 年 11 月 3 日　　初版 1 刷発行

検印省略

© Shigeki Matsutani,
2013　Printed in Japan

著　者　　松谷茂樹
発行者　　富田　淳
発行所　　株式会社　現代数学社
〒606-8425 京都市左京区鹿ヶ谷西寺ノ前町1
TEL&FAX 075 (751) 0727　振替 01010-8-11144
http://www.gensu.co.jp/

印刷・製本　　モリモト印刷株式会社

ISBN 978-4-7687-0429-5

落丁・乱丁はお取替え致します．